이해하기 쉬운

영양판정 및 실습

NUTRITIONAL ASSESSMENT AND PRACTICE

머리말

최근 우리나라는 급속한 경제발전과 의료기술의 발달로 국민의 평균수명이 연장되면서 국민의 건강에 대한 관심이 크게 증가되고 있다. 또한 암, 혈관계 질환 등 식생활과 관련이 깊은 만성질환이 주요 사망원인으로 부각되면서 건강을 유지하기 위해서는 식생활과 영양에 대한 평가가 중요하다는 인식을 하게 되었다. 따라서 보건소, 병원, 학교, 산업체, 복지시설과 헬스센터, 비만클리닉 등에서도 건강증진에 필요한 영양관리와 영양서비스 제공이 매우 중요하게 대두되었다. 영양관리 및 영양서비스를 시행하기 위해서는 대상자의 영양상태를 정확하게 파악하여 영양문제를 진단해야 하며, 이러한 과정은 영양판정이라는 객관적인 조사과정을 통하여 수행되어야만 한다.

영양판정이란 대상자의 임상진단 자료, 식사섭취량을 조사한 자료, 대상자로부터 채취한 소변 및 혈액의 생화학적 분석 자료, 신체계측 자료 등 다양한 정보를 서로 연관시키고 종합하여 평가 대상자의 영양 및 건강 상태에 대하여 진단함으로써 문제점을 분석하고 해석하는 일련의 과정이다. 국가와 사회 여러 기관에서 요구되는 영양판정이 원활하게 이루어지기 위해서는 대학에서 영양판정의 기본 이론과 활용지식을 습득한 영양전문가의 역할이 매우 중요하다. 이 책은 영양전문가를 양성하는 대학의 학과에서 학생들에게 영양판정 업무를 효과적으로 교육할 수 있도록 구성되었다.

이 책에서는 영양판정의 기본 이론과 구체적 방법을 기술하였고, 실제 현장에서 쉽게 적용할 수 있도록 각 판정방법에 대한 실습으로 구성하였다. 또한 2020년에 개정된 한국인 영양소 섭취기준, 2016·2018년 국민건강영양조사 결과, 2017년 소아청소년 성장도표 등의 자료를 수록하여 영양판정을 위한 최신 정보를 제공하도록 노력하였다. 미흡한 점들은 앞으로 계속 보완하여 완성도를 높이도록 노력할 것을 약속드리며, 부족한 부분에 대한 지적과 조언을 부탁드린다.

끝으로 이 책이 발간되기까지 노고를 아끼지 않으신 파워북 유제구 사장님과 관계자 여러분께 진심으로 감사드린다.

2024년 8월

저자 일동

차례

영양판정의 개요

1

신체계측

2

식사섭취 조사

3

4 식사섭취 상태 평가

5 생화학적 검사

임상증상 조사 6

영양판정의 활용 7

부록

CHAPTER

1

영양판정의 개요

1. 영양판정의 개요
2. 영양판정의 체계
3. 영양판정 방법
4. 영양불량의 분류
5. 영양판정 측정치의 평가

경제 성장과 생활 수준의 향상으로 평균수명이 늘어나고 식생활 환경이 풍요로워지면서 감염성 질환은 감소되고 만성질환이 증가되는 양상으로 변하였다. 많은 개발도상국과 선진국의 일부 계층에서 아직도 영양결핍과 감염성 질환이 심각한 문제로 남아 있는 반면, 영양과잉이나 영양 불균형과 같은 다양한 종류의 영양 불량이 공존하고 있다.

이러한 영양문제를 해결하기 위한 첫 번째 과정은 영양문제를 가진 개인 또는 집단의 영양상태를 정확하게 평가하는 것인데, 이러한 평가과정을 객관적인 방법에 의하여 체계화한 것이 영양판정이다.

1. 영양판정의 개요

1) 영양판정의 정의

영양판정nutritional assessment이란 개인이나 집단을 대상으로 영양과 관련된 다양한 영역의 자료들을 수집하고 종합적으로 평가하여 영양상태를 판정하는 과정이다. 19세기 후기~20세기 초에는 영양판정이 주로 영양부족 상태를 평가하는 도구로 사용되었으나, 최근에는 영양부족뿐만 아니라 영양 불균형, 영양과잉 등 다양한 상황에서의 영양문제를 평가하고 진단하는 데 활용되고 있다.

영양판정은 주로 영양적인 문제가 나타날 확률이 높은 집단인 임산부, 영유아, 어린이, 입원환자, 노인을 대상으로 수행되었다. 하지만 최근에는 가공식품의 섭취가 빈번하고 식생활이 불규칙한 가능성이 높은 청소년, 대학생 등의 영양관리도 중요하기 때문에 영양판정은 모든 생애주기에서 이루어지고 있다.

2) 영양판정의 목적

영양판정의 궁극적 목적은 질병을 예방하고 건강을 증진시키는 것이다. 즉, 영양불량 상태에 있는 개인 또는 집단을 찾아내어 영양 및 건강 상태를 증진시키고자 수행되는 것으로써 이에 대한 구체적인 목표는 다음과 같다.

영양판정의 구체적 목표

- 집단의 영양상태 및 영양문제 파악을 통해 영양적 위험에 있는 대상자를 선별한다.
- 영양문제 해결을 위한 영양중재 프로그램 계획에 필요한 정보를 수집한다.
- 영양중재 시행과 추후 관리의 효과를 평가하거나 사후 관리함으로써 영양상태와 건강상태를 증진시킨다.

3) 영양판정의 적용

영양판정의 결과는 다음과 같이 여러 분야에서 활용될 수 있다.

- 국가 단위의 국민 영양상태 파악 및 영양정책 수립과 영양사업 계획에 중요한 근거 자료가 된다.
- 지역사회의 보건소, 학교, 산업체 등에서 수행하는 다양한 영양지원사업의 계획, 실행 및 효과 평가를 위해 활용된다.
- 환자의 영양판정을 통해 영양불량 여부와 그 정도를 파악할 수 있고, 환자를 위한 적절한 영양관리 방법을 선택할 수 있다. 영양판정을 통해 환자에게 가장 적절한 영양 처방 방안을 결정할 수 있고 이는 질병 회복 및 의료비용 감면의 혜택을 제공한다.
- 식이와 질병과의 관련성 연구를 통해 질병 위험률을 감소시킬 수 있는 식사지침을 제안하는 등의 영양역학 연구에 이용된다.

2. 영양판정의 체계

1) 영양판정 체계의 분류

영양판정 체계nutritional assessment system는 일반적으로 영양조사, 영양감시 및 영양 모니터링, 영양스크리닝의 3가지 형태가 있다.

(1) 영양조사

영양조사nutrition survey는 주로 인구 집단의 영양상태를 횡단적 조사를 통해 이루어진다. 횡단적 영양조사cross-sectional nutrition survey를 통해 선정된 인구 집단의 영양상태를 파악하고, 해당 집단 내 만성적인 영양취약집단에 내재되어 있는 영양문제를 개선하기 위한 정책을 세우게 된다. 영양조사는 영양취약집단을 선별하기 위한 방법으로 주로 쓰이지만 영양불량의 원인을 파악하거나 급성 영양불량을 확인하기에는 제한적이다.

(2) 영양모니터링 및 영양감시

영양모니터링nutrition monitoring이란 인구 집단의 영양상태를 정기적으로 조사 평가하여 점검하는 것으로 이 과정을 통해 영양문제와 영양취약집단을 분류해 낼 수 있고, 그 추이를 종단적으로 파악할 수 있다.

영양감시nutrition surveillance는 영양취약집단이 어떠한 영양중재nutrition intervention 활동에 참여했을 때, 그 집단에 대한 지속적인 영양상태 점검을 통해 다시 영양문제가 발생하지 않도록 관리 감독하는 것을 말한다. 횡단적으로 이루어지는 영양조사와 달리 종단적 형태의 영양모니터링과 영양감시는 영양불량의 원인 규명이 가능하고 영양중재 방향을 세우는 데 도움이 된다.

횡단적 조사 & 종단적 조사

- 횡단적 조사(cross-sectional survey)란 한 시점에서 해당 집단의 영양상태에 대한 정보를 얻고자 무작위로 추출한 표본을 대상으로 조사하는 비교적 단순한 조사 설계 방법이다.
- 종단적 조사(longitudinal survey)란 장기간 동안 일정한 간격으로 자료를 수집 · 분석하는 것으로 시간의 간격에 따른 변화를 관찰할 수 있는 조사 설계 방법이다.

(3) 영양스크리닝

영양스크리닝nutrition screening이란 영양문제와 관련된 검사 또는 간단한 영양상태 평가를 통해 영양불량 대상자를 짧은 시간에 선별하기 위해 사용되는 방법이다. 병원이나 보건소와 같이 시간이나 물적 자원이 제한적인 곳에서 효율적인 영양위험 대상자 선별을 통해 심층 영양판정이 필요한 대상을 신속히 분류해 내고자 하는 목적으로 활용될 수 있다.

국내에서 활용되는 영양스크리닝 도구로는 한국보건산업진흥원에서 개발한 식생활기반 건강위험도 평가diet-related health risk appraisal, D-HRA, 한국영양학회에서 개발한 생애주기별 영양지수nutrition quotient, NQ 등이 있다. 국외 도구로는 노인을 대상으로 한 MNAmini nutritional assessment, 성인이나 입원환자를 대상으로 한 MUSTmalnutrition university screening tool 등이 있다.

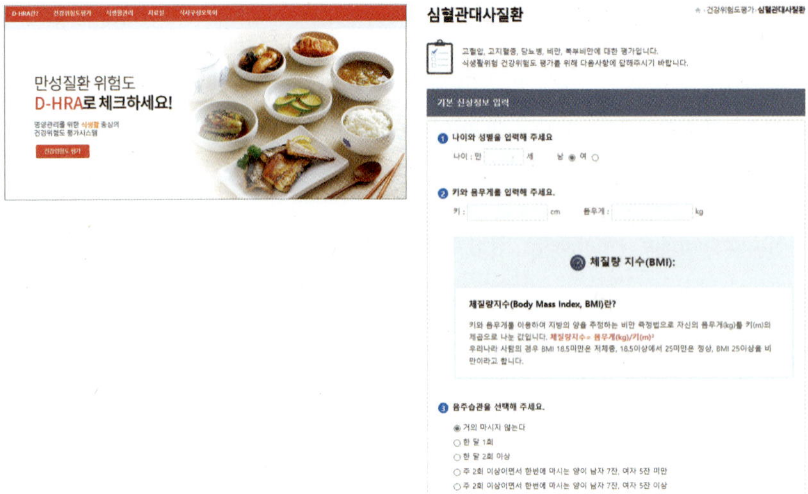

그림 1-1 식생활 기반 건강위험도 평가(D-HRA)
출처 : 보건산업진흥원 홈페이지

영양판정은 영양취약집단 또는 입원환자의 영양관리를 위해 지역사회의 영양사업에서 단계적으로 수행되고 있다. 먼저 영양중재를 필요로 하는 환자나 대상자를 선별하기 위해 영양스크리닝을 실시하고, 그에 따라 분류된 영양취약 집단이나 개인에게 구체적인 영양조사 수행을 통해 영양불량의 종류와 그 정도를 파악한다. 마지막으로 조사 내용을 기반으로 적합한 영양중재를 실시하고, 효과평가를 위해 영양모니터링이나 영양감시체계를 수행한다.

2) 영양판정 체계 수립 시 고려사항

영양판정 시 시간과 자원을 효율적으로 이용하려면 영양판정 체계를 사전에 계획하는 것이 필수적이다. 목적에 맞는 적합한 조사체계를 구축하기 위해서는 적절한 조사방법이나 도구를 선정하는 것이 중요하며, 이때 타당도, 신뢰도, 민감도, 정확도, 측정오차 등의 개념이 고려되어야 한다.

(1) 타당도

타당도valid는 영양판정을 위해 사용하는 판정지표나 방법이 영양상태를 얼마나 적절하게 평가하고 있는지를 나타낸다. 예를 들어, 어떠한 대상자의 장기적인 영양상태에 대한 정보 수집이 목적이라고 가정하였을 때, 해당 대상자에게 특정 날짜에 조사한 하루치 식사조사가 이루어졌다면 평상시 영양상태를 반영하는 자료로서 적합하지 않다고 판단되기 때문에 타당도가 낮다고 할 수 있다.

(2) 신뢰도

신뢰도reliability는 동일한 방법으로 반복 측정 시 얼마나 일관된 결과가 나오는지를 나타내는 것으로 재현도reproducibility, 정밀도precision라고도 한다. 신뢰도를 높이기 위해서는 조사자의 훈련 및 조사방법에 대한 순서와 기술적 방법 등의 자세한 매뉴얼이 작성되어야 한다.

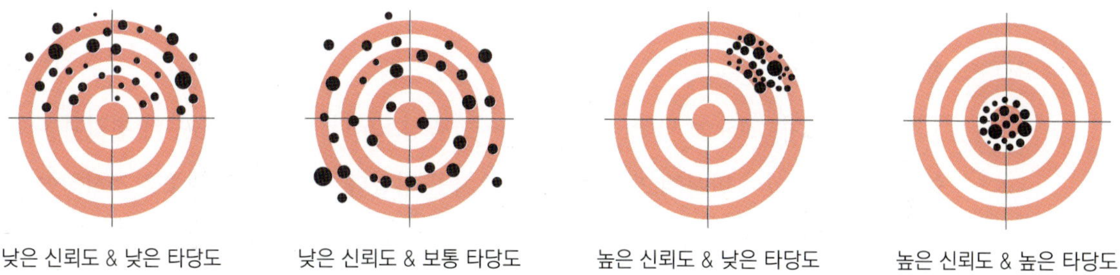

그림 1-2 신뢰도와 타당도의 개념

(3) 민감도

민감도sensitivity는 영양상태의 변화를 얼마나 민감하게 반영하는가를 나타낸다. 영양불량을 초기에 알아낼 수 있을수록 민감도가 크다고 할 수 있으며, 신체계측이나 임상적 조사방법은 생화학적 검사방법보다 상대적으로 민감도가 낮다고 할 수 있다.

(4) 정확도

정확도accuracy는 조사된 측정값이 얼마나 참값에 가까운지를 나타낸다. 반복 측정을 하였을 때 참값과 다른 측정값에서 재현도가 높게 나온다고 해서 이 측정치의 정확도가 높은 것은 아니다.

(5) 측정오차

측정오차measurement error는 조사를 위해 사용한 기구나 기기, 도구 등이 부정확하거나 사용하는 과정에서의 실수에 의해 발생하는 오차를 말한다. 측정오차는 무작위측정오차random measurement error와 계통측정오차systemic measurement error가 있다.

① 무작위측정오차

무작위측정오차random measurement error는 판정방법이나 기기의 부정확성 등으로 발생되는 측정치 간 오차를 말한다. 무작위측정오차를 줄이기 위해서는 대상자 수 증가, 조사방법의 표준화, 조사원의 훈련 등이 필요하다.

② 계통측정오차

계통측정오차systemic measurement error는 측정도구나 방법이 처음부터 참값과 다른 오차를 가지고 있어 반복적으로 발생하는 오차를 말한다. 예를 들어, 체중을 조사하는 과정에서 저울의 눈금 이상으로 인해 체중이 잘못 측정되거나 식사섭취조사 항목 중 음주량 조사에서 사회적 편견으로 인해 평소 섭취량보다 낮게 보고하여 발생하는 오차 등이 있다.

3. 영양판정 방법

영양상태를 판정하는 방법은 크게 직접평가와 간접평가로 나뉜다. 직접평가는 신체계측조사anthropometric assessment, 생화학적 검사biochemical assessment, 임상증상조사clinical assessment, 식사섭취조사dietary assessment가 있고, 이를 맨 앞의 영어 철자를 따서 영양상태 판정방법의 ABCD라고도 한다. 간접 평가는 주로 집단 전체를 대상으로 보건통계, 식품 공급, 문화적 요인, 종교, 경제요인 등 영양상태에 영향을 주는 여러 요인들을 조사하여 평가하는 것이다.

영양불량 정도나 대상자에 따라 판정방법이 달라질 수 있으므로 한 가지 또는 두 가지 방법 이상을 병행하여 사용하는 것이 좋으며, 영양판정의 정확도를 높이기 위해 직접 및 간접 평가의 결과가 종합적으로 검토되어야 한다.

영양결핍은 여러 단계에 걸쳐 점진적으로 나타나기 때문에 각 단계에 적합한 영양판정 방법을 사용해야 한다. 그림 1-3은 영양결핍이 발생되는 단계와 그에 따른 영양불량 여부를 측정하는 방법을 제시하고 있다.

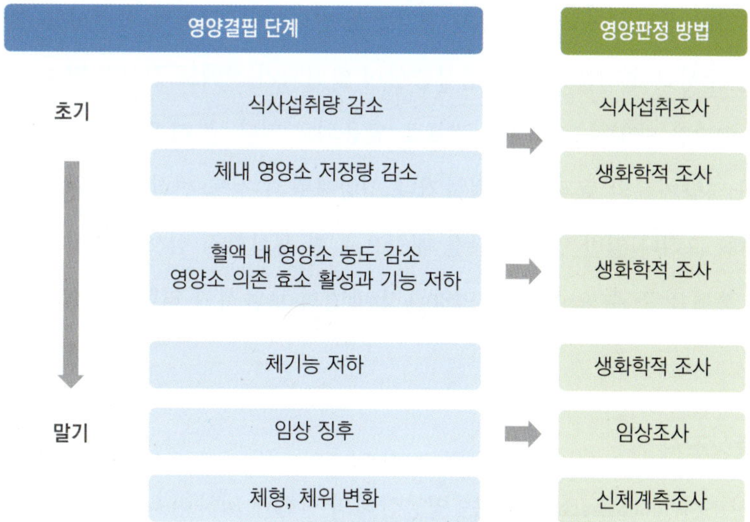

그림 1-3 영양결핍 단계에 따른 적절한 판정방법

출처 : Gibson RS. Principles of nutritional assessment 2nd ed., 2005.

1) 직접평가법

(1) 신체계측조사

신체계측조사anthropometric assessment는 성장발육 정도와 신체 조성을 측정하여 기준치와 비교 평가하는 영양상태 판정방법으로 신장, 체중, 머리둘레, 허리둘레, 피부두겹두께, 체지방, 상완위 면적 및 둘레 등을 측정하다. 신체계측조사는 성장기 아동부터 노인에 이르기까지 전 연령의 영양상태 판정에 활용되며, 최근의 영양섭취에 대한 평가보다는 과거부터 장기간에 걸친 만성적인 영양불량을 파악하는 데 유용하다. 신체계측조사는 간단하고 조사 비용이 적게 들며, 조사원의 훈련 기간도 비교적 짧아 조사 수행에 경제적인 장점을 가지고 있다.

(2) 생화학적 검사

생화학적 검사biochemical assessment는 대상자에게서 채취한 소변, 혈액, 조직 등을 중심으로 특정 성분 및 기능 분석 등을 통해 영양상태를 평가하는 방법으로 다른 조사방법에 비해 가장 객관적이고 정량적인 영양판정 방법이다. 생화학적 검사는 체내 영양소 저장량이 감소하는 초기뿐 아니라 임상증상이 발현되기 전에도 검사가 가능해서 최근 영양소 섭취 수준을 반영하는 유용한 지표로 활용되고 있다. 특히 입원환자를 대상으로 짧은 기간 내 영양치료의 효과를 판정하거나 영양불량의 정도 변화를 조사하는 데 유용하게 이용된다. 그러나 일반 인구 집단을 대상으로 한 생화학적 검사는 대상자에게 혈액 채취 등으로 불편을 줄 수 있어 다른 영양판정 방법의 보완적인 역할로써 선별적으로 사용되고 있다.

(3) 임상증상조사

임상증상조사clinical assessment는 영양상태의 변화에 의하여 나타나는 신체 증후 유무와 정도를 전문가가 판별하는 조사방법이다. 임상증상조사 시 한 가지 특정 영양소만 전적으로 결핍된 상태는 매우 드물며, 여러 가지 영양소가 동시에 부족하거나 결핍된 경우가 대부분이다. 임상증상조사를 통한 영양판정은 특정 영양소의 결핍이 만성인 경우 등 영양불량이 심각한 단계에 도달해야만 판정이 가능하다는 단점을 가지고 있다. 극심한 신체 증세가 나타나기 이전에, 즉 영양불량이 심하지 않은 상태에서 이를 선별해 낼 수 있어야 하므로 임상증상조사는 여러 가지 다른 조사방법들과 병행하여 실시하는 것이 바람직하다.

(4) 식사섭취조사

식사섭취조사dietary assessment는 대상자가 섭취한 식품 및 음식의 종류와 양을 조사하고 이를 영양소 섭취량으로 환산하여 기준치와 비교함으로써 대상자의 식사가 적절한가를 평가하는 방법이다. 식사섭취조사는 초기 단계의 영양불량 판정이 가능한 방법으로 사용 목적에 따라 적절하게 활용하여 조사할 수 있다.

개인을 대상으로 한 섭취량 조사방법으로는 24시간 회상법, 식품섭취빈도법, 식사력 등이 있고, 가구나 집단을 대상으로 하는 조사방법으로는 식품계정법, 식품재고조사방법 등이 있으며, 국가 단위의 조사로는 식품수급표 이용 등이 있다.

2) 간접평가법

간접평가법은 영양상태를 평가하는 데 있어 자료를 분석하고, 문제해결을 위한 원인 파악에 도움이 되는 다양한 요인들을 조사하여 영양상태를 간접적으로 추정하는 방법이다. 주로 보건통계 분석조사는 인구자료(인구 구조, 출생률, 사망률 등), 건강의학통계자료(질병발생률, 질병사망률, 영유아사망률, 암사망 순위 등)를 분석하고, 식품공급 상황 조사는 식품별 수급 실태, 식품 가격, 급식 지원 프로그램 등을 분석한다. 환경행태조사는 사회적 요인(경제, 직업, 교육 수준 등), 가족적 요인(가족 구성원, 결혼 상태, 종교, 관습, 가족병력 등), 지리적 요인(식품의 생산 및 유통과 관련된 자연환경 등), 생활요인(결혼, 사망, 실직, 이사 등 생활의 변화) 등을 분석한다.

4. 영양불량의 분류

영양불량은 여러 단계를 거쳐 진행되고 발생한다. 영양소 섭취량이 과부족한 상태가 지속되면 영양소의 체내 저장량과 체액의 농도가 변하는데, 이는 신체기능 저하를 초래하고 성장과 발육, 건강 유지에 영향을 미치는 영양불량 상태를 초래한다. 영양불량이 임상증상으로 발현되기까지는 오랜 기간이 걸리고 증세가 복합적으로 나타날 수 있으므로 영양결핍을 한 가지 영양소 섭취 부족으로 국한하지 않는다. 영양불량은 영양결핍의 정도와 기간에 따라 다르게 나타날 수 있으므로 단계에 따라 타당성, 정확성, 신뢰성, 예민성, 특이성을 고려한 적절한 판정방법을 적용해야 한다. 또한, 영양불량을 분류하는 기준에 따라 방법에도 차이가 있고, 영양불량 상태는 영양소 섭취량의 과부족과 영양소 이용효율에 의해 결정되므로 영양판정 시 영양소 섭취의 과부족 상태뿐만 아니라 체내 생리상태와 질병 요인을 함께 조사하고 평가하여야 한다.

1) Jelliffe에 의한 영양불량

영양불량의 분류기준에는 여러 가지가 존재하나, 1963년 Derrick B. Jelliffe가 최초로 영양부족과 영양과잉, 영양소 결핍, 영양 불균형의 4가지 범주로 분류하였으며, 일반적으로 가장 널리 쓰이고 있다.

① **영양부족**undernutrition : 장기간에 걸쳐 한 가지 혹은 여러 가지 영양소가 제대로 섭취되지 않거나 체내에서 이용되지 못함으로써 발생하는 영양불량 상태

② **영양과잉**overnutrition : 장기간에 걸쳐 영양소가 영양 필요량을 초과하여 섭취되어 나타나는 영양불량 상태

③ **영양소 결핍**specific deficiency : 특정 영양소의 섭취가 부족하거나 여러 가지의 이유로 체내 이용률이 감소하여 발생되는 영양불량 상태

④ **영양 불균형**nutritional imbalance : 식품 섭취를 통해 공급되는 영양소의 양이나 질이 체내에서 요구하는 영양소의 요구량과 균형을 이루지 못해 나타나는 영양불량 상태

2) 일차적 영양불량과 이차적 영양불량

영양소 공급과 생리적 원인에 따라 일차적 또는 이차적 영양불량으로 분류한다.

① **일차적 영양불량**primary malnutrition : 직접적으로 식사를 통한 영양소 공급이 양적·질적으로 부적절하여 신체 요구량을 만족시키지 못할 때 발생하는 영양불량 상태

② **이차적 영양불량**secondary malnutrition

- 질병이나 신체장애로 인한 대사 변화, 신체 요구량 증가, 영양소 배설 증가, 약물 복용, 임신, 수유, 흡연, 음주 등의 요인으로 야기되는 영양불량 상태
- 이차적 영양불량을 해결하기 위해서는 영양불량을 발생시키는 주요 원인을 제거하고 부족한 영양소를 추가적으로 보충하는 것이 필요

3) 영양상태에 영향을 주는 요인

영양불량은 영양소 섭취의 절대적인 부족 또는 과잉, 신체의 이용효율의 의해 결정된다. 즉 영양판정 방법이 식사섭취조사를 통한 영양소 섭취량 조사에 제한된 경우라도, 영양불량의 원인을 이해하기 위해서는 영양상태에 영향을 주는 신체적 요인과 사회적 요인을 고려해야 한다.

표 1-1은 불량한 영양상태를 초래할 수 있는 신체적 요인들을 분류한 것으로 불충분한 섭취, 흡수 장애, 체내 이용 장애, 체내 손실이나 배설의 증가, 요구량의 증가로 나누고 구체적인 사례들이 제시되어 있다. 신체적 요인에 의해 체내 영양소 상태가 영향을 받게 되면, 궁극적으로 건강상태에 영향을 미치게 된다. 따라서 영양상태 판정 시에는 판정의 결과에 영향을 미치는 다양한 신체적 요인에 대하여 충분한 조사가 함께 시행되어야 한다.

영양판정은 개인이나 집단이 속한 환경 내에서 수행되어야 하며, 개인이나 집단의 영양상태 또한 주변 환경의 생태학적 요인에 의한 영향을 받지 않을 수 없다. 따라서 개인 또는 집단의 영양개선을 위해서 식생활과 영양상태에 영향을 줄 수 있는 여러 가지 사회 및 가족 환경요인에 대한 조사가 함께 이루어져야 한다.

표 1-1 영양상태에 영향을 주는 신체적 요인

영양소의 불충분한 섭취	• 열량과 단백질 섭취 부족 • 식욕 부진 또는 위장 질환 • 섭식 행동에 제한을 받는 경우 (예: 거동장애, 치아 손상) • 식품에 대한 알레르기 증상이 있을 때 • 질병의 치료를 목적으로 영양소 섭취에 장애가 되는 약물을 복용하거나 특수 치료를 할 때	
흡수 장애	• 장내 국소 부위에 염증이 있을 때 • 약물 치료로 인한 부작용 시 • 장내 기생충 감염이나 소아 지방변증이 있을 때 • 수술로 인하여 장관의 일부가 절제되었을 때 • 만성 소화기계 장애	
체내 이용 장애	• 기관의 기능 저하와 같은 대사 장애가 있을 때 • 선천적인 대사 장애 • 간 기능의 약화 • 신세뇨관 기능 이상으로 인한 산증 발생 시 • 특정 약물에 의한 영양소의 이용 저하 시	
배설 증가	• 구토 • 설사 • 장관 체류 시간의 감소	• 과민성 대장 증상이 있을 때 • 수종이나 종양으로 인한 유출
체내 필요량 증가	• 발열 • 외상 • 스트레스 증가 • 패혈증 • 종양	• 감염 • 임신이나 성장기 • 화상 • 갑상선 기능 항진 • 수술

자료: Simko MD, Cowell C, Gillbride JA. Nutrition Assessment, A Comprehensive Guide for Planning Intervention. 1995

표 1-2에 제시한 사회 및 가족 환경 요인은 영양상태 판정 결과의 해석과 판정 후 처방 프로그램을 실시하는 데 도움을 줄 수 있다. 환경 요인 조사 중 수입, 재산, 교육 수준과 같은 항목은 낯선 사람에게 공개하기를 꺼려 하므로 양적 조사가 어려울 수도 있다. 조사 대상의 교육 수준이나 빈곤 수준 등을 이해하기 위해서는 국가적 또는 지방 행정 단위로 조사된 기존의 사회경제지표와 비교하여 평가한다.

표 1-2 영양상태에 영향을 주는 사회 및 가족 환경 요인

가족 환경 요인	• 가족과 본인의 경제상태/빈곤계수 • 거주지역의 환경적 특성 • 직업, 교육 수준 • 거주지역 내 의료 환경 • 거주지역 내 식품유통 환경 • 정부와 사회단체의 식품구매 지원 및 급식 프로그램의 지원 여부 • 종교, 관습	
사회 환경 요인	• 가족 구성 • 본인과 가족 구성원의 병력 • 가족과 개인의 식생활 지식과 태도 • 흡연, 운동, 음주 • 스트레스	• 거주 상태 • 주방 상태, 식품 저장 시설 • 가족의 식생활 특성 • 외식의 빈도

영양관리자는 영양불량의 원인에 대한 충분한 예비지식을 갖추어야 하며, 각각의 영양판정 방법이 갖는 장점과 제한점에 대해 이해를 충분히 하여 대상자의 상황에 맞는 판정 절차를 계획해야 한다. 특히 지역사회나 환자의 영양판정 방법에 대하여 지역사회 보건 전문가나 의사와 협의하여 영양판정을 행하며, 체적적인 방안protocol을 마련해야 한다. 구체적인 프로토콜의 작성은 직장에서는 근로자의 영양상담, 지역사회에서는 영양사업, 환자에게 적용할 경우는 급성환자 관리 또는 만성환자 관리 등을 위한 영양판정이 되도록 상황에 맞게 작성하는 것이 필요하다.

5. 영양판정 측정치의 평가

영양조사를 시행한 후 결과에 대해 판정을 할 때, 기준치는 판정 결과를 해석하는 데 결정적 역할을 할 수 있으므로 신중하게 선택해야 한다. 가장 일반적인 방법으로는 참고치 분포reference distribution, 참고치 경계reference limits, 판정기준치cut-off points 등이 있다.

1) 참고치 분포

참고치 분포reference distribution는 건강한 표준인을 대상으로 한 참고 표본집단 reference sample group에서 얻은 자료로 보통 백분위값으로 나타낸다. 대표적 예시로는 식사섭취조사에 활용되는 한국인 영양소 섭취기준Dietary Reference Intakes for Koreans, KDRIs 등이 있으며, 신체계측조사에서 사용되는 소아·청소년 성장도표 등도 이에 해당된다부록 1 참고.

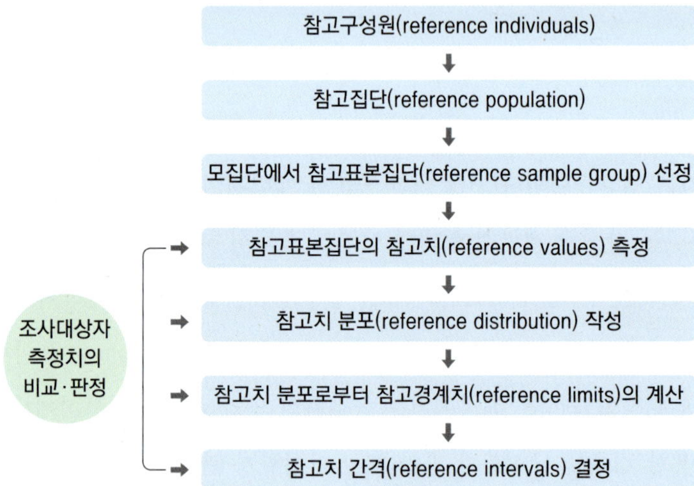

그림 1-4 참고치의 개념

출처 : Gibson RS. Principles of Nutritional Assessment. 2005

2) 참고치 경계

참고치 경계reference limits는 참고치 분포에서 보통 2곳을 정하여 3개의 참고치 간격을 만들어서 판정 기준치로 사용하는 방법이다. 예를 들어, 신체계측 참고치 분포에서 5 백분위값과 95 백분위값의 2곳을 참고치 경계로 정했다고 가정하였을 때, 개인의 측정값이 5 백분위값보다 낮으면 '매우 낮음', 5~95 백분위값이면 '보통', 95 백분위값보다 높으면 '매우 높음'으로 판정한다. 성장에 관한 계측인 경우 일반적으로 참고치 분포에서 5%와 95%에 해당하거나 또는 중앙치median로부터 표준편차standard deviation, SD의

2배수 만큼 아래 또는 초과하는 참고치가 최저 경계치(−2SD)와 최고 경계치(+2SD)로 설정된다. 이 경우 최저경계치와 최고 경계치를 벗어나더라도 '비정상sbnormal'이나 병적 상태로 분류하지 않는다. 왜냐하면 참고 경계치는 건강장애와의 필연적인 연관성에 의해서가 아니라 통계적인 과정에 의해 결정되기 때문이다. 그림 1-5는 정상적인 가우스 분포 곡선을 보여 주는데, 일반적으로 −2 표준편차 이하에 해당하는 측정치는 예외적으로 낮은 것으로 간주된다. 경계치가 벗어난 수치에 대해 '비정상', '매우 위험' 등의 상태로 분류하는 것에는 주의가 필요하다. 참고치는 단순히 통계적으로 발생하는 수치이므로 개인의 건강상태를 판정하는 절대적인 수치는 아니라는 것을 유의할 필요가 있다.

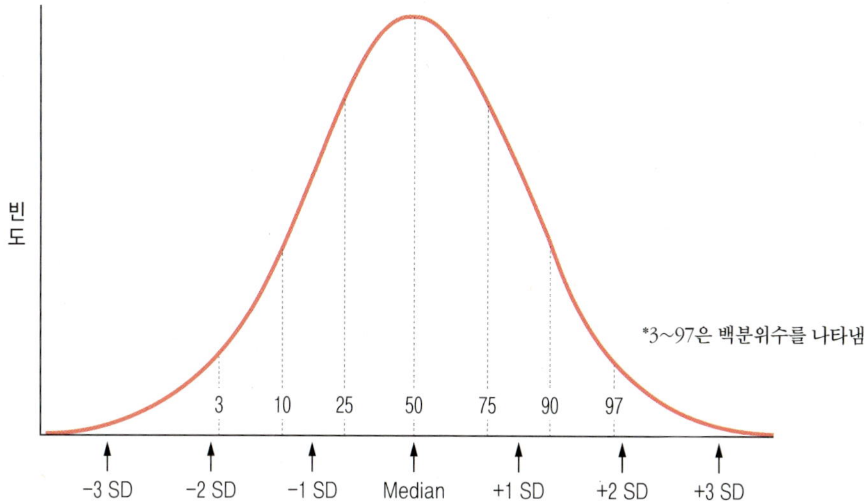

그림 1-5 참고치의 정규분포 곡선

출처 : Gibson RS. Principles of Nutritional Assessment. 2005

3) 판정기준치

판정기준치cut-off points는 영양판정 지표와 체내 저장 영양소 고갈, 체기능 손상, 영양 결핍 증상 발생 등의 수준을 근거로 영양상태를 판정하는 방법이다. 예를 들어, 조사대상자를 정상 영양 집단 또는 불량 영양 집단으로 분류하고자 할 때, 영양소의 섭취량이 판정기준치보다 낮을 경우 불량 영양 집단으로 분류할 수 있다.

CHAPTER

2

신체계측

1. 신체계측의 개요
2. 신체계측의 특성
3. 성장의 측정
4. 신체조성의 측정
5. 신체계측 결과의 평가

영양 결핍이나 과다는 인간의 성장과 발달 및 체위에 영향을 미친다. 그러므로 신체 각 부위의 크기와 조성을 측정하고 이를 기준치와 비교하면 영양상태를 판정할 수 있다. 신체계측은 비교적 쉽고 간편하게 수행할 수 있어서 개인이나 집단의 영양상태를 판정할 때 첫 단계로 많이 이용되고 있다. 특히 비만이 심장병, 고혈압, 당뇨병 등과 같은 만성질환과 연관되어 있음이 알려지면서 바람직한 체중유지와 체형관리 차원에서 그 중요성이 증가하고 있다.

1. 신체계측의 개요

1) 신체계측의 의의

신체계측anthropometric assessment이란 신체 각 부위의 크기나 신체를 구성하는 성분을 측정하는 것을 말한다. 여기에는 신장, 체중, 허리둘레, 피부두겹두께, 상완둘레 및 체질량지수 등이 있다.

성장이나 신체조직의 조성은 유전과 환경인자의 영향을 받으며, 환경인자 중 가장 많은 영향을 주는 요인은 영양이라고 할 수 있다. 그러므로 신체의 크기, 체중, 신체조성을 측정하여 성장과 발달 정도, 체격의 유형을 판별하여 이를 동일한 연령의 표준치와 비교함으로써 개인의 영양상태를 판정할 수 있다.

신체계측을 통하여 영양상태를 판정하는 방법은 다른 방법에 비하여 쉽고 재현성이 높으며 비용이 저렴하므로 비교적 널리 사용되고 있다. 신체계측법은 일반인과 환자에게 있어 단백질-에너지 결핍 여부, 비만 판정 및 영양중재 후의 변화를 파악하는 데 활용할 수 있다. 신체계측을 이용하여 개인이나 집단의 영양상태를 정확하게 평가하기 위해서는 표준화된 신체계측 방법이 필요하다.

신체계측의 적용

- 개인, 집단을 대상으로 체위 및 신체 구성의 변화 측정
- 단백질–에너지 섭취 부족에 의한 영양불량 판정
- 과잉영양에 의한 비만 판정
- 경기력 향상을 위한 운동선수의 신체조성 측정

2) 신체계측의 분류

신체계측에 의해 영양상태를 판정하는 방법은 크게 두 가지, 즉 성장 측정과 신체조성 측정으로 나눌 수 있다표 2-1. 성장 측정에서는 신장, 체중, 머리둘레 등을 이용하여 성장의 정도를 평가하며, 신체조성 측정에서는 체지방과 제지방의 양 및 비율을 이용하여 신

체조직의 조성을 평가한다.

영양상태 판정을 위해 가장 많이 이용되는 항목은 신장과 체중이다. 그러나 조사의 목적, 조사 대상자의 연령이나 수에 따라 측정 부위는 달라질 수 있다. 따라서 영양판정의 목적에 따라 영양상태를 가장 잘 반영하는 측정항목을 적절히 선택해서 측정하도록 한다. 영양상태 판정 시 각 연령에 따라 권장되는 신체계측 항목은 표 2-2와 같다.

표 2-1 신체계측의 종류

구분	종류
성장 측정	• 신장, 체중, 가슴둘레, 머리둘레, 팔꿈치넓이, 손목둘레 • 비만도, 체질량지수, 폰더럴지수, 뢰러지수, 카우프지수
신체조성 측정	• 피부두겹두께, 허리둘레, 허리-엉덩이둘레비 • 상완둘레, 상완근육둘레, 상완근육면적, 장딴지둘레, 허벅지둘레 • 수중체중법, 생체전기저항측정법, 총체수분량 측정법, 총칼륨량 측정법 • 컴퓨터단층촬영법, 자기공명영상법, 이중에너지방사선흡수계측법

표 2-2 연령별 권장 신체계측 항목

생애주기	항목
신생아, 영유아	체중, 누운 키, 머리둘레, 가슴둘레, 삼두근 피부두겹두께
학령 전 어린이	체중, 키, 머리둘레, 가슴둘레, 삼두근 피부두겹두께, 상완둘레
학령기 어린이, 청소년	체중, 키, 삼두근 피부두겹두께, 상완둘레
성인, 노인	체중, 키, 삼두근 피부두겹두께, 견갑골하부 피부두겹두께, 상완둘레

2. 신체계측의 특성

1) 신체계측법의 장단점

신체계측에서 얻은 측정치들은 특히 성장기 어린이들의 성장발달을 민감하게 반영하는 지표가 될 수 있다. 또한 신체계측법은 과거의 장기간에 걸친 영양상태를 반영하는 정보를 제공하므로 영양불량의 위험이 높은 개인을 분류해 내는 데 유용한 도구가 될 수 있다. 그러나 여러 장점에도 불구하고 신체계측법은 몇 가지 제한점도 있다. 표 2-3에 신체계측법의 장단점을 요약하여 제시하였다.

표 2-3 신체계측법의 장단점

장점	• 방법이 비교적 간단하고 안전하며, 조사 대상자에게도 부담이 적다. • 측정기구의 가격이 비교적 싸고, 운반이 용이하며, 오래 사용할 수 있다. • 다른 조사방법에 비하여 숙련되지 않은 조사원으로도 측정이 가능하다. • 표준화된 방법을 준수하여 측정하면 방법 자체는 비교적 정확하다. • 과거의 장기간에 걸친 영양상태에 대한 정보를 얻을 수 있다. • 중등도 이상의 심한 영양불량 상태를 판정하는 데 유용하다. • 영양불량의 위험도가 높은 대상자를 찾아내기 위한 선별검사(screening test)에 적합하다.
단점	• 단기간의 영양상태 변화를 평가하기가 어렵다. • 어떤 특정 영양소의 결핍을 규명해 내기가 어렵다. • 영양 외적인 요소, 즉 질병, 유전, 생리상태, 에너지 소모량이나 필요량의 변화 등에 의해 영향을 받는다.

2) 신체계측 시 발생하는 오차

신체계측조사는 비교적 정확하지만 측정과정에서 오차가 발생할 수 있다. 이러한 오차는 주로 세 가지 원인으로 발생하며, 조사자료의 정밀도, 정확도 및 타당도에 영향을 미친다.

(1) 측정오차

신체계측 시 발생하는 측정오차는 측정방법의 어려움, 부정확한 측정기구, 그리고 조사원에 대한 훈련 부족 등으로 발생한다. 이러한 오차는 조사원에게 표준화되고 타당한 측정방법을 훈련시키거나 측정기구의 정확성을 정기적으로 점검함으로써 최소화할 수 있다표 2-4.

신체계측치의 정밀도는 같은 조사 대상자를 여러 차례 측정하여 그 차이를 봄으로써 향상시킬 수 있다. 그러므로 조사원 내 오차intra-examiner error와 조사원 간 오차inter-examiner error를 방지하기 위해서는 같은 조사 대상자에 대해 여러 번 반복 측정하고, 숙련된 조사원의 계측치와 비교하도록 한다. 또한 한 조사원이 같은 신체계측 항목을 측정하게 하는 것이 바람직하다.

표 2-4 측정 오차의 원인과 해결방법

오차의 원인	해결방법	예
측정방법의 어려움	표준화되고 타당한 측정방법 이용	피부두겹집기
측정기구의 부정확	기구의 정밀성, 정확성에 대한 정기적 점검	늘어난 줄자
조사원의 훈련 부족	충분한 훈련과 감시	미숙한 조사원

(2) 신체조성의 변화

생리적 특성에 따른 신체조성의 변화는 신체계측치와 측정지표의 정확도에 영향을 미친다. 예를 들면, 건강한 사람의 경우에도 생리주기에 따라 조직의 수분함량이 변화된다든가, 연령이나 측정 부위에 따라 피부두겹집기의 결과가 달라질 수 있다.

일반적으로 건강한 사람들을 대상으로 하여 만들어진 예측방정식을 환자나 다른 연령층에게 적용하면 오차가 발생할 수 있다. 그러나 이러한 오차는 측정 시 반영되지 못하는 것이 보통이다.

(3) 가설의 적합성

신체계측치로부터 신체조성을 유도해 내는 과정에서 타당하지 못한 가설을 적용할 경우에 오차가 생긴다. 예를 들면 피부두겹집기를 이용하여 체지방량을 추정할 때에는 피하지방조직의 두께는 체지방량의 일정한 비율을 반영하며, 선택된 측정 부위는 평균 피하지방 두께를 반영한다는 가정에 기초하고 있다.

그러나 실제로는 피하지방과 체지방량은 정비례 관계를 유지하지 못하고, 그 관련성은 체중, 연령, 질병상태에 따라 달라진다. 또한 피하지방조직의 분포도 연령, 종족, 성별 등에 따라 다르게 나타난다.

3. 성장의 측정

영양상태가 좋으면 발육이 우수하다는 사실에 근거하여 성장growth의 정도를 측정하고 표준치와 비교함으로써 영양상태를 판정할 수 있다. 성장의 정도를 측정하는 것은 비교적 쉽고 단시간 내에 행할 수 있기 때문에 세계보건기구WHO에서는 특히 어린이의 경우, 과거와 현재의 영양상태 판정에 가장 먼저 사용하도록 권장하고 있다.

성장 척도로 많이 이용되는 것은 신장, 체중, 머리둘레, 가슴둘레 등이다. 특히 신장과 체중은 영유아기에 성장의 정도를 나타내는 가장 기본지표로 사용되고 있다표 2-5.

표 2-5 성장 측정을 위한 신체계측 항목

항목	반영
신장, 체중	성장 정도
머리둘레	2세 이하 영유아 뇌의 성장과 발달
팔꿈치넓이, 손목둘레	신체 골격 크기

1) 신장

신장height은 골격의 발달을 반영하므로 연령별 신장의 측정치는 그 집단 내 개인의 영양상태를 반영하는 간접지표로 이용될 수 있다. 성장기 어린이는 키가 작은 경우 일반적으로 영양불량과 관련이 있으나, 유전적 요인에 따른 영향도 함께 고려해야 한다. 성인의 경우에는 신장이 의미하는 바가 어린이의 경우와는 매우 다르다. 그 이유는 성인의 신장은 과거 성장기의 영양상태를 반영하기는 하나 성장이 완료된 현재의 영양상태와는 무관하기 때문이다.

또한 신장의 측정은 신장별 체중, 크레아티닌-신장지수creatinine-height index 표 5-2 참조 같은 지수와 기초에너지대사를 측정하는 데 중요하게 이용된다.

(1) 측정방법

① 영유아

주로 24개월 미만이나 24~36개월에 다른 사람의 도움 없이는 반듯하게 설 수 없는 영유아의 신장을 측정할 때는 누운 상태의 길이length를 측정한다.

누운 키를 측정하기 위해서는 특별한 측정장치가 필요하다. 그림 2-1과 같이 눈금이 새겨진 평평한 측정판에 영유아를 눕히고 직각의 판에 머리가 닿게 한 후 발을 똑바로 펴게 한 상태에서 발끝에 발판을 대고 누운 키를 측정한다. 이러한 측정을 위해서는 두 명 이상의 조사원이 필요하다. 한 사람은 측정하는 영유아의 얼굴이 위를 향하고 머리와 어깨가 측정판에 고정되도록 영유아의 자세를 바르게 유지시킨다. 다른 한 사람은 영유아의 다리가 곧게 유지되도록 잡고, 발끝은 위로 향하게 하며 발뒤꿈치가 발판에 밀착되도록 한 후, 측정치를 mm 단위로 읽는다.

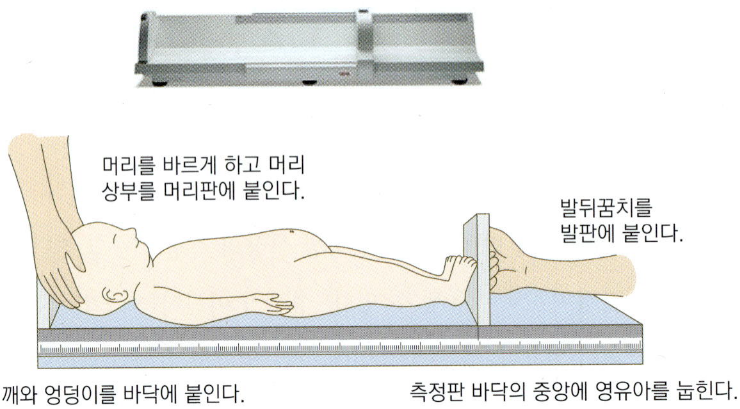

그림 2-1 영유아용 신장계 및 신장 측정방법

② 어린이와 어른

서서 재는 키는 남의 도움 없이 서 있을 수 있는 2~3세 이상의 연령에서 사용하는 방법이며, 여러 가지 방식으로 측정할 수 있다.

가장 간단한 방법은 측정용 막대나 늘어나지 않는 테이프를 벽과 같이 평평하고 수직인 면에 단단하게 고정시키고 측정치를 읽는 것이다.

신장계로 측정할 때는 양말을 벗고, 자세가 정확하도록 하기 위해 옷은 가능한 한 적게 입는다. 발뒤꿈치를 함께 모아 서서 팔은 양옆에, 다리는 반듯하게, 어깨는 부드럽게 내리고, 머리는 바르게 한다. 발뒤꿈치, 엉덩이, 어깨뼈와 머리 뒤쪽이 신장계에 닿도록 한다그림 2-2.

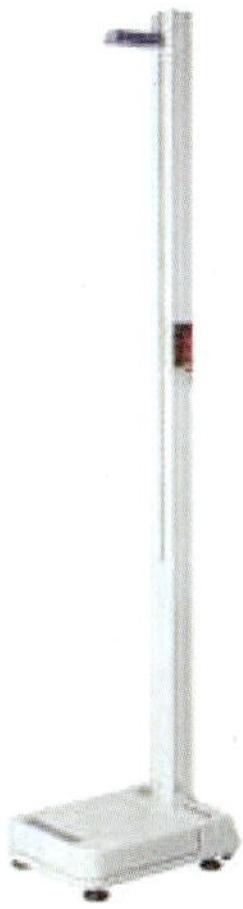

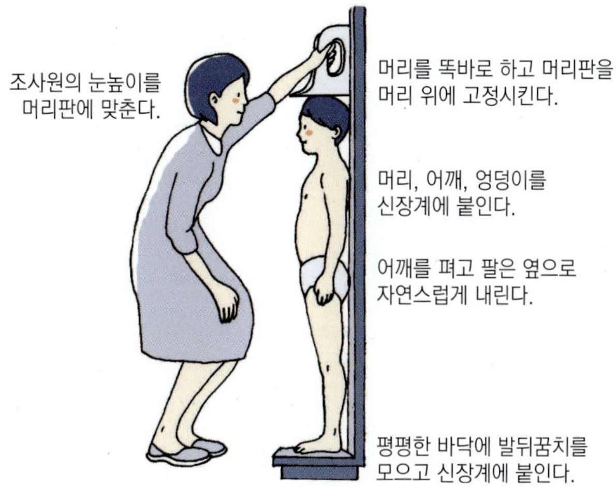

그림 2-2 자동신장측정기 및 신장 측정 시 올바른 자세

측정하기 전에 조사 대상자는 숨을 깊게 들이마신 다음 멈추고, 머리판headboard이 머리의 가장 높은 부분에 내려올 때까지 자세를 바르게 유지한다. 조사원은 눈높이를 계측치의 눈금과 수평으로 맞추어서 값을 읽는다.

③ 거동이 불편한 사람

걸을 수 없는 장애인이나 척추가 심하게 굽은 사람, 혹은 거동이 불편한 노인과 같이 서서 키를 재기 어려운 경우에는 일반적인 방법으로 키를 재면 부정확하다.

무릎 높이knee height는 키와 관련성이 매우 크다. 그러므로 이러한 경우 발끝에서 무릎까지의 길이를 나타내는 무릎 높이를 측정하고, 다음의 계산식 또는 계산도표그림 2-3를 이용하여 키를 추정할 수 있다.

남자(cm) = [2.02×무릎 높이(cm)] − [0.04×나이(세)] + 64.19
여자(cm) = [1.83×무릎 높이(cm)] − [0.24×나이(세)] + 84.88

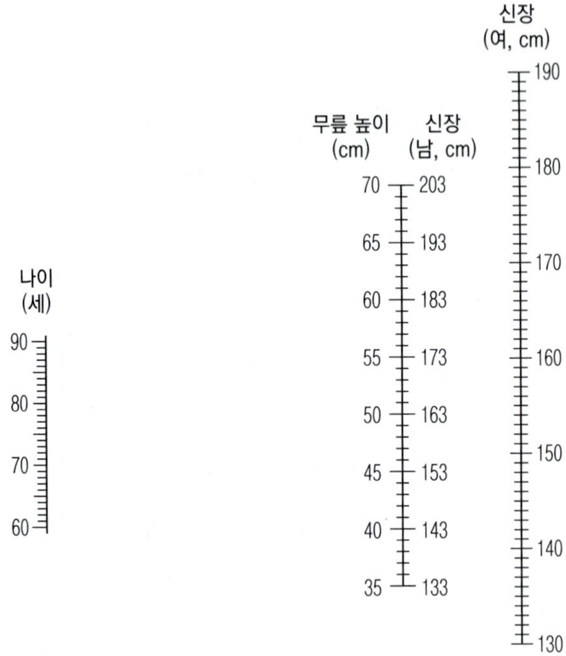

그림 2-3 무릎 높이로부터 신장을 추정하는 계산도표
자료: Gibson RS. Principles of nutritional assessment. 2005

무릎 높이는 90°로 측정막대가 부착된 특수한 모양의 캘리퍼를 이용하여 측정한다. 조사 대상자를 반듯하게 눕힌 후 왼쪽 다리를 구부려 무릎의 각도가 90°가 되게 한다. 캘리퍼의 한쪽 날은 발뒤꿈치 밑에 위치하게 하고, 다른 쪽 날은 무릎뼈kneepan의 가장 꼭대기에 오게 한다. 캘리퍼의 눈금자를 정강이뼈tibia와 평행이 되게 잡은 후 캘리퍼의 양날에 서서히 힘을 가하여 5 mm 단위까지 측정한다그림 2-4.

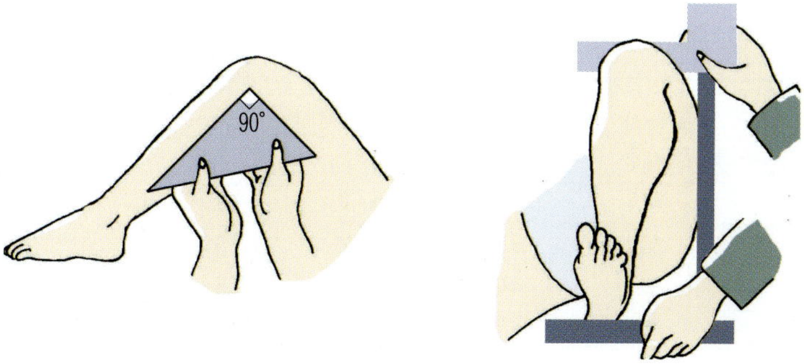

그림 2-4 무릎 높이 측정방법

(2) 영양판정

측정치는 연령별, 성별로 한국인 신체발육 표준치표 2-6, 소아청소년 성장도표부록 1와 체위참고치, WHO 성장표준치 등과 비교하여 평가한다. 즉, 표준치(참고치)에 대한 백분율을 구하든 지, 어느 백분위수percentile에 속하는지 계산한다.

연령별 신장height for age은 과거 또는 장기간에 걸친 영양상태를 추정해 주는 지표로 이용된다. 0~18세 소아청소년에서 측정값이 성장도표 3 백분위수 미만인 경우는 저신장으로 분류한다. 이때 일정 기간(1년 정도)의 간격을 두고 신장을 측정해, 성장속도를 보면서 영양상태를 판정하는 것이 중요하다.

표 2-6 신체발육 표준치

남자				만 나이 (개월/세)	여자			
신장 (cm)	체중 (kg)	체질량지수 (kg/m²)	머리둘레 (cm)		신장 (cm)	체중 (kg)	체질량지수 (kg/m²)	머리둘레 (cm)
49.9	3.3		34.5	0개월	49.1	3.2		33.9
54.7	4.5		37.3	1개월	53.7	4.2		36.5
58.4	5.6		39.1	2개월	57.1	5.1		38.3
61.4	6.4		40.5	3개월	59.8	5.8		39.5
63.9	7.0		41.6	4개월	62.1	6.4		40.6
65.9	7.5		42.6	5개월	64.0	6.9		41.5
67.6	7.9		43.3	6개월	65.7	7.3		42.2
69.2	8.3		44.0	7개월	67.3	7.6		42.8
70.6	8.6		44.5	8개월	68.7	7.9		43.4
72.0	8.9		45.0	9개월	70.1	8.2		43.8
73.3	9.2		45.4	10개월	71.5	8.5		44.2

표 2-6 (계속)

남자				만 나이 (개월/세)	여자			
신장 (cm)	체중 (kg)	체질량지수 (kg/m²)	머리둘레 (cm)		신장 (cm)	체중 (kg)	체질량지수 (kg/m²)	머리둘레 (cm)
74.5	9.4		45.8	11개월	72.8	8.7		44.6
75.7	9.6		46.1	12개월	74.0	8.9		44.9
76.9	9.9		46.3	13개월	75.2	9.2		45.2
78.0	10.1		46.6	14개월	76.4	9.4		45.4
79.1	10.3		46.8	15개월	77.5	9.6		45.7
80.2	10.5		47.0	16개월	78.6	9.8		45.9
81.2	10.7		47.2	17개월	79.7	10.0		46.1
82.3	10.9		47.4	18개월	80.7	10.2		46.2
83.2	11.1		47.5	19개월	81.7	10.4		46.4
84.2	11.3		47.7	20개월	82.7	10.6		46.6
85.1	11.5		47.8	21개월	83.7	10.9		46.7
86.0	11.8		48.0	22개월	84.6	11.1		46.9
86.9	12.0		48.1	23개월	85.5	11.3		47.0
87.1	12.2	16.0	48.3	2세	85.7	11.5	15.7	47.2
91.9	13.3	15.8	48.9	2세 6개월	90.7	12.7	15.5	47.9
96.5	14.7	15.9	49.8	3세	95.4	14.2	15.8	48.8
99.8	15.8	15.9	50.2	3세 6개월	98.6	15.2	15.7	49.3
103.1	16.8	15.9	50.5	4세	101.9	16.3	15.7	49.6
106.3	17.9	15.9	50.8	4세 6개월	105.1	17.3	15.7	49.9
109.6	19.0	15.9	51.1	5세	108.4	18.4	15.7	50.2
112.8	20.1	16.0	51.4	5세 6개월	111.6	19.5	15.8	50.6
115.9	21.3	16.0	51.7	6세	114.7	20.7	15.8	50.9
119.0	22.7	16.2		6세 6개월	117.8	22.0	15.9	
122.1	24.2	16.4		7세	120.8	23.4	16.1	
127.9	27.5	16.9		8세	126.7	26.6	16.6	
133.4	31.3	17.6		9세	132.6	30.2	17.2	
138.8	35.5	18.4		10세	139.1	34.4	17.8	
144.7	40.2	19.1		11세	145.8	39.1	18.5	
151.4	45.4	19.8		12세	151.7	43.7	19.1	
158.6	50.9	20.3		13세	155.9	47.7	19.7	
165.0	56.0	20.8		14세	158.3	50.5	20.3	
169.2	60.1	21.2		15세	159.5	52.6	20.8	
171.4	63.1	21.6		16세	160.0	53.7	21.0	
172.6	65.0	21.9		17세	160.2	54.1	21.1	
173.6	66.7	22.3		18세	160.6	54.0	21.0	

- 표준치는 2017 소아청소년 성장도표 50 백분위수 값을 의미
- 2세 미만(0~23개월)의 신장은 누운 키, 이상의 신장은 선 키로 측정

자료: 질병관리본부, 대한소아청소년과학회. 2017 소아청소년 성장도표. 2017

2) 체중

체중weight은 골격, 근육, 피하지방의 양 등을 종합적으로 나타내며, 영양상태 평가에 활용되는 가장 중요한 지표 중 하나이다. 체중만으로 영양상태를 판정하기보다는 연령과 키를 함께 고려하여 판정하는 것이 바람직하다.

(1) 측정기기

체중 측정에 일반적으로 사용되는 저울에는 전자저울, 눈금저울, 그리고 추저울 등이 있다. 이 중에서 전자저울은 적정하게 표준화되면 매우 정확한 값을 제공한다. 또한 전자저울은 체중을 빠르게 측정할 수 있는 장점이 있어서 오래 누워 있지 못하는 영아들을 재는 데 편리하다.

저울은 평평하고 단단한 면 위에 놓아 흔들리거나 기울지 않게, 안전한 상태로 보관한다. 저울을 움직인 후, 또는 일 년에 2~3회 정도는 주기적으로 저울의 눈금이 0점에 있는지를 점검하도록 한다. 이때 기준이 되는 추를 사용하거나 또는 전문가에게 의뢰하여 저울의 정확도를 확인하는 것이 좋다.

(2) 측정방법

① 영유아

영유아는 소아용 전자저울digital scale이나 추저울balance-beam scale을 사용하여 체중을 측정한다그림 2-5. 현장조사에서 2세 미만 유아의 체중을 재는 데는 스프링식 저울suspended scale, weighing sling을 사용하기도 한다.

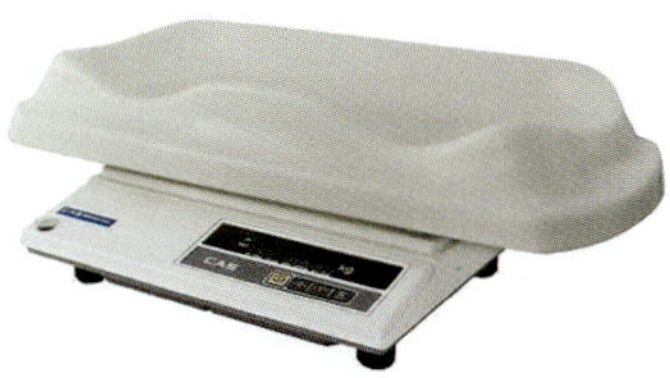

전자저울

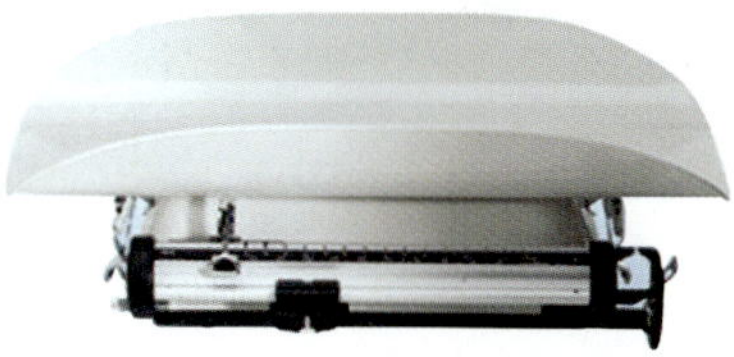

추저울

그림 2-5 소아용 저울

우선 소아용 저울의 팬에 얇은 담요나 타월을 깐 다음 보정하여 0점을 맞춘다. 아기를 저울 팬의 중앙에 눕혀 체중이 균등하게 분산되도록 한 다음 아기가 조용히 누워 있을 때 10 g 단위까지 측정한다. 이때 아기의 옷을 벗기거나 가벼운 옷만을 입혀 측정하도록 한다.

소아용 저울이 없거나 아기가 너무 움직여서 소아용 저울로 재기가 어려울 경우에는 어른이 아기를 안고 같이 잰 다음, 어른의 체중을 빼서 아기 체중을 계산할 수 있다.

② 어린이와 어른

다른 사람의 도움 없이 서 있을 수 있는 사람은 전자저울이나 눈금저울로 체중을 측정한다그림 2-6. 저울의 0점을 맞춘 후, 조사 대상자를 체중계 발판의 중앙에 세워 양발에 체중이 고루 실리게 한다. 편한 자세로 서서 정면을 바라보도록 한 다음 100 g 단위까지 측정한다.

이때 속옷이나 검사용 가운 등 가능한 한 옷을 적게 입은 상태로 측정하도록 한다. 그리고 체중의 정확도가 요구되는 상황이면 측정 후 옷의 무게를 빼서 체중을 계산할 수 있다. 체중은 식사 전, 소변을 본 상태에서 측정해야 정확한 결과를 얻을 수 있는데 현장에서는 이를 지키기가 쉽지 않다.

전자저울　　　　　눈금저울

그림 2-6 성인용 체중계

③ 거동이 불편한 사람

저울 위에 혼자서 설 수 없는 사람은 침대저울이나 의자저울을 이용해서 체중을 잴 수 있다그림 2-7. 침대저울을 이용하는 경우에는 조사 대상자를 체중을 재는 장치에 편안하게 누워 있도록 하고, 서서히 들어올리면서 측정한다. 의자저울에서는 조사 대상자를 등받이에 기대어 가운데 반듯하게 앉아 있게 한 다음 측정한다. 침대나 의자의 흔들림이 없을 때 100 g 단위까지 측정한다.

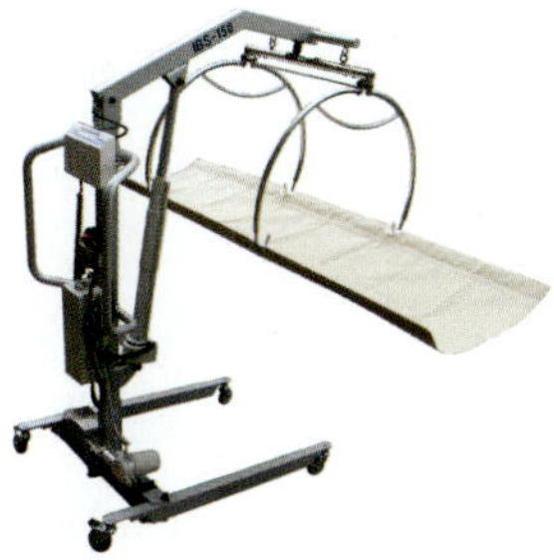

침대저울

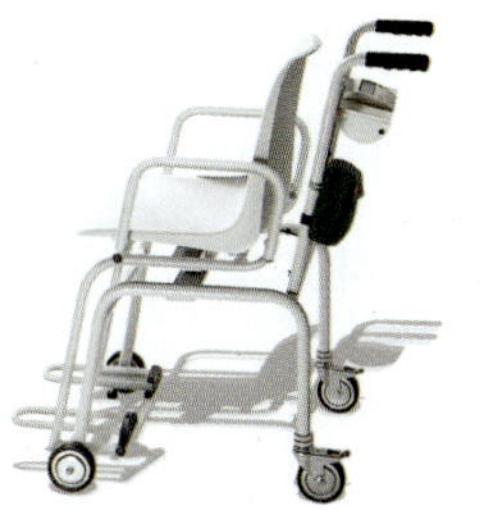

의자저울

그림 2-7 침대저울과 의자저울

거동이 불편한 경우의 체중은 무릎 높이, 상완둘레, 장딴지둘레 및 견갑골하부 피부두겹두께로부터 다음과 같이 계산할 수도 있다.

남자(kg) = 0.98AC + 1.27CC + 0.4SSF + 0.87KN − 62.35
여자(kg) = 1.73AC + 0.98CC + 0.37SSF + 1.16KN − 81.69

AC: 상완둘레(cm), CC: 장딴지둘레(cm), SSF: 견갑골하부 피부두겹두께(mm), KN: 무릎 높이(cm)

(3) 영양판정

측정치는 연령별, 성별로 한국인 신체발육 표준치표 2-6, 소아청소년 성장도표부록 1와 체위참고치, WHO 성장표준치 등과 비교하여 평가한다. 즉, 표준치(참고치)에 대한 백분율을 구하든지, 어느 백분위수percentile에 속하는지 계산한다.

① 연령별 체중Weight for age

0~18세 소아청소년의 체중은 성장도표와 비교하여 평가할 수 있다. 체중이 같은 연령군에서 성장도표 5 백분위수 미만이거나 표준치보다 20% 미만으로 나타난 경우는 저체중으로 분류한다. 저체중은 어린이에서는 성장발육의 둔화나 질병에 걸린 상태로, 성인에서는 질병에 걸린 상태로 의심해 볼 여지가 있다. 체중이 표준치보다 20% 이상 초과하는 경우는 비만으로 판정한다.

어린이의 체중은 신장보다 변화가 심해서 한 번 재는 것만으로는 상태를 판단하기 어려울 수 있다. 그러므로 일정한 기간의 간격을 두고 체중을 재면서 체중 증가속도를 보는 것이 더 바람직하다. 연령별 체중은 신장의 차이를 반영하지 못하므로 키가 작은 경우 적정체중임에도 불구하고 영양불량으로 판정될 가능성이 있다.

② 신장별 체중Weight for height

신장에 따른 체중은 현재의 영양상태를 민감하게 반영해 준다. 따라서 신장별 체중은 어린이에게는 영양상태를, 성인에게는 비만도를 나타내는 지표로 쓰인다. 0~2세 영유아의 신장별 체중이 성장도표 95 백분위수 이상이면 과체중으로 분류한다. 표 2-7에 우리나라 소아청소년의 신장별 표준체중을 제시하였다.

③ 체중 변화Weight change

체중의 변화는 체단백질, 수분, 무기질 또는 체지방량의 변화로 인해 나타난다. 건강한 사람의 하루 체중 변화는 0.5 kg 이하로 매우 적다. 그러나 영양소의 섭취 부족, 또는 급·만성 질환에 걸렸을 때에는 신체 내부에 저장한 지방이나 단백질을 에너지의 급원으로 사용하며, 그 결과 체중이 감소한다. 반면, 섭취 에너지가 소비 에너지보다 많을 경우 과잉의 에너지는 체지방 형태로 저장되어 체중이 증가한다.

표 2-7 소아청소년 신장별 표준체중

신장 (cm)	남자 (kg)	여자 (kg)	신장 (cm)	남자 (kg)	여자 (kg)	신장 (cm)	남자 (kg)	여자 (kg)	신장 (cm)	남자 (kg)	여자 (kg)	신장 (cm)	남자 (kg)	여자 (kg)
0~23개월			80	10.4	10.1	69	8.4	8.1	105	16.8	16.8	107	17.9	17.7
45	2.4	2.5	81	10.6	10.3	70	8.6	8.3	106	17.2	17.1	108	18.2	18.0
46	2.6	2.6	82	10.8	10.5	71	8.8	8.5	107	17.5	17.5	109	18.6	18.3
47	2.8	2.8	83	11.0	10.7	72	9.0	8.7	108	17.8	17.8	110	18.9	18.7
48	2.9	3.0	84	11.3	11.0	73	9.2	8.9	109	18.2	18.2	111	19.2	19.0
49	3.1	3.2	85	11.5	11.2	74	9.4	9.1	110	18.5	18.6	112	19.6	19.4
50	3.3	3.4	86	11.7	11.5	75	9.6	9.3	111	18.9	19.0	113	20.0	19.8
51	3.5	3.6	87	12.0	11.7	76	9.8	9.5	112	19.2	19.4	114	20.4	20.1
52	3.8	3.8	88	12.2	12.0	77	10.0	9.6	113	19.6	19.8	115	20.7	20.5
53	4.0	4.2	89	12.5	12.2	78	10.2	9.8	114	20.0	20.2	116	21.1	20.9
54	4.3	4.3	90	12.7	12.5	79	10.4	10.0	115	20.4	20.7	117	21.5	21.3
55	4.5	4.5	91	13.0	12.7	80	10.6	10.2	116	20.8	21.1	118	22.0	21.7
56	4.8	4.8	92	13.2	13.0	81	10.8	10.4	117	21.2	21.5	119	22.4	22.2
57	5.1	5.1	93	13.4	13.2	82	11.0	10.7	118	21.6	22.0	120	22.8	22.6
58	5.4	5.4	94	13.7	13.5	83	11.2	10.9	119	22.0	22.4	121	23.3	23.1
59	5.7	5.6	95	13.9	13.7	84	11.4	11.1	120	22.4	22.8	122	23.8	23.6
60	6.0	5.9	96	14.1	14.0	85	11.7	11.4	3~18세			123	24.3	24.0
61	6.3	6.1	97	14.4	14.2	86	11.9	11.6	88		12.3	124	24.9	24.5
62	6.5	6.4	98	14.6	14.5	87	12.2	11.9	89		12.6	125	25.4	25.1
63	6.8	6.6	99	14.9	14.8	88	12.4	12.1	90	13.2	12.9	126	26.0	25.6
64	7.0	6.9	100	15.2	15.0	89	12.6	12.4	91	13.4	13.1	127	26.6	26.1
65	7.3	7.1	101	15.4	15.3	90	12.9	12.6	92	13.7	13.4	128	27.2	26.7
66	7.5	7.3	102	15.7	15.6	91	13.1	12.9	93	13.9	13.6	129	27.8	27.3
67	7.7	7.5	103	16.0	15.9	92	13.4	13.1	94	14.2	13.9	130	28.4	27.9
68	8.0	7.7	104	16.3	16.2	93	13.6	13.4	95	14.5	14.2	131	29.1	28.5
69	8.2	8.0	105	16.6	16.5	94	13.8	13.6	96	14.7	14.4	132	29.7	29.1
70	8.4	8.2	106	16.9	16.9	95	14.1	13.9	97	15.0	14.7	133	30.4	29.7
71	8.6	8.4	107	17.3	17.2	96	14.3	14.1	98	15.2	15.0	134	31.1	30.4
72	8.9	8.6	108	17.6	17.6	97	14.6	14.4	99	15.5	15.2	135	31.8	31.0
73	9.1	8.8	109	17.9	18.0	98	14.8	14.7	100	15.8	15.5	136	32.6	31.7
74	9.3	9.0	110	18.3	18.3	99	15.1	14.9	101	16.0	15.8	137	33.3	32.3
75	9.5	9.1	24~35개월			100	15.4	15.2	102	16.3	16.1	138	34.0	33.0
76	9.7	9.3	65	7.4	7.2	101	15.6	15.5	103	16.6	16.4	139	34.8	33.6
77	9.9	9.5	66	7.7	7.5	102	15.9	15.8	104	16.9	16.7	140	35.6	34.3
78	10.1	9.7	67	7.9	7.7	103	16.2	16.1	105	17.2	17.0	141	36.4	35.0
79	10.3	9.9	68	8.1	7.9	104	16.5	16.4	106	17.6	17.4	142	37.2	35.8

표 2-7 (계속)

신장 (cm)	남자 (kg)	여자 (kg)	신장 (cm)	남자 (kg)	여자 (kg)	신장 (cm)	남자 (kg)	여자 (kg)	신장 (cm)	남자 (kg)	여자 (kg)	신장 (cm)	남자 (kg)	여자 (kg)
143	37.9	36.6	152	45.4	45.4	161	52.8	53.2	170	60.9	59.9	179	68.4	
144	38.7	37.4	153	46.3	46.4	162	53.7	53.9	171	61.8	60.7	180	69.3	
145	39.6	38.3	154	47.1	47.4	163	54.5	54.6	172	62.6	61.4	181	70.2	
146	40.4	39.2	155	47.9	48.3	164	55.4	55.3	173	63.4		182	71.1	
147	41.2	40.2	156	48.7	49.2	165	56.3	56.0	174	64.2		183	72.0	
148	42.0	41.3	157	49.5	50.1	166	57.2	56.8	175	65.0		184	72.9	
149	42.9	42.3	158	50.3	50.9	167	58.2	57.6	176	65.8		185	73.8	
150	43.7	43.3	159	51.1	51.6	168	59.1	58.3	177	66.6		186	74.7	
151	44.6	44.4	160	52.0	52.4	169	60.0	59.1	178	67.5				

자료: 질병관리본부, 대한소아청소년과학회. 2017 소아청소년 성장도표. 2017

$$\text{체중변화율(\%)} = \frac{\text{평소체중} - \text{현재체중}}{\text{평소체중}} \times 100$$

의도하지 않은 최근의 체중 변화는 체중 측정치 자체보다 영양상태를 더 잘 반영한다. 이때 체중 감소율이 클수록, 그리고 감소된 기간이 짧을수록 영양결핍 정도가 심한 것으로 평가한다. 일반적으로 6개월 내에 10% 이상의 체중 감소, 또는 1개월 내에 5% 이상의 체중 감소가 나타나면 체중손실이 심한 것으로 판정한다**표 2-8**. 이러한 체중 변화 기준치는 주로 입원환자의 영양판정 시에 많이 이용된다.

그러나 체중 변화는 부종, 복수, 탈수, 이뇨, 거대 종양의 성장, 장기 제거 및 빠른 체중 감소를 보이고 있는 비만인의 경우에서는 그 평가가 불가능하다.

표 2-8 체중손실비율의 판정 기준치

기간	현저한 체중 감소(%)	극심한 체중 감소(%)
1주일	1~2	> 2
1개월	5	> 5
3개월	7.5	> 7.5
6개월	10	> 10

자료: Blackburn GL et al. Nutritional and metabolic assessment of the hospitalized patient. 1977

3) 머리둘레

머리둘레head circumference는 생후 12개월까지는 급격하게 증가하지만 그 후 2년 동안에는 훨씬 완만하게 성장한다. 그러므로 머리둘레 측정치는 특히 생후 1년 동안 일어나는 두뇌의 정상적인 성장상태를 평가하기 위해 사용된다.

(1) 측정방법

머리둘레는 폭 0.6 cm 정도의 좁고 부드럽지만 늘어나지 않는 줄자를 사용하여 측정한다그림 2-8.

머리둘레는 영아의 경우에는 보호자의 무릎이나 의자에 앉힌 상태에서 측정하고, 그 외의 연령은 선 자세에서 측정한다. 조사 대상자는 편안한 자세로 고개를 똑바로 들어 앞

그림 2-8 신체계측용 줄자

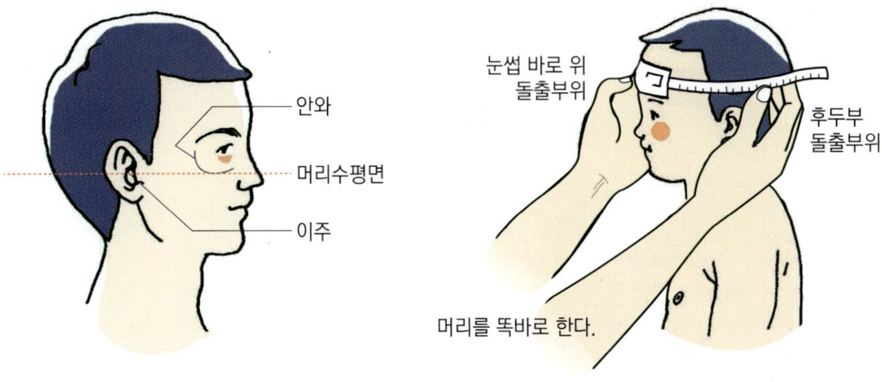

그림 2-9 머리 수평면(Frankfort horizontal plane)*과 머리둘레 측정법

*머리를 똑바로 세워 안와 orbit의 맨아래와 이주 tragion(안쪽 귀바퀴의 튀어나온 근육부분)가 수평이 되게 하는 것

으로 향한 시선과 똑바로 선 몸의 선이 수직이 되도록 한다그림 2-9. 줄자를 눈썹 바로 위의 이마 중간 부위를 돌아 수평이 되게 놓은 후, 가볍게 잡아당겨서 머리둘레가 최대가 되는 지점에서 눈금을 mm 단위까지 읽는다그림 2-9.

(2) 영양판정

측정치는 연령별, 성별로 한국인 신체발육표준치표 2-6, 소아청소년 성장도표그림 2-10, 부록 1와 체위참고치, WHO 성장표준치 등과 비교하여 평가한다. 즉, 표준치(참고치)에 대한 백분율을 구하든지, 어느 백분위수percentile에 속하는지 계산한다.

출생 초기에 심한 영양불량은 머리둘레가 표준치보다 낮게 나타나므로, 성장도표와 비교하여 어린이의 성장발달 및 영양상태를 판정할 수 있다. 1~2세 영유아에서 연령별 머리둘레가 3 백분위수 미만이면 소두증으로 분류한다.

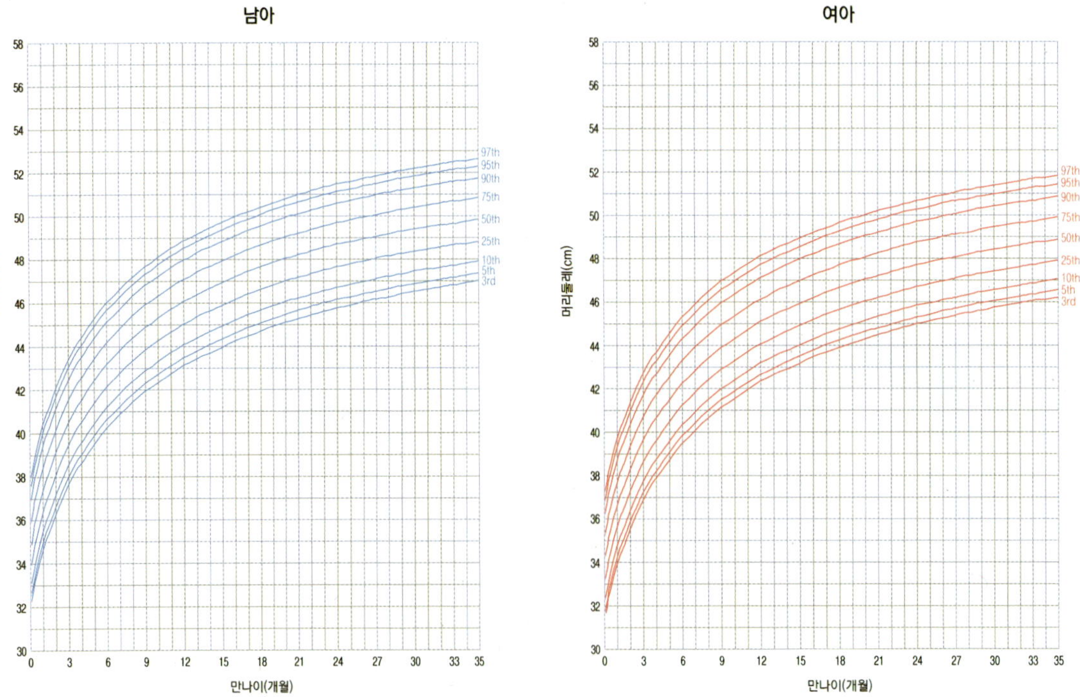

그림 2-10 남아 및 여아의 머리둘레 성장도표(0~35개월)

자료: 질병관리본부, 대한소아청소년과학회. 2017 소아청소년 성장도표. 2017

4) 신체 골격 크기

신장에 대한 이상체중ideal body weight을 정할 때에는 골격의 크기frame size를 고려하는 것이 바람직하다. 골격의 크기를 알면 상대적으로 뼈를 제외한 조직량을 추정할 수 있으며, 이로부터 신체조성과 체지방량도 추정할 수 있다. 골격의 크기를 추정하기 위한 방법에는 두 견봉 간 넓이, 가슴넓이, 무릎넓이, 손목넓이, 팔꿈치넓이 등이 있다. 그중 팔꿈치넓이의 측정이 가장 재현성이 높은 실제적인 방법으로 인정되고 있다.

(1) 팔꿈치넓이Elbow breadth

① 측정방법

똑바로 선 상태에서 오른쪽 팔의 윗부분을 몸체와 수직이 되도록 하고, 팔꿈치는 다시 직각이 되도록 들어올린다. 손가락은 위로, 들어 올린 손바닥은 몸쪽을 향하게 한 다음 팔꿈치의 가장 넓은 부분을 캘리퍼caliper로 mm 단위까지 측정한다그림 2-11.

② 영양판정

측정치는 표준치(참고치)나 메트로폴리탄 생명보험회사의 분류표표 2-9와 비교하여 평가한다.

표 2-9 팔꿈치넓이에 의한 골격 크기의 분류

	신장(cm)	작은 체격(mm)	중간 체격(mm)	큰 체격(mm)
남자	155~158	<64	64~73	> 73
	159~168	<67	67~73	> 73
	169~178	<70	70~76	> 76
	179~188	<70	70~79	> 79
	≥189	<73	73~83	> 83
여자	145~148	<57	57~64	> 64
	149~158	<57	57~64	> 64
	159~168	<60	60~67	> 67
	169~178	<60	60~67	> 67
	≥179	<64	64~70	> 70

자료: The Metropolitan Life Insurance Company. Metropolitan height and weight tables. 1983

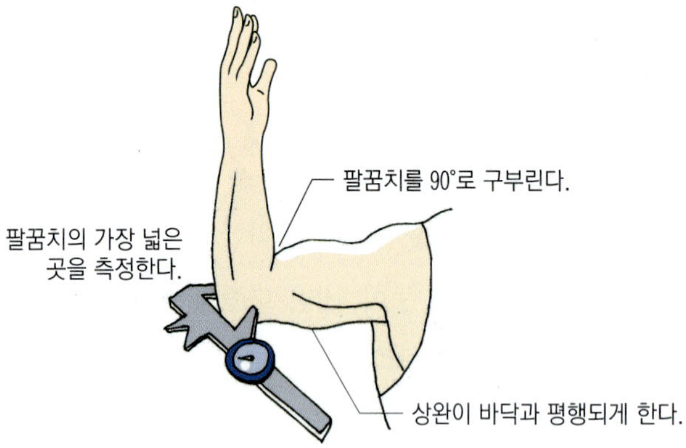

그림 2-11 팔꿈치넓이 측정방법

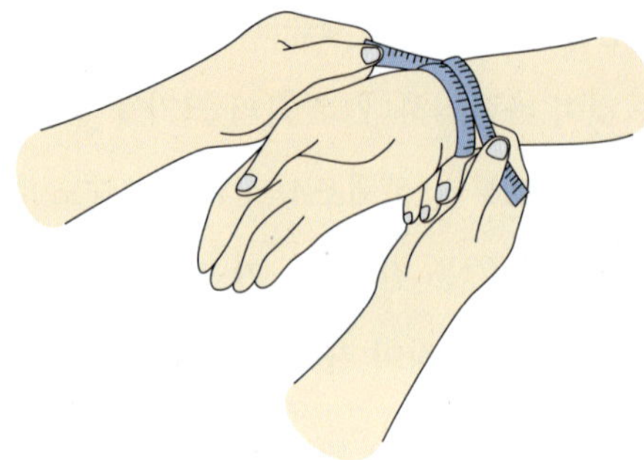

그림 2-12 손목둘레 측정방법

(2) 손목둘레 Wrist circumference

① 측정방법

오른손을 펴서 손바닥이 위를 향하게 하고 손의 힘을 뺀 다음, 손목의 튀어나온 뼈 앞쪽, 즉 손목의 가장 가는 부위를 줄자로 mm 단위까지 측정한다그림 12-12.

② 영양판정

신장을 손목둘레로 나눈 다음 그 비(r)를 기준치와 비교하여 골격 크기를 평가한다표 2-10. 골격의 크기는 세 가지로 구분되며, 같은 키와 체중이라도 골격 크기가 작은 사람은 큰 사람에 비하여 체지방이나 근육량이 많다는 것을 의미한다.

$$r = \frac{H}{C}$$

r: 신장과 손목둘레의 비, H: 신장(cm), C: 오른쪽 손목둘레(cm)

표 2-10 신장과 손목둘레비(r)에 의한 골격 크기의 분류

골격 크기	r값	
	여자	남자
작은 체격	> 10.9	> 10.4
중간 체격	10.9~9.9	10.4~9.6
큰 체격	<9.9	<9.6

자료: Grant JP et al. Current techniques of nutritional assessment. 1981

5) 신장-체중지수

영양판정을 위해 신체계측법을 이용할 때는 한 가지 측정치보다 몇 가지 측정치를 복합적으로 사용하는 것이 유용하다. 이 경우 신장이나 체중 측정치 자체로는 신체조성을 파악하기가 어렵다. 그러므로 신장과 체중 측정치로부터 신장-체중지수height -weight indices를 구하여 체조성 상태를 평가할 수 있다. 신장-체중지수는 어린이는 영양상태를, 성인은 비만도를 나타내는 지표로 주로 쓰인다표 2-11.

표 2-11 신장-체중지수

종류	계산식
상대체중	실제체중/표준체중×100
체질량지수	체중(kg)/신장$(m)^2$
폰더럴 지수	신장(inch)/체중$(lb)^{1/3}$
뢰러 지수	체중(kg)/신장$(cm)^3 \times 10^7$
카우프 지수	체중(g)/신장$(cm)^2 \times 10$

(1) 표준체중 이용법

현재 자신의 체중을 표준체중(이상체중)과 비교하여 영양상태를 판정하는 방법이다. 표준체중을 계산하는 방법에는 여러 가지가 있으나, 일반적으로 Broca법이 많이 사용되고 있다.

① 비만도

자신의 체중이 표준체중에서 몇 % 더 나가는지를 나타내는 것이 비만도degree of obesity이다. 즉, 비만도는 실제체중과 표준체중의 차이를 표준체중과 비교한 백분율로 나타낸다. 비만도가 ±10%의 범위에 있으면 정상체중, 10~20%는 과체중, 20% 이상이면 비만으로 판정한다표 2-12.

$$\text{비만도}(\%) = \frac{\text{실제체중} - \text{표준체중}}{\text{표준체중}} \times 100$$

표준체중 구하는 법

우리나라 소아 및 청소년의 표준체중은 질병관리본부 · 대한소아청소년과학회의 신장별 표준체중치를 사용하며, 성인의 표준체중은 Broca 변법 1을 주로 이용하여 산출한다. 1871년 프랑스의 외과의사인 브로카가 처음으로 이상체중 계산식을 제시한 이래 몇 차례의 수정을 거쳐 현재에 이르고 있다.

Broca 변법 1

표준체중(kg) = [신장(cm) − 100] × 0.9

Broca 변법 2

신장>160cm: 표준체중(kg) = [신장(cm) − 100] × 0.9

150≤신장≤160cm: 표준체중(kg) = [신장(cm) − 150] ÷ 2 + 50

신장<150cm: 표준체중(kg) = [신장(cm) − 100]

대한당뇨병학회

남자: 표준체중(kg) = 신장$(m)^2$ × 22

여자: 표준체중(kg) = 신장$(m)^2$ × 21

② 상대체중

상대체중relative weight, percent of ideal body weight, PIBW은 실제 체중을 표준체중으로 나눈 후 100을 곱해서 백분율로 표현한 것이다. 상대체중이 90~110%이면 정상, 110~120%는 과체중, 120% 이상이면 비만으로 판정한다표 2-12.

$$\text{상대체중}(\%) = \frac{\text{실제 체중}}{\text{표준체중}} \times 100$$

표 2-12 비만도 및 상대체중에 의한 판정

비만도(%)	상대체중(%)	구분
<-20	<80	매우 마름
-20~<-10	80~<90	마름, 저체중
-10~<+10	90~<110	정상 체중
+10~<+20	110~<120	과체중
≥+20	≥120	비만

(2) 체질량지수

체질량지수body mass index, BMI는 가장 널리 이용되는 신장-체중지수로서 퀴틀렛 지수 Quetelet's Index라고도 한다. 체질량지수는 키와 몸무게만 알면 되므로 누구나 쉽게 이용할 수 있다. 또한 대부분의 사람에게서 체지방량과 높은 상관관계를 나타내므로, 간편하게 비만을 판정하는 지표로 전 세계적으로 많이 활용되고 있다. 체질량지수를 구하는 계산도표는 그림 2-13과 같다.

$$\text{체질량지수(BMI)} = \frac{\text{체중(kg)}}{\text{신장(m)}^2}$$

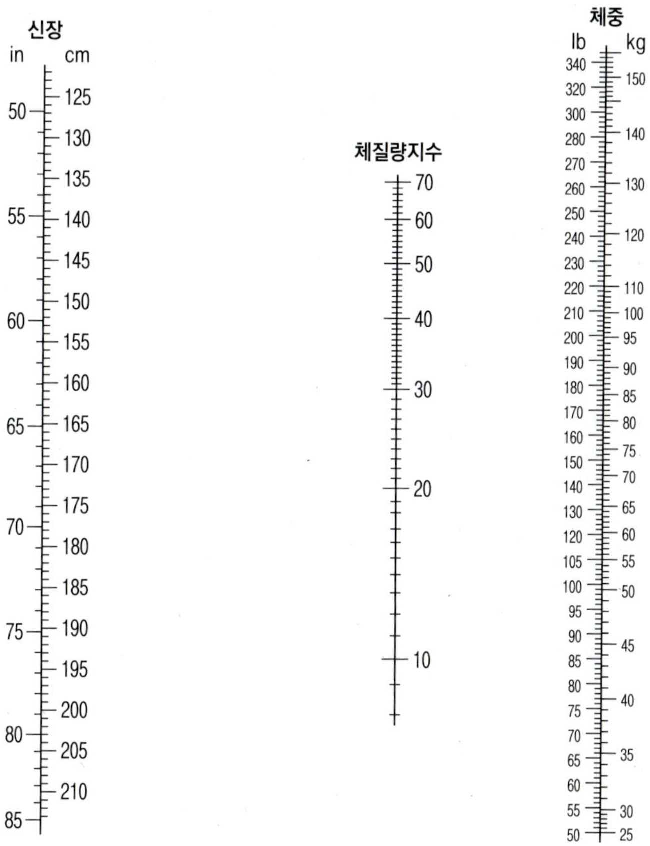

그림 2-13 체질량지수를 산정하는 계산도표

자료: Nieman DC. Fitness and sports medicine. 1995

① 비만 판정 기준

- **성인** 성인에게 있어서 체질량지수에 의한 비만 판정 기준은 표 2-13과 같다. 표에서 보는 바와 같이 서구와 우리나라의 체질량지수에 의한 비만 판정 기준이 다른 것은 우리나라를 포함한 아시아-태평양지역 사람들이 서구인에 비해 더 낮은 체질량지수로도 비만으로 인한 질병을 잘 일으키기 때문이다. 즉, 서구에서 체질량지수 30 이상인 사람에서의 당뇨병, 고지혈증, 심장질환 등의 유병률이 아시아-태평양지역 사람들에서는 체질량지수 25에서의 유병률과 비슷하다.

표 2-13 체질량지수(BMI)에 의한 성인의 비만 판정

BMI(kg/m^2)		분류
WHO(1998)	WHO 아시아-태평양지역 · 대한비만학회(2000)	
<18.5	<18.5	저체중
18.5~24.9	18.5~22.9	정상
25.0~29.9	23.0~24.9	과체중(전비만, 위험체중)
30.0~34.9	25.0~29.9	1단계 비만
35.0~39.9	≥30	2단계 비만
≥ 40.0		3단계 비만

한편, 체질량지수는 근육이 많은 경우나 키가 작은 경우에는 체지방량에 비해 값이 높게 나오며, 남녀 간 차이가 없다는 단점이 있다. 예로, 운동선수는 상대적으로 많은 근육량으로 인해 체지방이 많지 않아도 체질량지수가 높게 나오는 문제가 발생한다.

- **소아 및 청소년** 성장기 어린이의 체질량지수로 비만을 판정하고자 할 때에는 연령에 따른 기준을 적용해야 한다. 소아 및 청소년(2~18세)의 연령별 체질량지수 성장도표는 그림 2-14에 제시하였다.

2~18세 소아청소년의 연령별 체질량지수가 95 백분위수 이상인 경우는 비만으로, 85 백분위수 이상이면서 95 백분위수 미만이면 과체중으로 분류한다.

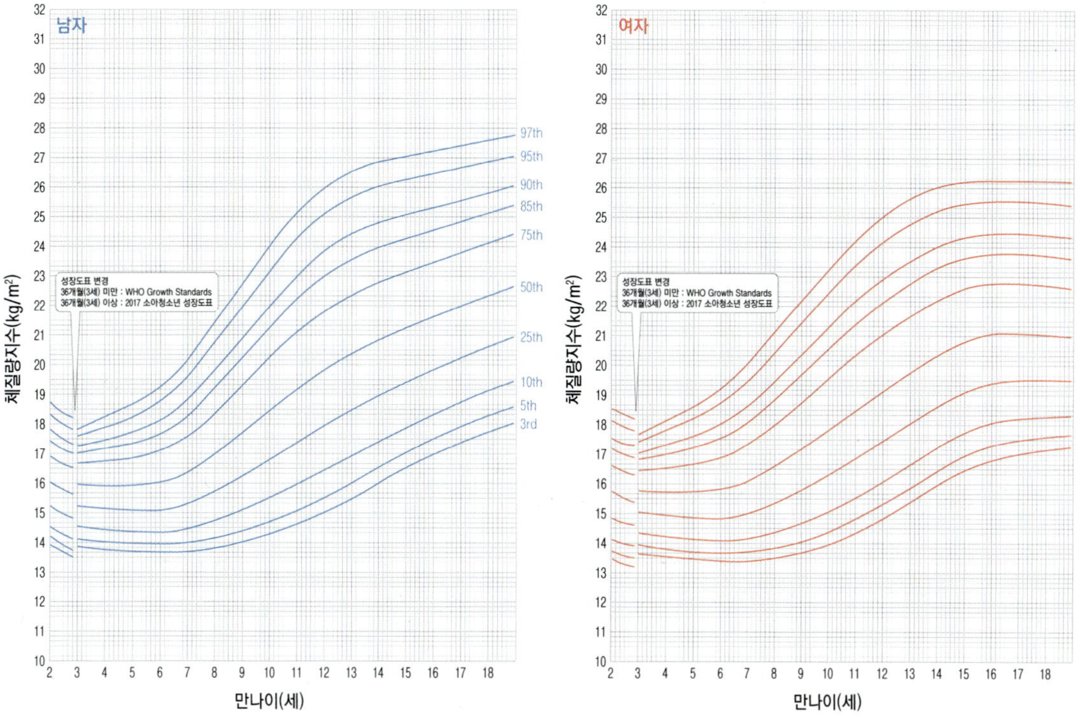

그림 2-14 소아 및 청소년(2~18세)의 체질량지수 성장도표

자료: 질병관리본부, 대한소아청소년과학회. 2017 소아청소년 성장도표. 2017

② 질병과의 관계

체질량지수가 높을수록 체지방량이 많아지므로, 체질량지수는 여러 비만 관련 질병의 발생 및 이로 인한 사망률과 밀접한 관계가 있다. 즉, 20~25의 체질량지수에서는 사망률이 가장 낮고, 25 이상에서는 심장질환, 고혈압, 당뇨병 등에 의한 사망률과 이환율이 서서히 증가하며, 30 이상에서는 사망률이 급격히 증가한다. 반면, 체질량지수가 20 미만인 저체중이나 수척한 상태에서는 소화기계나 호흡기계 질환에 의한 사망률이 증가한다. 이러한 관계는 J자 모양의 커브로 나타난다그림 2-15.

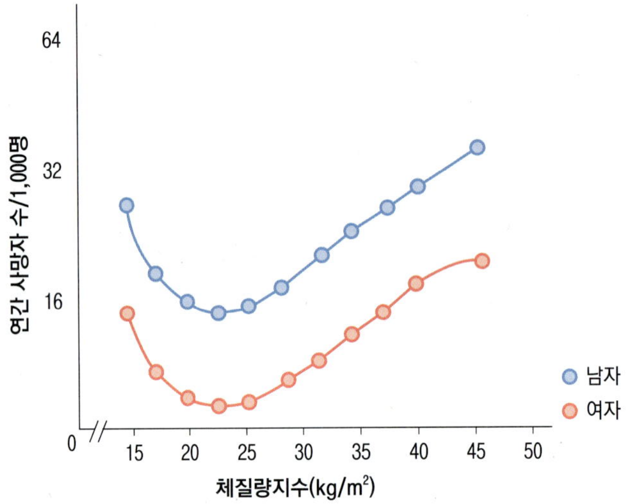

그림 2-15 체질량지수와 사망률과의 관계

자료: Nieman DC. Nutritional Assessment. 2019

(3) 폰더럴 지수

폰더럴 지수Ponderal index는 수치가 높을수록 마른 것을 나타내며, 12 이하는 심혈관 질환의 위험도가 높은 것으로 판정한다.

$$\text{폰더럴 지수} = \frac{\text{신장(inch)}}{\text{체중(lb)}^{1/3}}$$

(4) 뢰러 지수

뢰러 지수Röhrer index는 학령기 어린이의 영양상태를 평가하는 데 주로 사용되며 신체 충실지수라고도 한다. 110 미만이면 저체중, 110~140은 정상, 141 이상이면 비만으로 판정하며, 키가 작은 어린이는 비만으로 판정되기 쉬운 단점이 있다표 2-14.

또한 신장을 기준으로 하여 신장이 110~129 cm에서는 180 이상, 130~149 cm에서는 170 이상, 150 cm 이상에서는 160 이상을 비만으로 판정하기도 한다.

$$\text{뢰러 지수} = \frac{\text{체중(kg)}}{\text{신장(cm)}^3} \times 10^7$$

표 2-14 뢰러 지수의 평가기준

측정값	평가
<92	매우 마름
92~109	마름
110~140	정상
141~156	비만
≥157	고도 비만

(5) 카우프 지수

카우프 지수Kaup index는 영유아(5세 미만의 유아 중 특히 2세 미만)의 비만 판정에 많이 이용되는 지수로서 성인의 체질량지수와 같은 방법으로 계산한다. 평가기준은 표 2-15와 같다.

$$\text{카우프 지수} = \frac{\text{체중(g)}}{\text{신장(cm)}^2} \times 10$$

표 2-15 카우프 지수에 의한 영유아의 비만 판정

1세 미만	판정	1~2세
<15	영양불량	<14
15~18	정상	14~17
18~20	비만 경향	17~18.5
> 20	비만	> 18.5

4. 신체조성의 측정

신체조성을 크게 지방조직량fat mass과 제지방조직량fat-free mass으로 구분할 수 있다. 지방조직량은 지방조직과 기타 조직에서 용매로 추출될 수 있는 지질을 의미하며, 그 나머지는 제지방조직량이다. 제지방조직량은 주로 근육, 수분, 골격과 지방이 없는 다른 조직으로 구성되어 있다그림 2-16. Lean body massLBM는 세포막의 구조적 성분이나 신경계에 포함된 소량의 지질을 제외하고는 제지방조직량과 유사하다.

신체조성은 때로는 지방조직량과 제지방조직량의 비율로 나타내지만, 대개 체지방률(%체지방)로 표현된다. 신체조성을 알기 위해서는 피부두겹집기, 상완둘레, 허리둘레, 체질량지수 등을 활용한다.

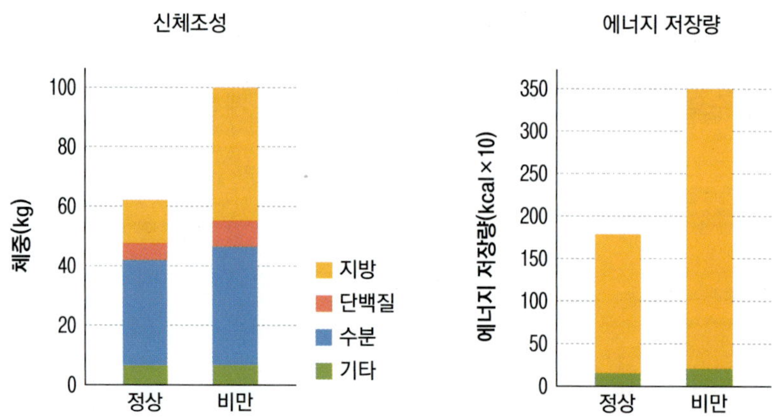

그림 2-16 비만인과 정상인의 체조성 비교

자료: 대한비만학회. 비만의 진단과 치료. 2003

1) 체지방량 측정

체지방을 측정하는 방법에는 캘리퍼로 피부두겹두께를 측정하여 체지방량을 추정하는 방법과 여러 측정기기를 이용하여 신체 각 구성성분의 양을 산정하는 방법이 있다.

바람직한 체지방의 수준을 정확하게 단언하는 것은 어렵지만 일반적으로 제안되는 정상 성인의 체지방률은 남자 14~17%, 여자 21~24%이다표 2-16. 그림 2-17에 우리나라 성인 및 노인 남녀의 연도별 체지방률 변화를 제시하였다.

표 2-16 체지방률에 따른 분류 예

남자(%)	여자(%)	분류
2~5	12~15	거의 없음(필수지방)
6~13	16~20	운동선수 수준
14~17	21~24	적정 수준
18~25	25~31	허용 수준
≥25	≥32	과체중/비만

자료: Williams MH et al. Nutrition for health, fitness & sport. 2013

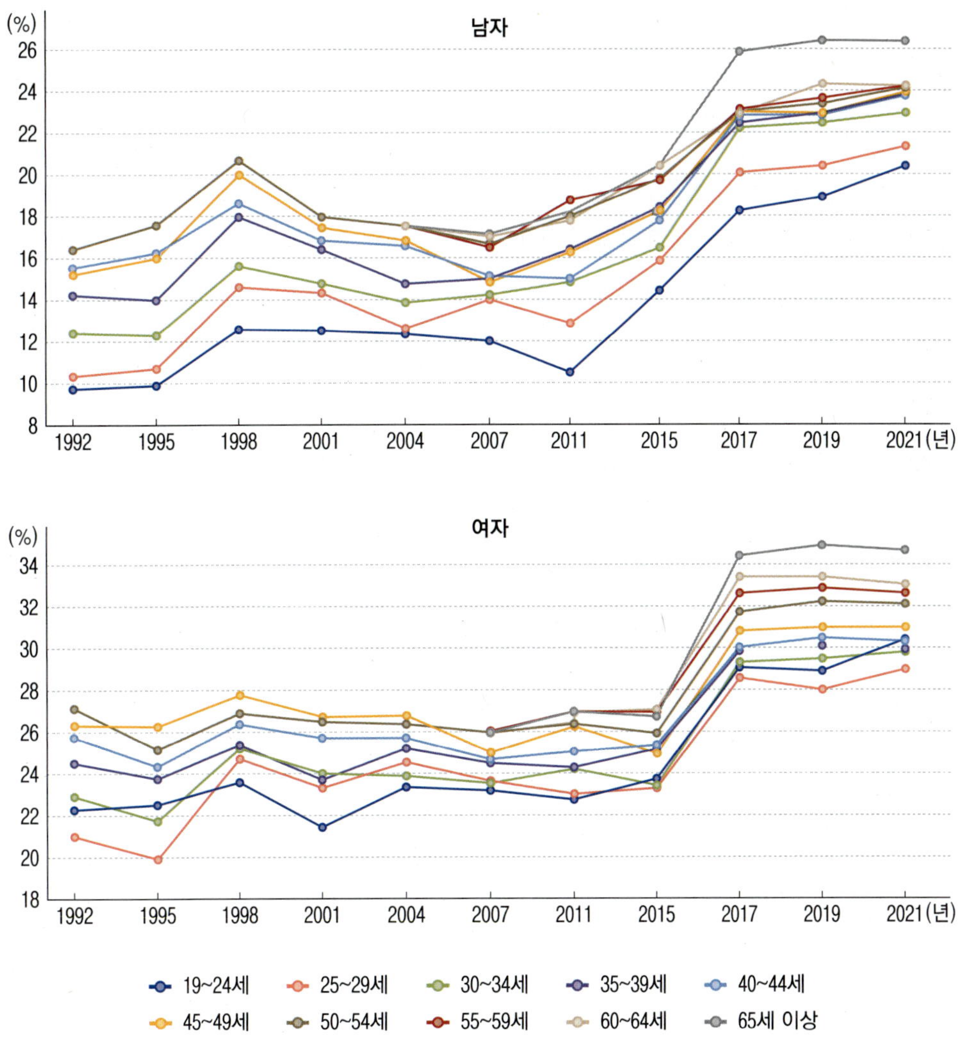

그림 2-17 우리나라 성인 및 노인의 연도별 체지방률 변화

자료: 문화체육관광부. 국민체력측정통계. 2022

한편, 체지방률을 이용하여 다음과 같이 체지방량, 제지방량 및 필요한 목표체중(이상 체중)을 구할 수 있다.

체지방량 = 체중 × 체지방률(%) ÷ 100
제지방조직량 = 체중 − 체지방량
목표체중 = 제지방조직량 ÷ (1 − 바람직한 체지방률)

(1) 피부두겹집기

체지방률을 간접적으로 측정할 때 가장 널리 사용되는 방법은 피부두겹집기skinfold thickness이다. 피부두겹집기란 피하지방을 손가락으로 잡아 쥐어 그 두께를 측정하는 방법을 말한다. 캘리퍼와 같이 작은 기기를 사용하므로 측정하는 방법이 간단하고 빠르며 경제적이다. 정확하게 측정하면 수중체중법과 상관성이 높다.

그러나 피하에 체지방의 50%가 존재한다는 가정하에 이루어지기 때문에 개인별로 체지방 분포가 다른 경우 정확도에 영향을 미치며, 또 측정자에 따라 측정값이 달라지고, 측정의 재현도가 낮은 단점이 있다.

피부두겹집기를 사용하여 체지방량을 추정할 때에는 다음 가정을 전제로 하고 있다.

피부두겹집기를 이용한 체지방량 추정 시 전제되는 가정

- 피부와 피하지방조직의 두겹두께는 일정한 압축성을 가지고 있다.
- 피부의 두께는 무시할 만하거나 일정하다.
- 피하지방조직의 두께는 개인 내 또는 개인 간에 일정하다.
- 지방조직의 지방함량은 일정하다.
- 피하지방과 신체 내부지방의 비는 일정하다.
- 체지방은 균일하게 분포되어 있다.

① 측정기기

캘리퍼는 여러 종류가 있다그림 2-18. 캘리퍼는 5~50 mm의 범위에서 0.1 mm 단위까

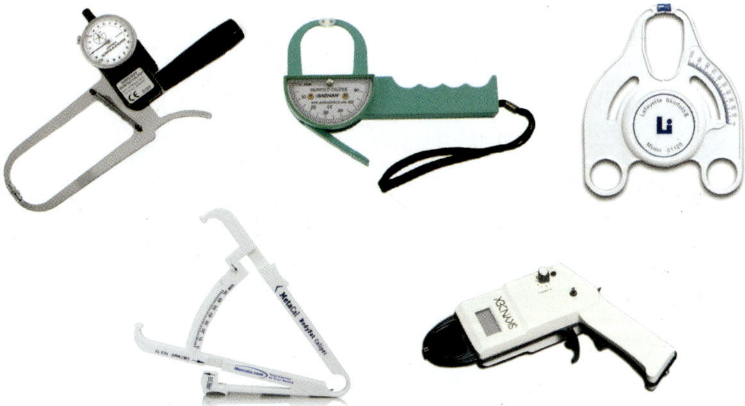

그림 2-18 캘리퍼의 종류(Harpenden, Lange, Lafayette, Accu-Measure, Skyndex)

지 읽을 수 있는 것을 선택하고, 주기적으로 보정을 해주어야 한다. 최근에는 0점 보정이 필요없는, 간편하게 사용할 수 있는 캘리퍼도 개발되었다. 캘리퍼를 사용하여 측정하는 동안 끝부분의 압력은 10 g/mm^{2}를 유지하도록 한다.

② 측정방법

피부두겹두께를 측정하는 구체적인 방법은 다음과 같다.

- 피부두겹두께를 정확하게 측정하기 위해서는 측정 부위의 선택과 측정방법이 매우 중요하다. 미국과 캐나다에서는 대개 신체의 오른쪽을 측정하며, 유럽에서는 왼쪽을 측정하는 것이 일반적이다. 어느 쪽을 택하든 문제가 되지는 않지만 어느 한쪽을 일관되게 선택하도록 한다.
- 경험이 없는 조사원은 먼저 측정하고자 하는 부위의 중심부에 표시를 한 후 측정한다.
- 표시된 측정 부위에서 위쪽으로 1 cm 정도 떨어진 곳의 피하지방을 왼손의 엄지와 검지로 단단하게 잡고 잡아당긴다. 조사원은 측정할 때마다 엄지와 검지의 힘을 일정하게 유지하도록 한다.
- 오른손으로 잡은 캘리퍼의 숫자판이 위로 오게 하고, 접힌 피부의 긴 축과 수직이 되도록 캘리퍼로 집는다. 이때 캘리퍼를 피부두겹에 너무 깊게 놓거나 피부두겹 끝에 너무 가까이 놓지 않도록 한다그림 2-19.

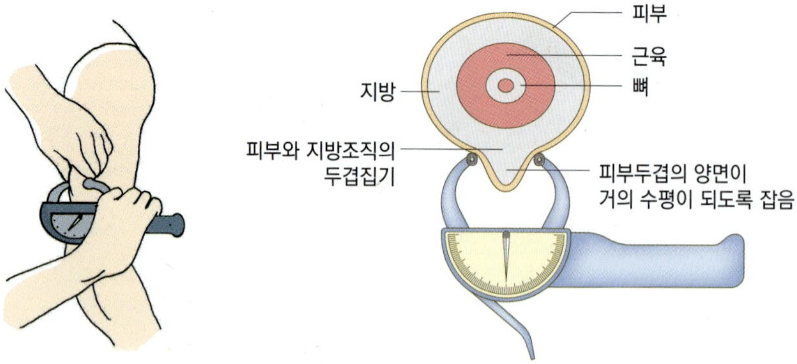

그림 2-19 피부와 지방조직의 두겹집기 측정방법

- 캘리퍼의 끝을 측정점에 놓은 뒤 약 4초 후에 숫자판을 읽는다.
- 운동 직후나 열이 많이 났을 때에는 체액이 피부 쪽으로 이동하여 평상시의 피부두겹두께보다 두껍게 측정되는 경향이 있기 때문에 즉시 측정하지 않도록 한다.

③ 측정 부위

피하지방의 분포는 성, 연령, 인종에 따라 다양하기 때문에 정확한 체조성을 알기 위해서는 여러 부위에 대한 측정치가 요구된다. 그러므로 신체의 여러 부위, 즉 가슴, 삼두근, 이두근, 견갑골 하부, 옆중심선 부위, 장골상부, 복부, 장딴지, 허벅지 등을 측정하여 그 평균값을 사용하는 것이 바람직하다.

- **가슴 피부두겹두께**chest skinfold thickness 앞쪽 겨드랑이의 접히는 부위 제일 위에서 젖꼭지에 이르는 긴 축을 따라 측정한다. 가능한 한 겨드랑이의 위쪽에서 피부층을 잡고, 잡은 손 끝에서 1 cm 떨어진 부위를 비스듬히 45°로 잡고 측정한다그림 2-20.

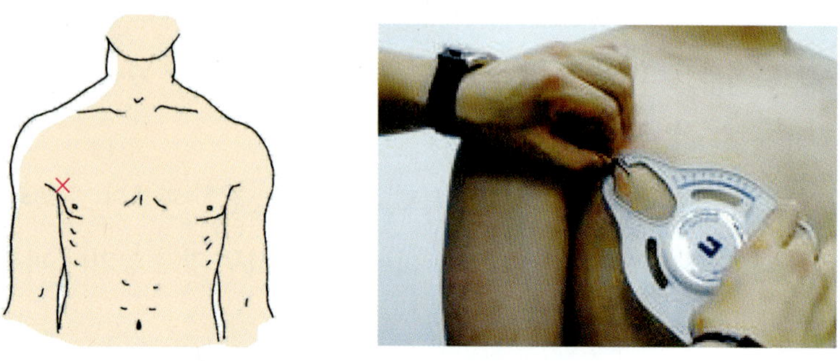

그림 2-20 가슴 피부두겹두께의 측정

- **삼두근 피부두겹두께**triceps skinfold thickness 가장 측정하기 쉬운 부위이기 때문에 많은 조사에서 널리 이용된다. 똑바로 서서 팔을 90°로 구부린 상태에서 어깨 꼭짓점과 팔꿈치와의 중간 지점을 찾아 팔 뒤쪽에 표시한다. 팔을 자연스럽게 내려뜨린 상태에서 측정점의 위쪽으로 1 cm 떨어진 부위를 수직으로 잡고 측정한다그림 2-21.

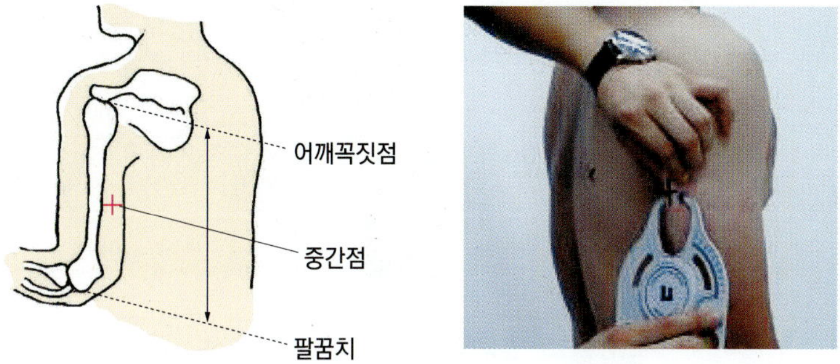

그림 2-21 삼두근 피부두겹두께의 측정

- **이두근 피부두겹두께**biceps skinfold thickness 팔을 옆으로 자연스럽게 내려뜨리고 손바닥을 앞으로 향하게 한다. 삼두근과 같은 선상에 있는 팔의 앞면을 측정한다.
- **견갑골하부 피부두겹두께**subscapular skinfold thickness 오른쪽 팔을 등 뒤로 올려 정확한 견갑골의 위치를 확인한 다음, 어깨와 팔을 자연스럽게 내려뜨린다. 견갑골의 안쪽 각진 곳의 가장 밑부분에서 1 cm 아래 떨어진 곳이 측정점이다. 측정점에서 비스듬히 위쪽으로 1 cm 떨어진 부위를 45°로 잡고 측정한다그림 2-22.

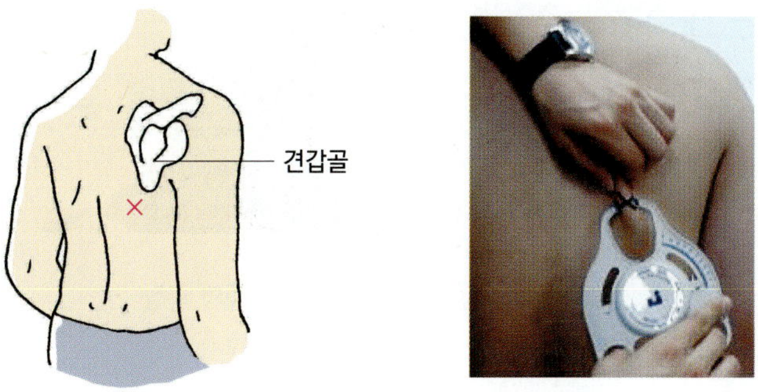

그림 2-22 견갑골하부 피부두겹두께의 측정

• **옆중심선 피부두겹두께**midaxillary skinfold thickness 옆중심선(겨드랑이의 중심 수직선)과 흉골검 결합 부위가 만나는 지점을 측정한다. 똑바로 서서 팔을 약간 뒤로 젖힌다. 측정점에서 등쪽으로 1 cm 떨어진 부위를 수평으로 잡아 측정한다그림 2-23.

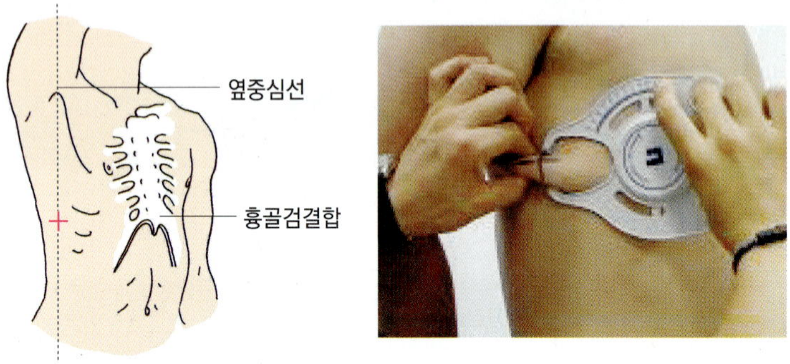

그림 2-23 옆중심선 피부두겹두께의 측정

• **장골상부 피부두겹두께**suprailiac skinfold thickness 옆중심선상에서 장골(엉덩뼈)능 바로 위 약간 앞쪽 부위를 측정한다. 이 부위의 피부는 자연스럽게 대각선으로 축을 이룬다. 두 발을 모으고 선 자세에서 팔을 자연스럽게 옆으로 내려뜨린다. 오른팔을 약간 뒤로 돌린 다음, 측정점에서 뒤쪽으로 1 cm 떨어진 부위를 45°로 비스듬히 잡고 측정한다그림 2-24.

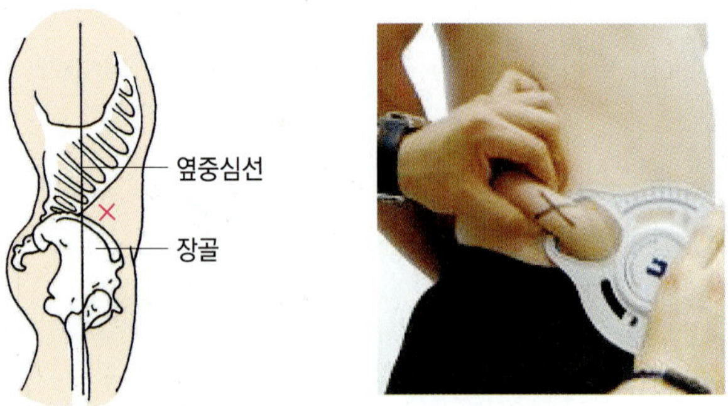

그림 2-24 장골상부 피부두겹두께의 측정

- **복부 피부두겹두께abdomen skinfold thickness** 양발에 체중이 고루 분산되도록 똑바로 서서 복부를 이완시키고 편안하게 숨을 쉰다. 배꼽에서 오른쪽으로 3 cm, 아래로 1 cm 되는 지점의 피부두께를 측정한다. 측정점에서 옆으로 1 cm 떨어진 부위를 수평으로 잡고 측정한다그림 2-25.

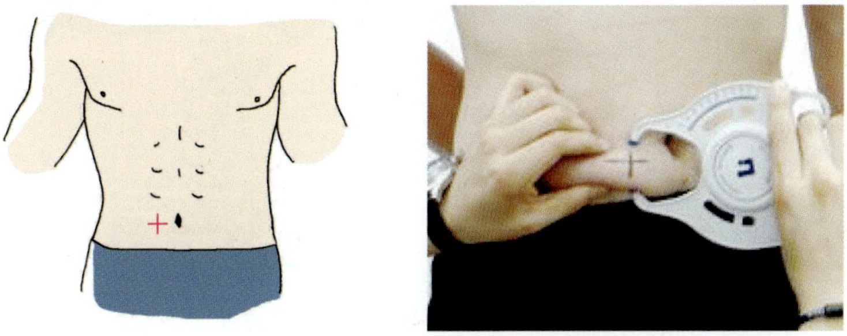

그림 2-25 복부 피부두겹두께의 측정

- **허벅지 피부두겹두께thigh skinfold thickness** 사타구니의 접히는 부위와 무릎뼈 사이의 앞쪽 중간 지점을 측정한다. 사타구니의 끝부분은 긴장을 푼 자세로 서서 엉덩이를 약간 구부려 찾으면 쉽다. 체중이 약간 왼쪽 발에(오른쪽을 측정할 때) 실리게 하고, 발바닥은 바닥에 닿은 채로 오른쪽 무릎을 약간 구부려 다리를 이완시킨다. 측정점에서 위쪽으로 1 cm 떨어진 부위를 수직으로 잡고 측정한다그림 2-26.

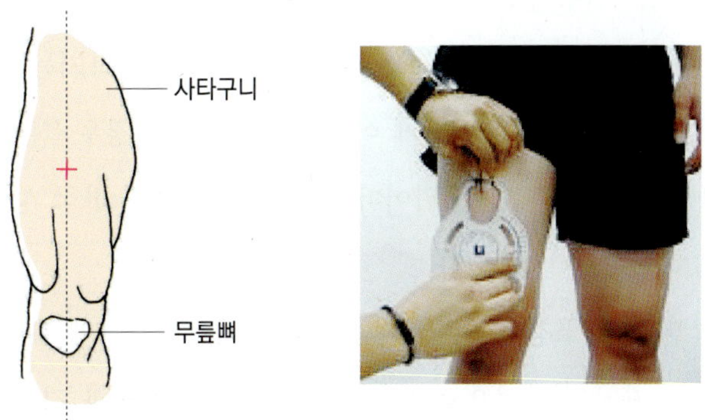

그림 2-26 허벅지 피부두겹두께의 측정

- **장딴지 피부두겹두께**medial skinfold thickness 의자에 앉은 상태에서 발바닥은 바닥에 닿게 하고, 무릎이 90°가 되도록 다리를 구부린다. 장딴지의 안쪽 중심 부위에 표시하고, 측정점에서 위쪽으로 1 cm 떨어진 부위를 수직으로 잡고 측정한다그림 2-27.

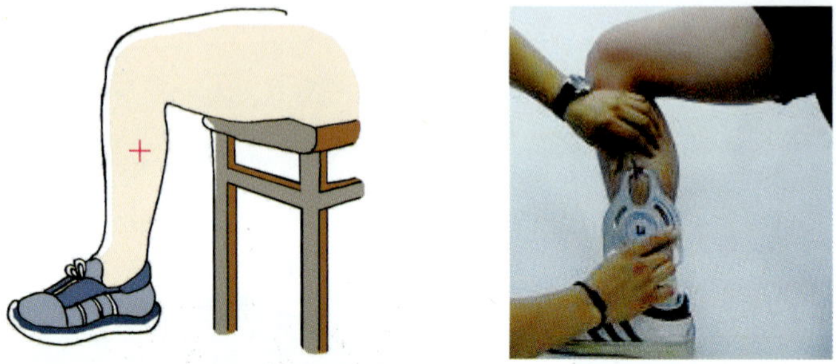

그림 2-27 장딴지 피부두겹두께의 측정

④ 체지방 산정

피부두겹두께 측정치로부터 체지방량을 추정하고자 할 때에는 한 부위, 두 부위 또는 여러 부위의 피부두겹두께를 함께 이용하여 계산한다.

- **한 부위의 피부두겹두께 측정을 통한 체지방률 추정** 한 부위에서 측정된 피부두겹두께로 체지방률이나 체지방량을 추정하려면, 선택한 신체 부위가 체내 총 피하지방량을 대표할 수 있어야 한다. 그러나 피하지방은 신체의 모든 부위에 균일하게 분포되어 있지 않으며, 성별·연령별로 체지방을 대표하는 피하지방 측정 부위도 다르다.

  따라서 한 부위의 피부두겹두께만으로 체지방량을 추정하기는 어렵고, 단지 기준치와의 비교를 통한 상대적인 평가에 이용할 수 있다. 이 경우 측정하기 쉬운 삼두근이 가장 일반적으로 사용되는 부위이다. 현재까지 발표된 한국 성인의 삼두근 피부두겹두께 참고치는 표 2-17과 같다.

- **두 부위의 피부두겹두께 측정을 통한 체지방률 추정** 피부두겹두께 측정을 할 때 두 부위를 택하는 경우, 가장 일반적으로 사용하는 방법은 삼두근과 견갑골하부의 합을 이용하는 것이다그림 2-28. 이들 부위는 다른 체지방량 측정치와 상관성이 높고, 대부분의 다른 부위보다 신뢰도와 객관도가 높다.

표 2-17 한국 성인의 삼두근 피부두겹두께 참고치

(단위: mm)

나이(세)		백분위수 5	10	15	20	25	30	40	50	60	70	75	80	85	90	95	평균	표준편차
남자	모든 연령	4.8	5.6	6.3	6.9	7.7	8.5	9.7	10.9	12.1	13.8	14.9	16.2	17.8	19.8	22.5	12.2	5.7
	~24	4.5	5.5	6.1	6.6	7.1	7.7	8.7	9.8	11.7	12.9	13.9	15.5	16.4	18.6	19.9	11.3	5.0
	25~34	4.6	4.9	5.5	6.1	6.8	7.3	8.4	9.6	10.8	12.1	12.9	14.3	16.1	18.1	19.7	10.8	5.1
	35~44	5.3	5.7	6.4	6.8	7.3	7.9	9.4	10.6	11.8	13.0	14.4	15.6	16.9	18.7	22.3	11.9	5.5
	45~54	5.4	6.7	7.8	9.0	9.8	10.5	11.7	12.7	13.8	15.7	16.7	18.0	19.6	21.6	23.9	13.8	5.8
	55~64	4.4	5.6	6.6	7.3	8.0	8.8	10.3	11.8	13.0	15.0	16.8	18.5	20.3	22.0	25.0	13.3	6.4
	65~	4.8	5.4	5.8	6.4	6.9	7.7	8.7	9.8	11.1	12.4	13.3	14.4	15.5	17.6	20.9	11.4	5.4
여자	모든 연령	8.6	10.5	12.0	13.7	14.8	15.9	17.7	19.6	20.9	22.9	23.8	24.9	26.8	29.0	31.5	20.0	7.2
	~24	10.2	12.8	14.1	14.8	15.6	17.0	17.9	19.7	21.0	22.1	22.9	23.7	24.0	25.7	29.9	19.9	6.1
	25~34	11.3	13.6	14.2	15.8	16.2	17.3	18.5	19.9	22.1	23.7	24.4	26.2	27.6	29.3	30.8	21.1	6.2
	35~44	9.7	11.0	12.4	14.4	15.4	17.1	18.8	20.4	23.1	24.9	26.6	27.3	28.5	31.0	33.5	21.4	7.4
	45~54	9.3	11.7	14.2	15.3	16.2	18.1	19.6	20.8	22.4	24.4	25.9	27.1	29.4	32.4	35.0	21.9	7.6
	55~64	7.1	7.9	10.0	10.9	11.6	12.4	15.3	16.9	18.8	20.5	22.1	23.9	25.4	28.6	33.7	18.5	8.8
	65~	5.2	6.7	8.3	9.4	10.4	11.6	13.7	15.2	16.8	18.8	20.1	21.2	23.1	24.7	27.3	16.1	6.8

자료: 채수인 외. 한국 성인에서 인체계측치. 1987

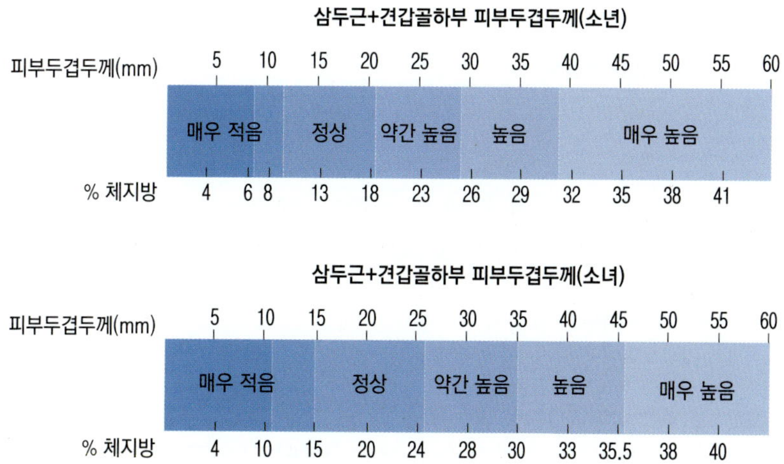

그림 2-28 두 부위의 피부두겹두께의 합을 이용한 %체지방 기준표(6~17세)

자료: Lohman TG. The use of skinfolds to estimate body fatness on children and youth. 1987

- **여러 부위의 피부두겹두께 측정을 통한 체지방률 추정** 여러 부위의 피부두겹두께 측정치로부터 신체밀도나 체지방률을 추정할 수 있으며, 구체적인 계산단계는 다음과 같다.
  - 나이, 성별, 인구집단에 적합한 부위를 선정해서 피부두겹두께를 측정한다.
  - 적절한 방정식표 2-18을 이용하여 신체밀도를 계산한다.
  - 신체밀도로부터 다음의 Brozek 계산식이나 Siri 계산식을 이용하여 체지방률을 구한다. 혹은 표 2-18의 계산식을 이용하여 피부두겹두께 측정치로부터 직접 체지방률을 계산한다.

Brozek 계산식: 체지방률(%) = (457÷신체밀도)−414

Siri 계산식: 체지방률(%) = (495÷신체밀도)−450

  - 체지방률이 구해지면 이를 기준치와 비교하여 판정한다. 기준치에 따른 성인 체지방률의 분류는 표 2-16에 제시되어 있다.
  - 체지방률(%체지방)에 체중(kg)을 곱하여 100으로 나누면 총체지방량(kg)을 구할 수 있으며, 제지방량(kg)은 체중(kg)에서 체지방량(kg)을 빼서 구한다.

표 2-18 신체밀도 및 체지방률 추정식

신체밀도	남자[1]	신체밀도 = $1.10938 - 0.0008267(X_1) + 0.0000016(X_1)^2 - 0.0002574(A)$
	여자[2]	신체밀도 = $1.0994921 - 0.0009929(X_2) + 0.0000023(X_2)^2 - 0.0001392(A)$
체지방률[3]	남자	%체지방 = $0.465 + 0.180(X_3) - 0.0002406(X_3)^2 + 0.06619(A)$
	여자	%체지방 = $-6.40665 + 0.41946(X_4) - 0.00126(X_4)^2 + 0.12515(W) + 0.06473(A)$

A: 연령, W: 허리둘레(cm)

X_1 = 가슴, 복부, 허벅지 피부두겹두께(mm)의 합

X_2 = 삼두근, 허벅지, 장골상부 피부두겹두께(mm)의 합

X_3 = 가슴, 옆중심선, 삼두근, 허벅지, 견갑골, 장골상부, 복부 피부두겹두께(mm)의 합

X_4 = 삼두근, 장골상부, 허벅지 피부두겹두께(mm)의 합

자료: [1] Jackson AS, Pollock ML. Generalized equations for predicting body density of men. 1978

[2] Jackson AS et al. Generalized equations for predicting body density of women. 1980

[3] Ball S et al. Skinfold assessment: accuracy and application. 2006

(2) 허리둘레, 허리-엉덩이둘레비

① 체지방 분포

체지방의 분포상태는 비만 및 건강과의 관련성이 크므로 매우 중요한 의미를 가진다. 지방이 신체 내 어디에 분포되어 있는지는 실제로 체지방량보다 더 중요하다. 즉, 체지방량이 정상에 해당되더라도 체지방이 신체 중심부에 과도하게 축적되는 복부비만의 경우 비만 관련 질병의 발생 위험이 증가한다그림 2-29.

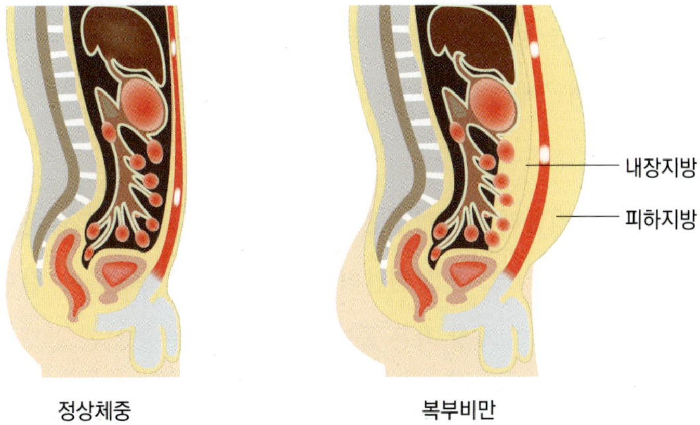

그림 2-29 이상적인 복부와 복부비만

또한 같은 복부비만이라고 하더라도 내장 사이사이에 지방이 축적되어 있는 내장지방형이 피부 밑에 축적되어 있는 피하지방형보다 더 위험하다그림 2-30.

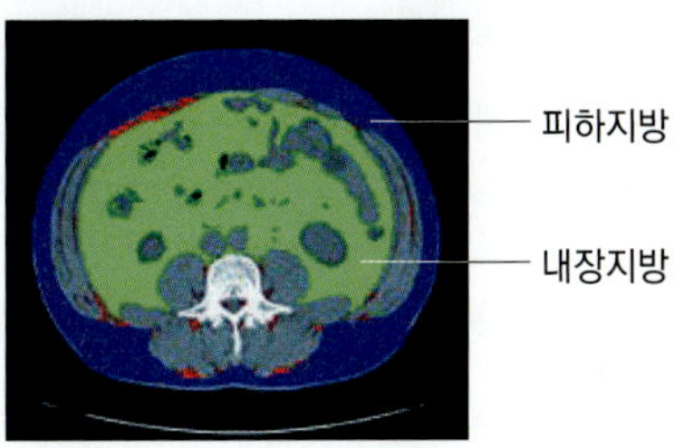

그림 2-30 전형적인 복부비만 CT 사진

체지방의 분포 양상을 간편하게 측정할 수 있는 평가방법에는 허리둘레waist circumference와 허리-엉덩이둘레비waist-hip circumference ratio, WHR가 있다. 허리둘레는 신장에 관계없이 복부비만 정도를 잘 반영하므로 복부비만을 진단하기 위한 가장 유용한 지표로 이용되고 있다. 그러나 내장지방량보다는 전체 지방량의 영향을 더 크게 받기 때문에, 비만 정도가 심해질수록 내장지방량을 잘 반영하지 못하는 단점이 있다.

허리-엉덩이둘레비 또한 복부비만을 예측하는 데 유용한 것으로 알려져 있다. 그러나 비만하지 않더라도 엉덩이둘레가 작은 사람과 비만하면서도 엉덩이둘레가 큰 사람의 값이 상대적으로 비슷해지는 등 허리둘레의 변화나 내장지방량의 변화를 적절히 반영하지 못한다는 단점이 있어 최근에는 별로 사용하지 않는다.

② 측정방법

WHO에서 제시한 허리둘레 측정방법은 양발을 25~30 cm 정도의 간격으로 벌리고 서서 체중을 균등히 분산시키고, 숨을 편안히 내쉰 상태에서 측정한다. 갈비뼈의 맨 아래와 장골능 사이의 중간 부위인 가장 작은 둘레를 줄자로 너무 누르지 않도록 느슨하게 돌려서 mm 단위까지 측정한다그림 2-31.

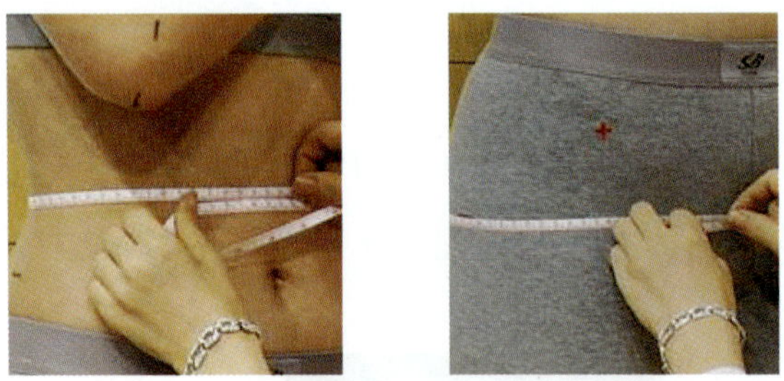

그림 2-31 허리둘레와 엉덩이둘레 측정방법

엉덩이둘레는 서 있는 조사 대상자의 엉덩이둘레 중 가장 큰 곳을 잰다. 즉, 줄자를 엉덩이둘레의 가장 큰 곳에 수평으로 놓고 mm 단위까지 측정한다그림 2-31. 허리둘레를 엉덩이둘레로 나누어서 허리-엉덩이둘레비WHR 값을 계산한다. 허리-엉덩이둘레비를 손쉽게 구하는 계산도표는 그림 2-32와 같다.

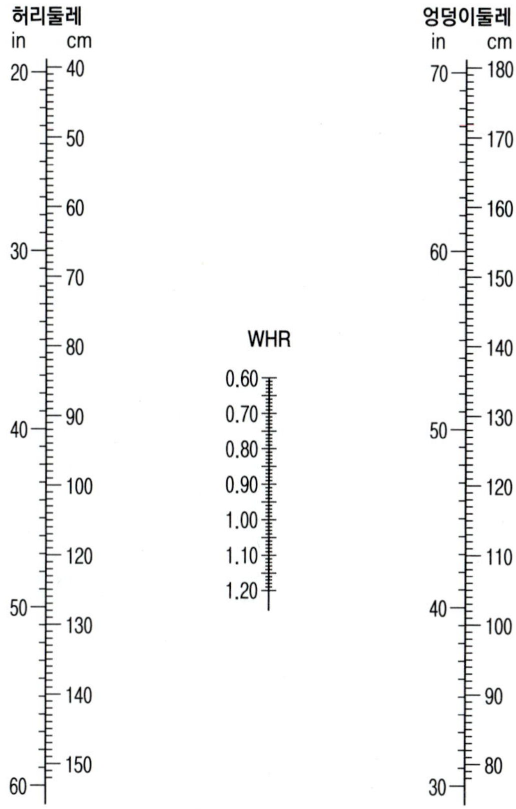

그림 2-32 허리-엉덩이둘레비를 구하는 계산도표

자료: Bray GA, Gray DS. Obesity, part I: pathogenesis. 1988

③ 영양판정

복부비만을 진단하는 허리둘레의 기준은 기관이나 나라마다 조금씩 다르며, 대한비만학회에서 제시한 우리나라 복부비만의 진단 기준은 남자 90 cm 이상, 여자 85 cm 이상(WHO 아시아-태평양지역 기준: 남자 90 cm 이상, 여자 80 cm 이상)이다. 허리둘레가 증가할수록 당뇨병, 고혈압, 고콜레스테롤혈증, 대사증후군 등과 같은 비만 관련 동반질환의 위험도가 증가한다그림 2-33.

또한 허리-엉덩이둘레비가 여자의 경우 0.85 이상, 남자의 경우 0.95 이상이면 복부비만으로 간주한다. 그림 2-34에는 연령에 따른 허리-엉덩이둘레비 및 건강위험도를 나타내었다.

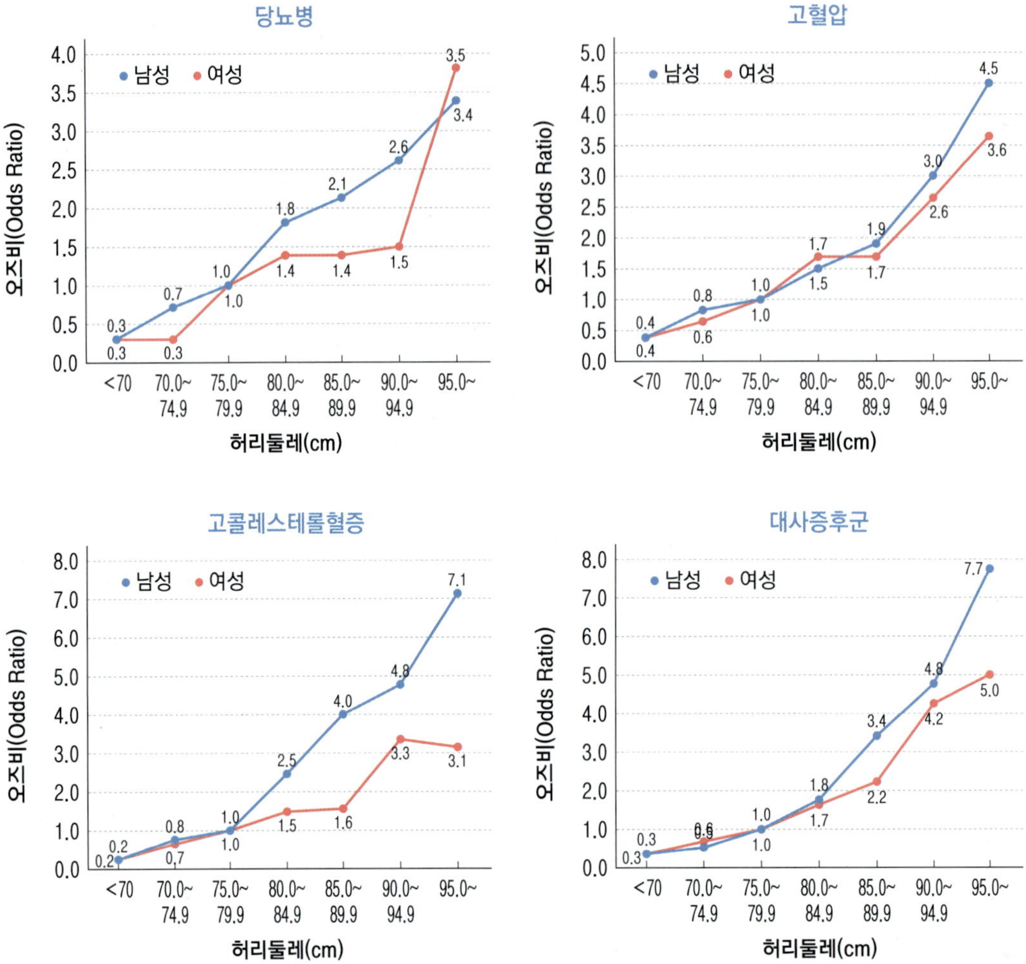

그림 2-33 허리둘레와 여러 만성질환과의 관계

자료: 보건복지부. 국민건강영양조사 제3기 심층보고서. 2007

허리-엉덩이둘레의 비가 1.0 이상인 경우, 대사성질환의 발생과 이로 인한 사망률이 증가하는 것으로 알려져 있다.

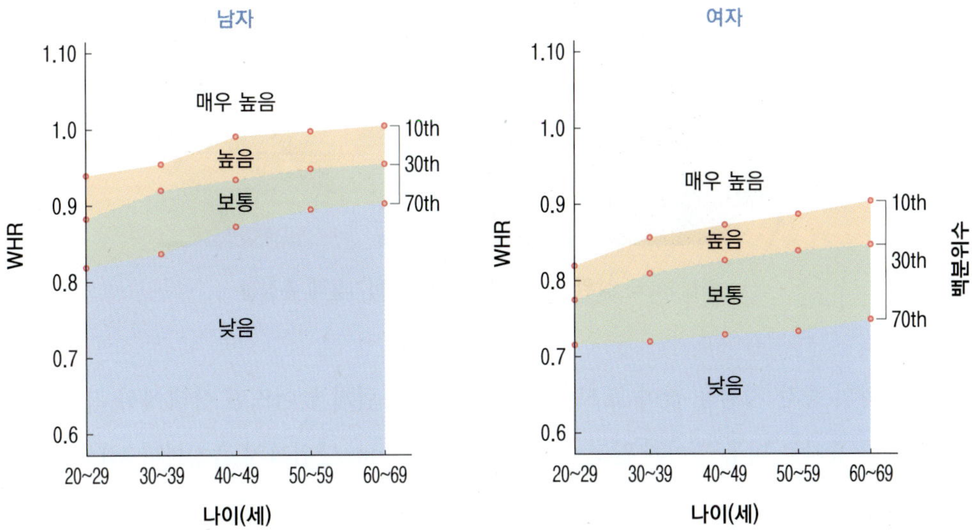

그림 2-34 허리-엉덩이둘레비의 변화와 질병 발생 위험률

자료: Bray GA, Gray DS. Obesity, part I: pathogenesis. 1988

2) 제지방량 측정

제지방조직은 수분, 단백질, 무기질의 복합체이고, 단백질을 저장하는 주된 장소는 근육조직이다. 그러므로 근육단백질의 상태를 평가하면 신체의 단백질 저장상태를 잘 알 수 있다. 상완둘레, 상완근육둘레, 상완근육면적이 전체 근육량과 상관관계가 있다.

(1) 상완둘레

팔은 근육, 피하지방, 골격으로 구성되어 있다. 이 중 골격은 비교적 일정하게 유지되므로 상완둘레mid-upper arm circumference, MAC의 변화는 근육과 피하지방의 변화를 의미한다. 저개발국과 같이 피하지방량이 적은 경우에서는 근육량의 변화에 따라 상완둘레도 달라진다. 그러므로 상완둘레는 단백질-에너지 영양불량을 진단하는 데 유용하게 쓰인다.

① 측정방법

삼두근 피부두겹 측정 시와 같이 똑바로 서서 팔을 90°로 구부린 상태에서 어깨뼈와

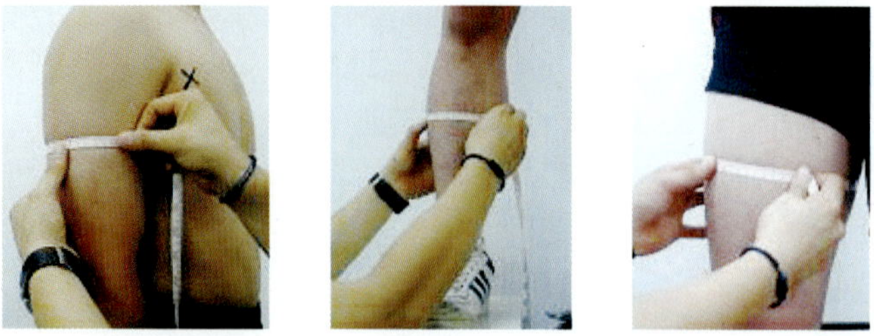

그림 2-35 상완둘레, 장딴지둘레, 허벅지둘레 측정법

팔꿈치와의 중간 지점을 찾아 표시한다. 팔을 자연스럽게 늘어뜨린 상태에서 그 부분의 팔둘레를 줄자로 너무 조이지 않고 부드럽게 둘러서 mm 단위까지 측정한다그림 2-35.

② 영양판정

측정치는 연령별, 성별로 한국인 소아청소년 상완둘레 백분위수, 체위참고치 등과 비교하여 판정한다. 1~5세 어린이에 대한 판정 기준은 표 2-19와 같으며, 한국인 인체치수 조사 결과 보고된 상완둘레, 장딴지둘레, 허벅지둘레의 백분위수는 표 2-20에 제시하였다.

표 2-19 어린이의 상완둘레 판정치(1~5세)

상완둘레(cm)	영양판정
≥13.5	정상
12.5~13.5	약간 저영양상태
≤12.5	영양결핍

표 2-20 한국 성인의 상완(위팔)둘레, 장딴지둘레, 허벅지(넙다리중간)둘레 참고치

(단위: mm)

측정 부위	나이(세)	남자									여자								
		백분위수									백분위수								
		1th	5th	10th	25th	50th	75th	90th	95th	99th	1th	5th	10th	25th	50th	75th	90th	95th	99th
상완 둘레	20~24	254	279	293	310	328	348	370	382	422	230	242	250	262	280	300	324	339	368
	25~29	260	288	302	315	334	352	367	380	431	222	243	256	268	285	307	328	353	388
	30~34	273	292	307	320	337	357	377	391	410	233	243	252	265	286	308	337	358	381
	35~39	277	299	308	322	341	359	376	390	414	229	246	256	270	287	308	330	352	381
	40~44	278	302	307	320	338	355	373	383	402	239	251	260	277	294	314	337	350	390
	45~49	257	286	301	317	335	356	375	384	404	242	260	268	282	300	320	341	352	379
	50~54	273	286	301	318	331	346	364	371	394	251	264	271	284	300	316	334	354	371
	55~59	275	293	301	311	328	344	358	367	382	245	264	271	284	298	312	330	338	387
	60~64	272	287	295	309	325	340	360	372	392	220	263	272	287	299	315	331	341	360
	65~69	258	276	289	302	320	337	352	364	402	252	263	272	287	300	314	329	335	366
장딴지 둘레	20~24	314	337	345	360	375	398	418	432	461	296	307	314	328	344	367	384	396	422
	25~29	324	339	348	363	381	400	415	435	464	277	312	318	332	351	370	391	402	435
	30~34	324	344	355	370	391	410	429	438	462	294	314	321	333	350	371	392	411	445
	35~39	323	352	360	373	392	409	429	442	454	300	315	323	335	351	370	392	404	438
	40~44	320	346	355	372	389	405	420	435	458	306	316	324	336	354	373	393	407	447
	45~49	324	341	350	366	384	403	420	433	458	297	318	327	341	355	376	398	411	438
	50~54	333	340	346	363	382	398	418	432	445	306	320	324	335	350	369	385	398	440
	55~59	313	338	350	362	377	391	411	420	448	298	312	318	329	346	362	374	384	423
	60~64	314	335	343	357	376	391	408	423	442	293	312	318	331	344	362	383	392	408
	65~69	311	331	339	351	367	382	395	401	424	292	311	317	329	341	359	372	384	409
허벅지 둘레	20~24	417	461	472	499	525	556	597	624	688	404	421	433	455	479	510	555	574	599
	25~29	425	468	477	503	535	561	594	614	660	398	424	433	458	487	523	565	591	641
	30~34	448	470	488	511	544	576	607	628	671	395	418	433	459	485	528	558	585	628
	35~39	449	478	492	519	543	574	597	612	694	390	427	441	462	490	520	552	586	649
	40~44	412	453	479	500	530	556	582	602	660	400	424	438	461	485	519	550	576	646
	45~49	428	453	470	494	515	544	568	586	626	404	430	441	462	488	515	554	579	621
	50~54	442	448	457	480	500	531	561	573	595	403	424	436	453	475	501	535	562	603
	55~59	408	447	460	478	500	522	539	551	579	383	410	423	448	466	493	512	528	600
	60~64	401	429	447	471	493	516	532	551	578	395	414	423	444	465	489	517	537	580
	65~69	401	436	442	460	480	501	525	533	566	378	411	420	437	462	487	509	533	578

자료: 국가기술표준원. 제8차 한국인 인체치수조사 측정결과 자료. 2021

(2) 상완근육의 둘레와 면적

상완근육둘레와 상완근육면적은 체내 단백질 저장 정도를 비교적 예민하게 분석할 수 있는 방법이다. 개인의 단백질 영양상태를 평가하는 자료로 활용할 수 있으며, 장기간에 걸친 영양상태의 변화를 판정하기에 적당하다.

상완근육둘레와 상완근육면적은 삼두근 피부두겹두께 및 상완둘레의 측정치로부터 계산할 수 있다. 상완근육둘레와 상완근육면적을 구하는 공식은 다음과 같으며, 이를 쉽게 산출하기 위한 계산도표는 그림 2-36에 제시하였다. 또한 한국인 상완근육면적의 참고치를 표 2-21에 제시하였다.

$$MAMC = MAC - \pi \times TSF$$

$$MAMA = \frac{[MAC - (\pi \times TSF)]^2}{4\pi}$$

MAMC(mid-upper arm muscle circumference) : 상완근육둘레(cm)
MAC(mid-upper arm circumference) : 상완둘레(cm)
MAMA(mid-upper arm muscle area) : 상완근육면적(cm^2)
TSF(triceps skinfold thickness) : 삼두근 피부두겹두께(cm)

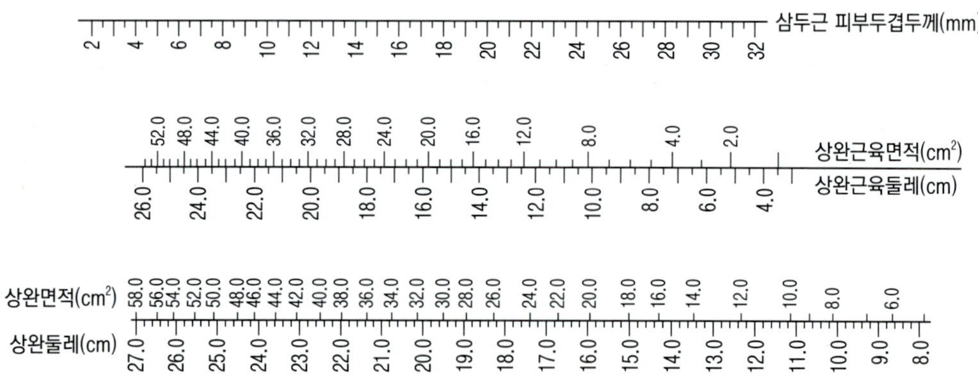

그림 2-36 상완둘레와 피부두겹집기를 이용하여 상완근육둘레 및 상완근육면적을 환산하는 계산도표

자료: Gurney JM, Jelliffe DB. Arm anthropometry in nutritional assessment: nomogram for rapid calculation of muscle circumference and cross-sectional muscle and fat areas. 1973

표 2-21 한국 성인의 상완근육면적 참고치

(단위: cm^2)

나이(세)		백분위수															평균	표준편차
		5	10	15	20	25	30	40	50	60	70	75	80	85	90	95		
남자	모든 연령	29.9	32.3	34.8	36.5	38.0	39.3	41.8	44.1	46.5	49.4	50.9	52.7	54.6	56.6	60.7	44.6	10.1
	~24	32.4	35.5	37.3	39.1	41.0	42.7	43.9	45.4	47.1	49.7	51.3	53.0	54.4	56.0	61.2	46.0	9.1
	25~34	31.1	35.6	37.5	39.3	41.6	43.2	45.2	46.9	50.0	52.5	54.7	56.4	57.6	61.9	66.0	47.8	11.4
	35~44	30.7	35.1	37.7	39.4	40.5	42.0	43.7	46.5	49.1	52.2	53.2	54.9	56.4	57.6	61.4	46.5	10.1
	45~54	29.9	32.3	34.2	35.9	37.3	38.6	41.1	43.0	45.6	47.8	48.8	51.0	53.2	55.2	57.5	43.7	9.0
	55~64	25.6	30.0	31.7	33.8	35.2	35.9	38.9	40.1	42.3	45.3	47.3	49.2	50.9	53.2	55.9	41.0	9.2
	65~	28.9	30.1	30.7	31.5	32.3	32.8	35.5	36.8	39.0	41.4	42.4	44.5	45.5	49.2	52.6	38.3	7.4
여자	모든 연령	21.5	23.7	24.9	26.1	26.8	27.7	29.4	31.4	33.2	35.4	36.5	38.0	39.8	42.7	48.2	32.4	9.0
	~24	20.2	20.8	23.4	25.5	26.0	26.5	27.2	28.7	30.1	32.1	32.8	33.9	36.0	45.1	51.4	31.0	9.8
	25~34	22.2	23.7	24.2	24.9	25.8	26.9	27.7	29.0	30.5	32.8	34.0	35.4	37.2	38.2	43.9	31.0	8.5
	35~44	22.2	24.9	27.3	28.8	29.7	30.8	32.6	34.0	36.3	38.3	39.4	40.2	41.7	43.5	48.7	34.6	8.9
	45~54	23.8	25.6	27.7	29.6	30.6	32.4	34.1	35.3	36.0	38.3	39.1	40.7	42.7	44.0	45.0	35.6	8.0
	55~64	18.0	24.2	25.4	27.8	28.8	29.9	32.3	34.0	36.0	37.5	38.9	40.1	40.9	42.8	45.2	33.8	9.3
	65~	19.2	22.6	24.3	26.1	26.5	26.9	28.3	30.0	31.9	33.5	35.2	36.1	37.0	38.5	42.4	30.6	7.8

자료: 채수인 외. 한국 성인에서 인체계측치. 1987

(3) 장딴지둘레

장딴지둘레calf circumference는 탁자 위에 앉거나, 발을 약 25 cm 정도 벌리고 서서 체중을 양발에 고루 분산시킨 후, 장딴지의 가장 큰 둘레를 줄자로 돌려 mm 단위까지 측정한다그림 2-35.

상완둘레에서와 마찬가지로 장딴지둘레와 장딴지 피부두겹두께의 측정치로부터 장딴지근육면적을 계산할 수 있다. 한국인 인체치수조사 결과 보고된 장딴지둘레의 평균값과 백분위수는 표 2-20과 같다.

(4) 허벅지둘레

허벅지둘레thigh circumference는 사타구니의 접히는 부위와 무릎뼈 사이의 가운데 부분을 줄자로 mm 단위까지 측정한다그림 2-35. 측정치는 허벅지근육면적이나 지방면적,

허리-허벅지둘레비를 계산할 때 사용한다. 한국인 인체치수조사 결과 보고된 허벅지둘레의 평균값과 백분위수는 표 2-20과 같다.

3) 신체조성의 정밀분석방법

신체계측을 통해 영양판정을 실시할 때 실제로 임상에서는 한 가지 방법보다 신체계측법과 기기를 사용하는 방법을 병용하게 된다. 기본적으로는 체질량지수와 허리둘레 등을 이용하여 아주 간단하게 비만의 정도를 알 수 있으며, 생체전기저항측정법을 통해서는 좀 더 객관적인 체지방량을 측정할 수 있다. 또한 컴퓨터단층촬영 등과 같은 방법을 이용하여 더 정확하게 체지방의 분포를 평가할 수 있다.

(1) 밀도법

① 수중체중법

수중체중법underwater weighing은 수중체밀도법hydrogen sitometry이라고도 한다. 아르키메데스의 원리에 근거하여 물 속에서 체중을 측정한 후 신체의 밀도를 산출하여 체조성을 측정하는 방법이다그림 2-37.

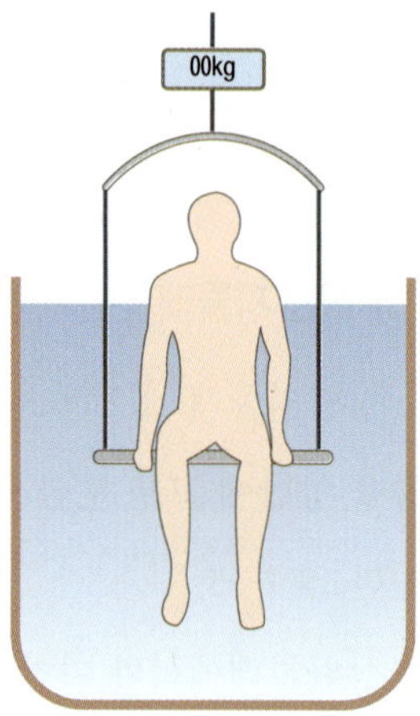

그림 2-37 수중체중법

이 방법은 신체를 구성하고 있는 지방조직과 제지방조직의 밀도가 다르다는 가정하에 실시한다. 골격과 근육조직의 밀도(1.10 g/cm^3)는 물의 밀도(1.00 g/cm^3)보다 더 크고, 반면에 지방조직(0.90 g/cm^3)은 밀도가 물보다 더 적다. 따라서 체지방이 적고 근육이 많은 사람은 체지방이 많은 사람에 비해 물 속에서 체중이 더 나가게 된다.

이와 같은 수중체중법은 비교적 정확하여 체성분 분석의 기준으로 불리면서 고전적으로 널리 사용되었다. 그러나 측정을 위해 숙련된 경험과 특별한 장비가 필요하고, 한 번에 여러 사람을 측정하기가 어렵다는 단점이 있다. 현재는 실험실에서 사용되고 있는 실정이다.

수중체중법을 이용하여 신체밀도를 계산하는 수식은 다음과 같다.

$$\text{신체밀도} = \frac{WA}{\frac{WA - WW}{DW} - (RV + VGI)}$$

WA : 공기중 체중, WW : 수중 체중, DW : 측정 시 수온에서의 물의 밀도
RV : 잔류 폐 부피, VGI : 위장관의 가스 부피(대략 50~300mL)

② 용적측정법

물 속에 통째로 들어가지 않고 신체 부피를 측정하는 방법 중 하나로 용적측정법plethysmograph을 들 수 있다. 이 방법에서는 조사 대상자가 물탱크 안에서 목까지만 물에 잠기게 서 있는 상태에서 몸의 부피를 측정한다. 수중체중법보다 쉽게 측정할 수 있지만 측정 장비가 복잡하고 경비가 많이 드는 단점이 있다.

(2) 생체전기저항측정법

생체전기저항측정법bioelectrical impedance analysis, BIA은 인체에 해롭지 않은 정도의 미세한 전류를 대상자의 손과 발에 위치한 4개의 전극을 통해 흐르게 한 다음 되돌아오는 저항을 측정하는 것이다그림 2-38. 인체에 전류를 통과시키면 제지방조직처럼 물에 전해질이 용해되어 있는 조직에서는 전류가 전달되지만, 지방이나 세포막 같은 비전도성 조직에서는 저항이 나타나는 원리를 이용한 방법이다.

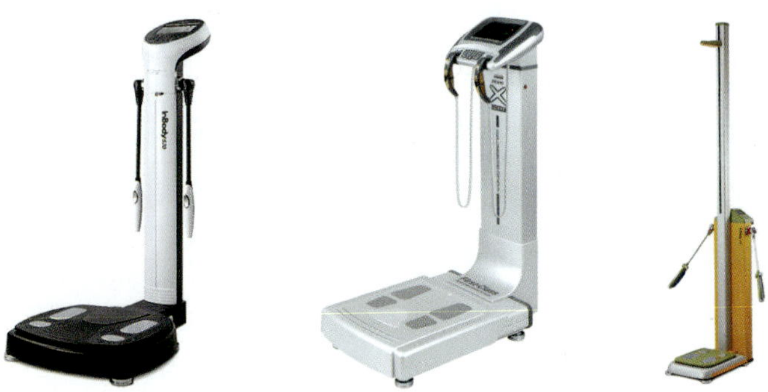

그림 2-38 생체전기저항법에 사용되는 기기

측정된 저항값으로부터 신장, 체중, 성별에 따라 회귀방정식을 이용하여 신체의 총 수분량을 측정할 수 있다. 또한 체수분이 제지방량의 일정 부분(보통 73%)을 차지한다고 가정하여 제지방량을 산출하며, 체중에서 제지방량을 빼면 체지방량을 계산할 수 있다. 최근의 BIA 기기에는 이 공식이 내장되어 있어 자동적으로 계산된 결과가 출력된다.

BIA는 측정방법이 비교적 편리하며, 기기의 운반이 가능하고, 다른 기기에 비해 비교적 저가의 장비이므로 체지방 함량 분포의 범위가 넓은 대규모 집단을 조사할 경우에 적당하다. 그러나 조사 대상자가 정상적인 수분함량을 가지고 있는 상태일 때 측정해야 정확하므로 탈수, 심한 발한, 과도한 운동, 카페인과 알코올의 섭취 등으로 인해 탈수현상이 있으면 체지방량을 과대 평가하는 경향이 있다. 그러므로 이러한 문제를 예방하기 위해서는 충분한 수분 섭취가 요구된다.

(3) 총 체수분량 측정법

총 체수분량total body water, TBW 측정법은 체내 수분은 제지방조직에만 있으며, 제지방 조직의 평균 수분함량은 약 73%라는 가정에 근거하여 측정하는 방법이다. 총 체수분량은 동위원소희석법을 사용하여 측정할 수 있다. 즉, 중수소(^{2}H), 삼중수소(^{3}H), 산소(^{18}O)와 같은 방사선 동위원소를 경구 또는 비경구적으로 투여하여 체내에 있는 수분과 평형이 될 때까지 약 2~6시간 정도 기다린다. 그 후 혈액, 요 또는 침 등을 분석하여 동위원소의 양이 체내 총수분량에 의해 희석된 정도로부터 총체수분량을 측정한다.

(4) 총 칼륨량 측정법

인체에 있는 칼륨의 90% 이상이 세포내액의 양이온으로서 제지방조직에 존재한다. 또한 체내 모든 칼륨의 0.012%는 자연적으로 칼륨 동위원소(^{40}K)로 존재하여 탐지가 가능한 극미량의 고에너지 γ-선을 방출한다. 따라서 γ-선 탐지기를 이용하여 총 칼륨량total body potassium을 측정하면 신체 조성을 알 수 있다.

(5) 컴퓨터단층촬영법

컴퓨터단층촬영법computed tomography, CT은 밀도가 서로 다른 체조직에 X-선을 통과시켜, 각 조직에서 통과되는 X-선의 차이를 컴퓨터를 통해 고도로 자세한 횡단 영상으로 만들어 내는 영상기법이다.

의학에서는 CT를 질병 진단의 목적으로 사용하고 있지만, 신체조성과 영양상태의 판정에도 유용하게 쓸 수 있다. CT는 특히 피하지방과 내장지방의 차이를 면적의 비율로 제공함으로써 체지방 분포를 정확하게 측정하는 방법으로 평가되고 있다그림 2-39. 그러나 장비가 비싸고 측정시간이 오래 걸리며, 방사선에 노출되는 위험이 있어서 임신부나 어린이는 측정 대상에서 제외된다.

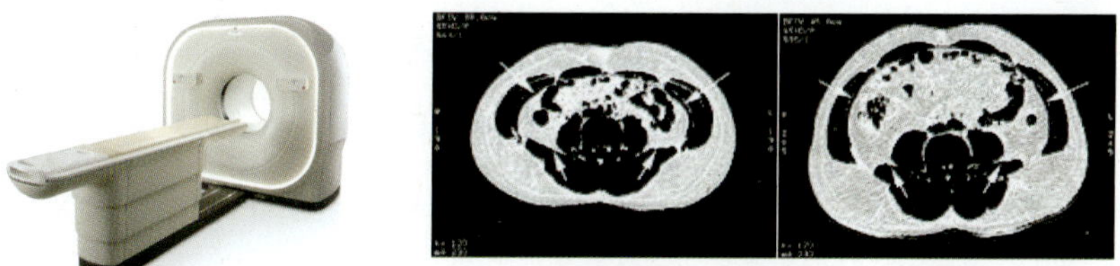

피하지방형 내장지방형

그림 2-39 복부비만 컴퓨터단층촬영의 예

(6) 자기공명영상법

자기공명영상법magnetic resonance imaging, MRI은 인체에 가장 많이 존재하고 있는 수분을 구성하는 수소원자의 자기적 특성을 이용한 방법이다. 조사 대상자가 강력한 자기장이 생성된 원통형 기기 속으로 들어가면, 체내의 수소원자는 체조직 조성에 따라 각기 다른 고주파 에너지를 함유하게 되는데, 이를 분석하여 영상을 재현한다.

MRI는 방사선 노출 없이 체지방의 분포 및 양을 측정하는 효과적이고 안전한 방법으로 평가되고 있다. 그러나 고가의 장비이므로 실용화되기에는 여러 제약이 있다그림 2-40.

그림 2-40 자기공명영상장치(왼쪽)와 이중에너지방사선측정법(오른쪽)

(7) 이중에너지방사선흡수계측법

이중에너지방사선흡수계측법dual energy x-ray absorptiometry, DEXA은 에너지 수준이 다른 두 개의 X-선을 인체에 조사하여 조직 내 두 X-선의 감쇠비율을 계산하여 골무기질량과 연부조직량을 측정하는 방법이다. DEXA는 원래 골밀도를 측정하는 도구인데, 최근에는 제지방량과 체지방량을 측정하는 데도 이용되고 있다. DEXA는 적은 양의 방사선을 사용하므로 안전하고 사용이 간편하며 정확도와 정밀도가 모두 높은 장점이 있지만, 장비의 가격이 비싼 단점이 있다그림 2-40.

5. 신체계측 결과의 평가

신체계측 결과로부터 영양상태를 판정하기 위해서는 조사목적에 맞는 적정한 기준치와 평가방법을 적용하는 것이 중요하다. 신체계측 결과를 건강한 집단의 기준치와 비교함으로써 대상이 되는 집단의 신체계측 분포를 파악하거나, 영양불량의 위험도가 높은 개인을 알아낼 수 있다.

1) 신체계측 기준치

신체계측값을 이용하여 영양상태를 판정할 때 기준치의 선택은 매우 중요하다. 즉, 신체계측 결과로부터 집단이나 개인의 영양상태를 정확하게 평가하려면 기준치가 잘 마련되어 있어야 한다. 이때 기준치라 함은 통계적으로 대표값이 될 만한 건강하고 영양상태가 좋은 정상집단의 수치를 의미한다.

영양판정에 이용할 수 있는 신체계측 기준치에는 여러 나라에서 널리 사용하는 국제기준치와 각 나라의 지역주민으로부터 측정된 지역기준치가 있다.

표준치와 참고치

표준치(standard)

- 건강한 사람들의 수치로서, 노력하고 추구해야 할 표준 모델 또는 목표가 되는 것
  예) 우리나라 소아청소년 성장도표, WHO 성장표준치
- 건강한 아이들의 성장유형을 제시하여 올바른 성장에 관한 기준 제시

참고치(reference)

- 표본의 결과를 단순히 기술한 것으로 건강에 대한 개념과 요구사항이 전혀 들어 있지 않은 것
  예) 소아의 허리둘레, 상완둘레 백분위수 분포
- 단순히 현재의 성장발육상태 반영

(1) 국제기준치

국제기준치International Standards는 국제적으로 연구자료를 많이 축적할 수 있는 신뢰도가 높은 기관에서 많은 인구집단을 대상으로 하여 수집된 신체계측 자료를 통계적으로 검토하여 제안한 기준치이다. 이러한 국제기준치는 사용하기 전에 지역기준치와 차이가 큰지를 미리 조사한 후 사용하도록 한다. 국제 비교를 위해 흔히 쓰이는 기준치는 다음과 같다.

① 세계보건기구WHO 성장표준치

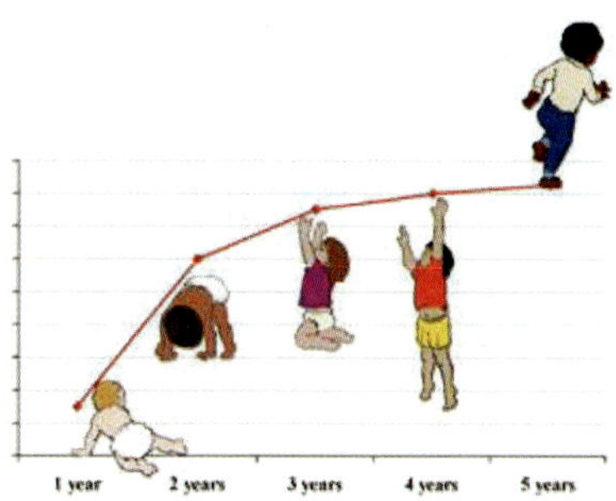

WHO에서는 출생~5세까지 전 세계 어린이의 성장과 발육을 평가하고, 궁극적으로 생물학적 성장의 표준에 가장 근접하게 도달하는 국제적 기준을 제공할 목적으로 성장표준치growth standard를 개발하여 제시하였다. WHO 성장표

준치는 체중, 신장, 신장별 체중, BMI, 머리둘레, 팔둘레, 견갑골 피부두겹두께, 삼두근 피부두겹두께 등에 대해 백분위수와 표준점수를 제시하고 있다.

또한 5~19세의 소아청소년의 성장발육을 평가하기 위해 신장, 체중, BMI에 대한 참고치reference를 백분위수와 표준점수로 제시하고 있다.

② 미국 CDC 성장도표

미국질병통제예방센터Centers for Disease Control and Prevention, CDC는 소아와 청소년의 나이 및 성별에 따른 성장도표growth chart를 마련하여 성장발육 평가에 이용하고 있다. 출생~36개월은 체중 · 신장 · 신장별 체중 · 머리둘레를, 2~20세는 체중 · 신장 · BMI를 백분위수로 제시하고 있다.

③ 미국 NCHS 성인 신체계측 참고치

미국보건통계센터National Center for Health Statistics, NCHS는 국민건강영양조사National Health and Nutrition Examination Survey, NHNES 자료를 기초로 20세 이상 성인 남녀에 대한 연령별 신체계측 참고치를 제시하고 있다. 체중, 신장, BMI, 상완둘레, 상완길이, 장딴지둘레, 허벅지둘레, 허리둘레, 견갑골 피부두겹두께, 삼두근 피부두겹두께 등 각 신체계측 항목별로 평균과 표준편차, 9개의 백분위수가 제시되어 있다.

(2) 지역기준치

성장의 잠재성과 그 양상은 유전적 소인에 따라 다르므로 지역기준치local standards를 만들어 사용하면 그 지역에 거주하는 사람들의 유전적 특성을 잘 반영할 수 있다. 그러나 환경적 요인, 즉 영양상태와 질병 등이 성장에 미치는 영향은 매우 크기 때문에 어린이의 경우 민족적 차이는 극히 적다고 알려져 있다. 또한 신뢰성 있는 지역기준치를 설정하려면 많은 인력과 노력이 요구되므로 개발도상국에서는 지역기준치를 별도로 설정하기가 어렵다. 우리나라의 기준치는 다음과 같다.

① 소아청소년 성장도표

보건복지부와 대한소아청소년과학회에서는 소아청소년에 대한 성장도표를 개발하여 제시하고 있다. 1967년 개발된 이후 약 10년마다 개정되고 있는데, 2017년에 발표된 성장도표가 부록에 제시되어 있다부록 1 참조.

소아청소년 성장도표는 출생~18세의 남녀에 대해 체중, 신장, 머리둘레, 신장별 체중, 체질량지수 등 신체 항목별로 백분위수와 표준점수를 제시하고 있으며, 성장발육이나 영양상태 평가 시에 널리 활용되고 있다.

표 2-22에 한국 소아청소년 성장도표와 WHO 성장표준치 및 미국 CDC 성장도표의 특성을 비교하여 제시하였다.

표 2-22 소아청소년을 위한 신체계측 기준치

종류	대상	자료	측정항목	특징
소아청소년 성장도표 (2017)	• 출생~18세	• 3세 미만: WHO 성장표준치 • 3~18세 - 1997년 신체발육측정조사 자료 - 2005년 신체발육측정조사 자료	• 신장, 체중, 신장별 체중, 체질량지수(BMI), 머리둘레	• 13개 백분위수(1, 3, 5, 10, 15, 25, 50, 75, 85, 90, 95, 97, 99) • ±1, 2, 3 표준점수
미국 CDC 성장도표 (2000)	• 출생~19세	• 0~24개월: WHO 성장표준치 • 2~19세 -NHES(National Health and Examination Survey) II, III -NHANES(National Health and Nutrition Examination Survey) I, II, III	• 신장, 체중, 신장별 체중, 머리둘레, BMI	• 9개 백분위수(10개: BMI, 신장별 체중)
WHO 성장표준치 (2006)	• 출생~5세 • 건강한 모유수유아 8,440명 • 브라질/가나/인도/노르웨이/오만/미국	• 0~24개월: 종단연구자료 • 18~71개월: 단면연구자료	• 신장, 체중, 신장별 체중, BMI, 머리둘레, 팔둘레, 견갑골 피부두겹두께, 삼두근 피부두겹두께	• 11개 백분위수 • ±1, 2, 3 표준점수
WHO 성장참고치 (2007)	• 5~19세	• NCHS 자료 • WHO 성장표준치	• 신장, 체중, BMI	• 11개 백분위수 • ±1, 2, 3 표준점수

② 한국인 인체치수조사

산업통상자원부 국가기술표준원에서는 1979년부터 5~7년 주기로 국민표준체위조사를 실시하여 산업계가 필요로 하는 인체치수정보를 지원하고 있다. 2022~2023년에는 7~84세 남녀 약 7,000명을 대상으로 하여 인체의 모든 둘레, 길이 등 366개 항목에 대한 8차 인체치수조사Size Korea를 실시하였다.

평균과 표준편차, 9개의 백분위수를 제시하고 있으며, 신체계측과 관련하여 영양판정에 이용할 수 있는 항목은 키, 몸무게, 가슴둘레, 허리둘레, 상완둘레, 장딴지둘레, 허벅지둘레 등이 있다.

2) 측정결과의 판정

신체계측치를 기초로 하여 영양상태를 판정하는 방법에는 백분위수와 표준점수가 있다. 경우에 따라서는 바람직하지는 않지만 평균값mean이나 중앙값median의 백분율로 제시하기도 한다.

(1) 백분위수

백분위수percentile란 집단의 평균값과는 조금 다른 개념으로서 신체계측된 모든 대상자의 측정값을 가장 낮은 값부터 높은 값까지 크기 순서대로 나열하여 전체를 100으로 하였을 때의 위치를 말한다. 예를 들어, 10 백분위수란 전체 측정값 중 작은 쪽에서 10/100의 위치에 해당하는 사람이라는 의미이다. 또한 50 백분위수는 평균값이 아니고 낮은 쪽에서 50번째에 해당하는 사람의 수치, 즉 중앙값이다그림 2-41. 따라서 실제 조사에서는 조사 대상자의 측정치가 기준이 되는 집단의 백분위수 중 어디에 위치하는가를 비교하여 영양상태를 판정하는 데 이용한다.

우리나라의 소아청소년 성장도표에서는 백분위수 값을 선별 기준으로 제시하고 있다. 그러나 이는 임상적 의미가 아니라 선별 참고 기준이므로, 어린이의 전체적인 건강상태를 평가하는 유용한 도구의 하나로서 다른 임상정보와 함께 판단되어야 한다.

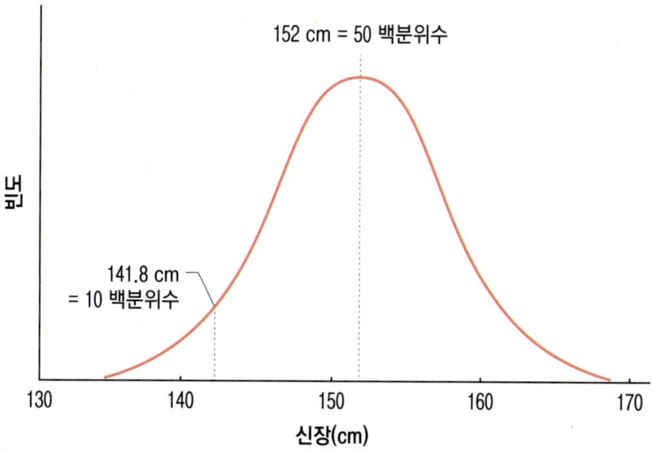

그림 2-41 신장의 빈도분포와 백분위수 예(13세 소년)

자료: Cibson RS. Principles of nutritional assessment. 2005

인구집단의 연구에서는 그림 2-42와 같이 기준이 되는 집단의 백분위수를 10분위 간격으로 분류할 경우, 기준 집단과 같은 분포를 보이려면 매 10분위 범주에 속하는 비교집단의 비율이 1/10씩으로 동일해야 한다.

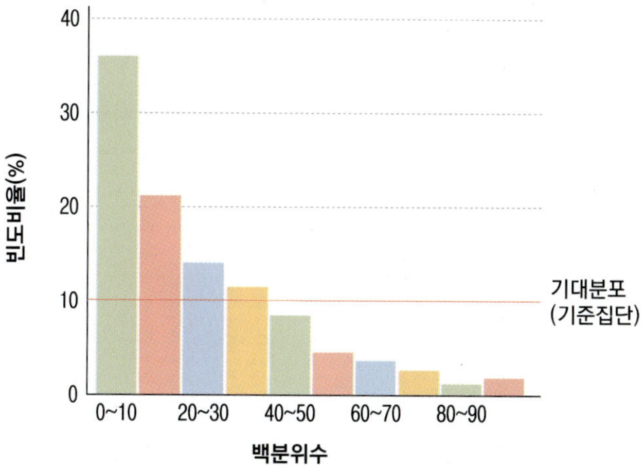

그림 2-42 신장별 체중 백분위수에 따른 어린이의 분포 비율 예

자료: WHO. Measuring change in nutritional status: guidelines for assessing the nutritional impact of supplementary feeding programs for vulnerable groups. 1983

그러나 그림 2-42에 제시된 막대그래프와 같이 분포한다면 비교집단의 영양상태는 매우 열악한 것으로 평가된다. 따라서 저개발국의 신체계측 자료를 선진국의 기준치와 비교하여 평가할 때 백분위수를 사용하는 것은 적당하지 않다. 이는 조사대상 인구집단의 대부분이 기준집단의 낮은 백분위수 이하로 잘못 분류될 수 있기 때문이다.

(2) 표준점수

저개발국의 신체계측 자료를 평가할 때는 표준점수standard score, Z-score를 사용하는 것이 바람직하다. 표준점수란 기준집단의 평균값으로부터 각 개인의 측정값이 얼마나 멀리 떨어져 있는지를 나타낸 값이다. 표준점수는 Z-값Z-score이라고도 하며 계산방식은 다음과 같다.

$$\text{Z-score} = \frac{\text{개인의 측정값} - \text{기준집단의 평균값}}{\text{기준집단의 표준편차값}}$$

보통 한 개인의 측정치가 -2SD 이하의 범주에 속하느냐, 또는 +2SD 범주 밖에 속하느냐가 통계적인 의미를 갖지만, 영양상태 판정의 기준은 조사목적에 따라 달라질 수 있다. WHO에서는 인종, 성, 연령이 같은 조사 대상이 속한 인구집단의 평균을 기준으로 하여 ±1SD, ±2SD를 판정의 기준점으로 택할 것을 제안하였다. 따라서 +2SD 이상과 -2SD

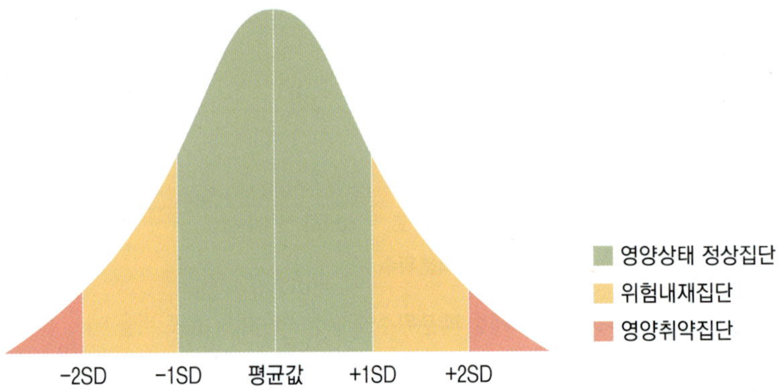

그림 2-43 표준점수에 의한 집단의 영양판정 기준

이하에 해당되는 계측치에 대해서는 영양상태가 매우 불량한 것으로 판정하도록 권장하고 있다그림 2-43.

또한 WHO에서는 어린이와 청소년에 대한 신체계측 기준치에 대해 항목별 표준점수를 ±1, 2, 3SD로 구분하여 제시하고 있다. 출생~5세 어린이와 5~19세 소아청소년에 있어 표준점수에 따른 영양판정 기준치는 표 2-23과 같다.

표 2-23 표준점수에 따른 어린이와 청소년의 영양판정 기준치(WHO)

0~5세			5~19세		
지표	Z-score	판정	지표	Z-score	판정
체중	<-2	저체중	BMI	<-3	심한 마름
	<-3	심한 저체중		<-2	마름
신장	<-2	발육부진		> +1	과체중
	<-3	심한 발육부진		> +2	비만
신장별 체중	> +2	과체중			

Z-score와 정상범위

보통 많이 사용하는 ±2SD는 해당 연령 인구집단의 95.4%를 정상으로 판정한다. 이는 백분위수로 2.3~97.7 백분위수 범위에 해당하며, 전통적으로는 3~97 백분위수를 질병 진단의 근거로 활용한다. 한편, ±1SD는 해당 연령 인구집단의 68.3%를, ±3SD는 해당 연령 인구집단의 99.7%를 정상으로 판정한다.

실습

실습 1. 체위 측정 및 신장-체중지수 산출을 통한 영양상태 판정

체위를 측정하고 관련된 체격지수를 산출한 후 표준치와 비교하여 영양상태를 판정한다.

기구 신장계, 체중계, 줄자, 캘리퍼, 30 cm 플라스틱자

방법 ① 신장과 체중을 3회씩 반복하여 정확하게 측정한다.

② 무릎 길이를 측정하고 계산식을 이용하여 신장을 추정한다. 신장의 측정치와 추정치 사이에 얼마나 차이가 있는지 알아본다.

③ Broca 변법에 따라 표준체중을 구하고, 상대체중과 비만도를 산출한다.

④ 신장과 체중을 이용하여 체질량지수BMI를 구하고, 비만도를 평가한다.

⑤ 신장과 손목둘레와의 비율 및 팔꿈치넓이를 구하여 체격 정도를 평가한다.

결과

구분	측정항목	측정 결과			
		1회	2회	3회	평균
측정치	신장(cm)(A)				
	체중(kg)				
	무릎 길이(cm)				
	손목둘레(cm)				
	팔꿈치넓이(cm)				
계산치	추정 신장(cm)(B)				
	차이(A-B)				
	표준체중(kg)				
	상대체중(%)				
	비만도(%)				
	r값				
	체질량지수(BMI)				

평가 및 토의

얻은 결과에 대해 토의해 본다.

실습 2. 피부두겹두께 측정 및 체밀도를 이용한 체지방량 산출

신체 부위별로 정확한 피부두겹두께 측정법을 익히고, 피부두겹두께를 이용하여 계산된 체밀도로부터 체지방률과 체지방량을 산출한다.

기구 캘리퍼

방법 ① 신체 부위별로 피부두겹두께를 정확하게 반복 측정한다.

② 적절한 식을 이용하여 신체밀도를 계산한다.

③ 신체밀도로부터 계산식을 이용하여 체지방률을 구하고, 기준치와 비교하여 평가한다.

④ 체지방률과 체중을 이용하여 총체지방량, 총제지방량을 구한다.

결과

구분		측정항목	측정결과			
			1회	2회	3회	평균
피부두겹두께	측정치	삼두근(mm)				
		옆중심선(mm)				
		견갑골하부(mm)				
		복부(mm)				
		허벅지(mm)				
		장딴지(mm)				
		가슴(mm)				
		장골상부(mm)				
	계산치	가슴+옆중심선+삼두근+허벅지+견갑골+장골상부+복부(남) (mm)				
		삼두근+장골상부+허벅지(여) (mm)				
		체지방률(%)				
신체밀도		가슴+복부+허벅지(남) (mm)				
		삼두근+장골상부+허벅지(여) (mm)				
		신체밀도				
		체지방률(%)				
		총 체지방량(kg)				
		총 제지방량(kg)				

평가 및 토의

얻은 결과에 대해 토의해 본다.

실습 3. 생체전기저항, 상완둘레, 허리-엉덩이둘레 측정을 통한 신체조성 평가

체성분분석기를 사용하여 신체조성을 평가하고, 상완근육둘레와 상완근육면적을 산출하여 체단백질의 보유 정도 및 단백질 영양상태를 판정한다. 또한 허리둘레와 허리-엉덩이둘레비를 구하여 체지방의 분포를 파악한다.

기구 정밀체성분분석기, 캘리퍼, 줄자

방법 ① 정밀체성분분석기를 이용하여 체수분량, 체지방률(%), 체지방량, 제지방량 등을 산출하고 피부두겹두께 측정치로부터 얻은 결과와 비교한다.

② 캘리퍼를 이용하여 삼두근피부두겹두께를 측정하고, 줄자로 상완둘레를 측정한다.

③ 삼두근 피부두겹두께와 상완둘레로부터 상완근육둘레 및 상완근육면적을 산출한다.

④ 줄자로 허리둘레와 엉덩이둘레를 측정하고, 허리-엉덩이둘레비를 산출한다.

결과

구분		측정항목	측정결과			
			1회	2회	3회	평균
생체전기저항	측정치	체지방량(kg)				
		제지방량(kg)				
		체수분량(L)				
		체지방률(%)				
상완둘레	측정치	삼두근 피부두겹두께(cm)				
		상완둘레(cm)				
	계산치	상완근육둘레(cm)				
		상완근육면적(cm^2)				
허리-엉덩이둘레	측정치	허리둘레(cm)				
		엉덩이둘레(cm)				
	계산치	허리-엉덩이둘레비				

평가 및 토의

얻은 결과에 대해 토의해 본다.

CHAPTER

3

식사섭취조사

1. 식사섭취조사의 의의
2. 개인의 식사섭취조사
3. 집단의 식품소비조사
4. 국민건강영양조사
5. 식사섭취조사 수행 시 고려사항

식사섭취조사는 영양상태를 평가할 때 가장 많이 사용되는 방법이다. 그러나 식사 섭취에 관한 정보를 조사하는 방법에 따라 수집된 내용이 다르므로 조사 대상의 연령, 교육 정도, 경제 정도 그리고 연구목적과 연계하여 적합한 조사방법을 선택해야만 좋은 결과를 얻을 수 있다.

이 장에서는 개인 혹은 집단을 대상으로 식사섭취상태를 평가하고자 할 때 사용할 수 있는 여러 방법의 특성과 이러한 식사섭취조사 방법을 선택할 때 고려해야 할 사항에 대해 알아보도록 한다.

1. 식사섭취조사의 의의

식사섭취조사dietary assessment는 개인이나 집단의 영양소 섭취 상태를 파악하는 데 가장 중요한 수단이다. 국민건강영양조사, 역학연구, 지역주민의 영양상태 파악, 건강증진을 위한 보건소 영양프로그램을 평가하려면 대상 집단에 대한 식사섭취조사가 필수적이다. 그뿐만 아니라 식사섭취조사에서 수집된 정보들은 영양정책의 수립, 만성질환의 관리, 새로운 식품의 개발, 식품의 오염물질, 첨가물에 대한 안전관리대책 수립 등 다양한 용도로 활용된다.

식사섭취조사는 조사 대상자에 따라 개인 또는 집단으로 분류할 수 있다. 먼저 개인을 대상으로 식사섭취상태를 파악하기 위해 사용하는 조사방법에는 24시간 회상법, 식사기록법, 식품섭취빈도법, 식사력 조사법, 실측법 등이 있다. 또한 집단을 대상으로 하는 조사방법에는 식품수급표, 가구 단위의 조사에 사용하는 식품계정조사, 식품재고조사, 국민건강영양조사 등이 있다.

식사섭취조사를 실제로 수행하려면 많은 어려움이 따른다. 사람마다 매일 식사하는 내용이 다르며 각 조사방법마다 측정할 수 있는 범위, 정확성, 비용이 다르기 때문에 모든 측면에서 다 만족할 만한 방법은 사실상 없다. 따라서 조사방법을 선택할 때에는 조사목적, 조사 대상자의 특성, 인력, 경제적 측면을 함께 검토하여 조사 여건에 가장 적합한 방법을 찾는 것이 중요하다. 또한 식사섭취조사 결과는 신체계측, 생화학적 검사, 임상증상 조사 등 다른 조사 결과를 고려하여 종합적으로 판정하는 것이 좋다.

2. 개인의 식사섭취조사

개인을 대상으로 하는 식사섭취조사 중 단기간 양적 식사섭취상태를 파악하기 위한 방법으로 24시간 회상법24-hour recall method, 식사기록법food record method, 실측법weighing method 등을 사용하고, 장기간 식사섭취상태를 조사하기 위해서는 식품섭취빈도법food frequency questionnaire, 식사력 조사법diet history method 등을 사용한다.

1) 24시간 회상법

24시간 회상법24-hour recall method은 조사 대상자의 기억에 의존하여 식사섭취상태를 조사하는 것으로, 현재 우리나라 국민건강영양조사에서 개인의 식사섭취상태를 파악하기 위해 사용하고 있는 방법이다. 훈련된 조사원이 대상자를 면담하여 조사 전날 하루 동안 섭취한 식품의 종류와 양을 기억해 내도록 하여 섭취량을 추정하는데, 조사 기간을 24시간으로 하는 이유는 섭취한 식사내용에 관한 기억이 이틀 이상 지나면 정확도가 떨어지기 때문이다. 기억에 의존하여 식사 내용을 조사해야 하므로 대상자가 섭취한 음식을 잘 회상할 수 있도록 돕는 것이 조사원의 역할 중 하나이며, 주로 인터뷰 방식으로 실시된다. 이때 섭취한 식품의 종류와 양은 물론, 상표명, 조리방법, 섭취한 장소와 시간, 건강기능성 식품의 복용까지도 포함하여 상세히 조사하여야 한다. 일반적으로 24시간 회상법으로 섭취량을 조사할 경우 소요되는 시간은 15~30분 정도이다.

24시간 회상법을 실시할 때 섭취한 식품의 종류, 양, 조리 상태 등을 한꺼번에 물어볼 수도 있으나 이럴 경우 대상자가 응답에 대한 부담으로 인해 섭취한 식품이나 음식의 종류를 누락하는 등 기억 회상의 어려움이 생길 수 있다. 그러므로 처음에는 우선 섭취한 음식의 종류를 먼저 회상시키고, 다음 단계에서 레시피, 조리상태, 섭취량 등 좀 더 자세히 조사하고, 마지막 단계에서 재확인하는 다단계 기억방법A multi-pass method을 쓰는 것이 좋다.

(1) 조사방법

① 1단계

- 섭취한 모든 음식과 음료수, 간식 등 섭취 음식의 목록을 조사하면서, 조사원은 섭취한 시간, 장소, 활동 등도 같이 질문하여 대상자가 기억을 잘 회상할 수 있도록 돕는다.

예시

- 아침에 일어나서 드신 음식과 음료수에 대해 여쭈어보겠습니다.
- 주로 아침에 몇 시쯤 일어나시나요? 일어나시면 바로 드시는 식품이나 음료수가 있으십니까?
- 아침 식사 전 특별히 하시는 활동이 있으신가요? 활동을 하면서 혹시 드신 것이 있습니까?
- 아침으로는 무엇을 드셨나요?

② 2단계

- 각 음식을 구성하는 식품 재료와 섭취한 식품의 조리방법, 레시피, 섭취량 등에 대해 자세히 묘사하도록 하여 조사한다.
- 분량을 조사할 때는 대상자가 가장 답하기 쉽게 가정에서 사용하는 단위로 기록하는 것이 좋다. 즉 밥은 공기, 국은 대접, 생선은 토막, 나물은 접시 또는 젓가락, 고기는 점이나 쪽 등으로 조사한다. 분량을 토막, 점, 쪽 등으로 표현할 때는 1개의 크기를 조사하여야 추후 섭취량을 보다 정확하게 추정할 수 있으므로 조사 시그림 3-2, 그림 3-3과 같은 보조도구, 모형, 그림, 사진, 실물 크기, 계량컵, 계량스푼 등을 이용하면 도움이 된다.

예시

- 밥의 경우 콩이나 잡곡 등을 섞었는지, 섞었다면 어떤 종류의 잡곡을 어느 정도의 비율로 섞었는지 조사한다. 이때 조리의 주체가 되어 식사를 준비하는 사람은 '쌀 1컵에 잡곡 1/3컵' 등으로 대답할 수 있으나, 직접 조리를 하지 않는 경우에는 응답하지 못할 수 있으므로 잡곡밥 사진이나 모형을 활용하여 잡곡이 '드문드문' 혹은 '촘촘히' 있었는지 등으로 얻을 수 있는 최대한의 정보를 조사한다.
- 국이나 찌개의 경우 같은 이름의 국/찌개라 할지라도 가정마다 사용하는 부재료가 다를 수 있으므로 반드시 국이나 찌개에 포함된 재료를 구체적으로 조사해야 한다.
- 빵, 과자, 우유, 시리얼, 음료수와 같은 가공식품을 구입해서 섭취했을 때는 반드시 상품명을 기입하고, 제품 섭취 시 추가하여 섭취한 식품(잼, 버터 등)도 질문하여 기입한다. 커피의 경우에는 원두 또는 인스턴트 여부, 추가한 설탕이나 시럽, 프림의 양도 빠짐없이 기록하고, 커피전문점에서 구매한 커피의 경우에도 음료 명칭과 사이즈, 토핑 유무 등을 상세하게 기록한다.

- 외식을 한 경우, 레스토랑 이름과 음식 이름을 기입하고 1인당 분량과 포함되었던 부재료를 회상시킨다. 부재료의 회상이 쉽지 않을 경우 레스토랑의 음식 정보를 조사하여 참고하거나, 영양평가 프로그램에 포함되어 있는 외식 음식의 기본 레시피를 이용할 수도 있다.

③ 3단계

- 인터뷰 마지막 단계로서 조사원은 대상자가 섭취한 모든 식품이 빠짐 없이 기록되었는지 확인하기 위해 회상을 기록한 내용을 다시 한번 검토한다.

예시

- 어제 아침에 일어나셔서 주무시기 전까지 식사 내용에 대해 답변하신 내용을 읽어드리겠습니다. 혹시 빠진 것이나 잘못 기록된 부분이 있으시면 말씀해 주세요.

- 또한 조사원은 비타민, 무기질 보충제, 단백질 음료, 다이어트 음료, 알코올 섭취 등 빠진 것이 없는지 확인한다. 또한 인터뷰를 시행한 날이 평소의 식사섭취와 비슷한 날이었는지 혹은 특별한 날인지를 확인한다. 일상적인 식사 섭취량 조사가 목적인 경우에는 이벤트가 없는 일반적인 하루의 식사를 기록하는 것이 중요하다.
- 전화로 하는 24시간 회상법의 경우 1회분 섭취량의 회상을 돕기 위해 시청각 자료를 미리 송부하면 대면 인터뷰 방식에 비해 적은 노력과 경비로 대면 인터뷰 방식과 비슷한 수준의 자료를 얻을 수 있으므로 대면 조사가 어려운 경우 사용할 수 있다.

(2) 24시간 회상법의 장단점

24시간 회상법의 장단점을 요약하면 표 3-1과 같다.

표 3-1 24시간 회상법의 장단점

장점	• 식품의 종류와 섭취량을 파악할 수 있다. • 비교적 조사과정이 간단하여 대상자의 부담이 적다. • 비교적 예산이 적게 든다. • 조사 대상자의 교육 수준에 크게 영향을 받지 않는다. • 개방형 조사방법으로 다양한 문화를 가진 대상자를 조사할 수 있다.
단점	• 대상자의 기억에 의존하므로 식사섭취 내용에 오차가 생길 수 있다. • 주말이나 특별한 날의 섭취량 편차가 있어 일상적인 식사섭취조사가 어렵다. • 보고된 섭취량과 실제 섭취량이 다를 수 있다(기울기 둔화현상). • 조사원의 능력에 따라 결과가 달라질 수 있다.

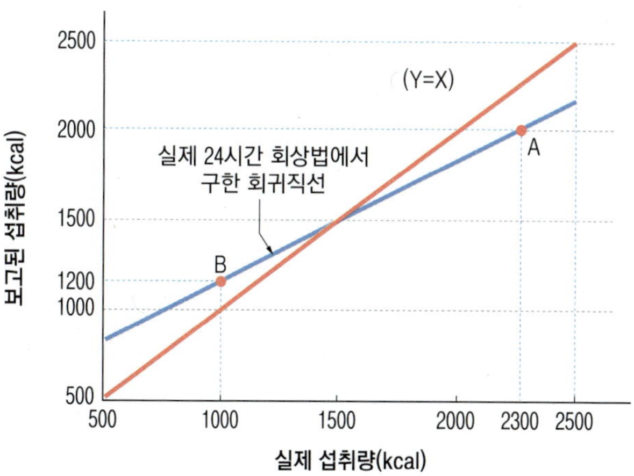

조사 대상자가 실제로 섭취를 많이 한 식품에 대해서는 적게 보고하고, 섭취를 적게한 식품에 대해서는 많게 보고하는 현상을 의미한다. 왼쪽 그래프에서 보면 (Y=X) 그래프는 실제 섭취량과 보고된 섭취량이 같은 것으로 이상적인 그래프라고 할 수 있다.
그러나 현실적으로 24시간 회상법에서 아주 많이 섭취한 식품은 적게 보고하고(A 지점), 적게 섭취한 식품은 많이 보고함으로써(B 지점) 회귀 직선의 기울기가 Y=X에 비해 낮아져 납작해지는flat 현상이 일어나게 된다.

그림 3-1 기울기 둔화현상(flat slope syndrome)

표 3-2 24시간 회상법 조사지 기록의 예

• 하루 동안 드신 음식을 기억해 주십시오.
• 어제 저녁이나 오늘이 특별한 식사를하는 날이었습니까? (예, 아니오)

(도구 사용: 밥 공기-소 · 중 · 대, 국 공기-소 · 중 · 대, 접시-소 · 중 · 대)

식사	식사 시간	식사 장소	음식명 (조리명)	재료명	눈대중	그림	식품 code	중량 (g)
식전								
아침 식사	9:30	집	식빵 우유 딸기잼	 서울우유 	1개 200 mL 1팩 1/2작은술	11 cm 두께 1.5 cm 9 cm		
간식								
점심 식사	1:02	학교 식당	비빔밥 풋고추멸치조림 배추김치	밥(수북이) 계란프라이 시금치나물 콩나물 무생채 고추장 당근 참기름 풋고추 중멸치 간장 배추김치	중 1공기 1개 2젓가락 소 1접시 1젓가락 1큰술 1젓가락 1작은술 3개 1큰술 1/2작은술 5쪽	9.8 cm 6 cm 2큰술 분량 1큰술 분량 7cm 길이 5 cm 3 cm		
간식								
저녁 식사	8:00	집	쌀밥 고등어조림 계란프라이 풋고추멸치조림 배추김치	밥 고등어 간장 계란 식용유 풋고추 중멸치 배추김치	1/2공기 1토막 1작은술 중 1개 1/2작은술 4개 1/2큰술 중 1접시	밥공기 점심 참조 5.5 cm 두께 1.5 cm 4.5 cm 7cm 길이 1/2컵 분량		
간식	9:00	집	오렌지주스	100% 무가당 ㅇㅇ회사 ㅇㅇ주스	1캔(240 mL)			

표 3-3 식품의 눈대중량과 분량

분류	식품명	눈대중	분량(g)
곡류	밥	1공기	210(쌀 90)
	10% 콩밥	1공기	쌀 90, 콩 10
	흰죽	1그릇	쌀 60
	빵	3쪽	100
	옥수수	중 1자루	100
	국수(삶은 것)	1대접	370
	국수(마른 것)	1대접	90
감자류	고구마	중 1개	120
		소 1개	130
	감자	중 1개	120
		소 1개	90
당류	설탕	1 Tb(큰숟가락)	13
유지류	참기름	1종지	70
		1 Tb(큰숟가락)	13
		1 tb(작은숟가락)	6
고기류	쇠고기, 돼지고기	탁구공 크기 1개	40
	닭고기	1접시	80
	햄	1쪽	40
	달걀	1개	50
	고등어	대 1토막	90
		중 1토막	70
	갈치	대 1토막	70
		중 1토막	50
	물오징어	1토막	70
	낙지	중 1마리	150
두류	콩	15개	3
	팥	50개	6
	두부	1모	150
	된장	1 Tb(큰숟가락)	20
	고추장	1 Tb(큰숟가락)	20
채소류	당근	중 1개	160
	양배추	큰잎 1개	40
	콩나물	중 1접시	40
		소 1접시	20
	시금치(생)	5잎	50
	시금치(나물)	중 1접시	40
		소 1접시	20
	호박	중 1개	320
채소류	가지	중 1개	200
		소 1개	120
	둥근파	중 1개	70
		소 1개	100
	마늘(깐 것)	1개	5
	마늘(깐 것)	5개	25
	무	중 1개	780
김치류	배추김치	1접시	40
	열무김치	1보시기	270
	오이지	1개	125
해조류	김(구운 것)		
	다시마(말린 것)		
	미역(불린 것)		
과일류	사과	중 1개	200
	배	소 1개	150
	복숭아	중 1개	300
	포도	중 1개	200
		1송이	240
	참외	중 1개	300
		소 1개	240
	곶감	1개	30
	밤	대 1개	30
	밤(깐 것)	소 5개	70
우유 및 유제품	우유	1잔	200 mL
	아이스크림	1개	100
	요구르트	1개	65
	치즈	1쪽	20
조미료	간장	큰숟가락 1	15
		작은숟가락 1	8
	깨소금	큰숟가락 1	7
		작은숟가락 1	4
	후춧가루	큰숟가락 1	7
		작은숟가락 1	4
	식초	큰숟가락 1	15
		작은숟가락 1	8
		1종지	40
	소금	큰숟가락 1	12
		작은숟가락 1	5

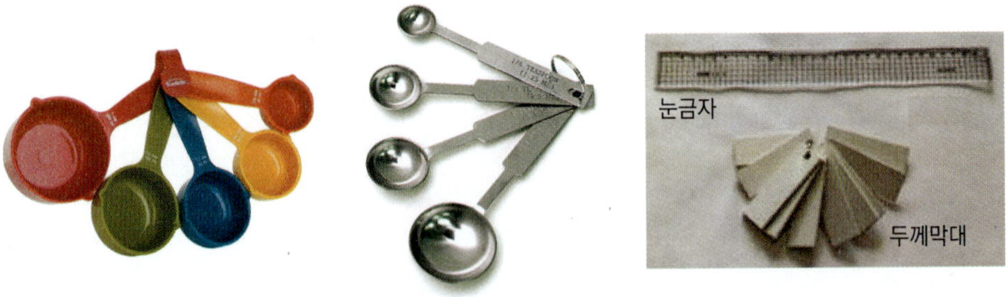

계량컵　　계량스푼

그림 3-2 국민건강영양조사에서 사용하는 보조도구의 예

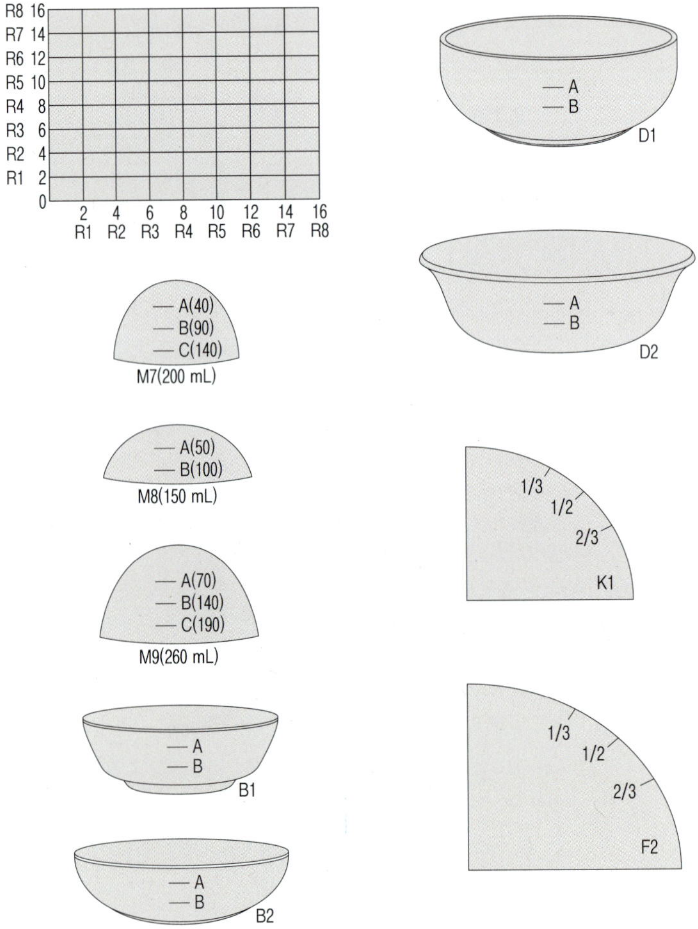

그림 3-3 이차원 모델의 예

출처 : 보건복지부. 국민건강영양조사 진행보고서. 2004

2) 식사기록법

식사기록법food record method은 식사일기라고도 부르는 식사섭취조사방법으로 조사 대상자가 조사 기간 동안 섭취한 모든 음식을 스스로 기록하는 방법이다. 식품명, 분량, 시간, 장소 등 음식을 섭취할 때마다 기록하기 때문에 회상법의 단점인 기억의 오류 문제를 해소할 수 있다.

식사기록법은 24시간 회상법과 마찬가지로 연속적인 날짜로 작성하기보다는 비연속적으로 날짜를 선택하는 것이 중요하며, 주중과 주말의 식품섭취량이 평일과 다를 수 있으므로 3일간 식사기록을 할 경우에는 주중 2일, 주말 1일과 같이 평일과 주말을 함께 포함하여 조사하는 것이 좋다. 즉 5일, 7일 등의 조사에서도 주중과 주말이 비례적으로 포함되도록 작성하는 것이 중요하다. 기간이 길어질수록 조사 대상자의 일상적인 식사를 반영하기는 더 유리하지만, 조사 대상자의 부담 증가로 인해 섭취한 식사내용을 간단하게 기록할 수 있어 식사 기록의 정확도가 떨어질 수 있으므로 대부분 3일 조사를 많이 시행한다.

(1) 조사방법

- 정해진 기간에 섭취한 모든 음식, 음료수를 기록한다. 이때 간식, 양념, 조미료, 알코올 음료, 캔디, 건강기능식품 등을 빠짐없이 기록해야 한다. 집에서 식사한 내용 외에 외식을 한 경우에도 섭취한 음식의 양과 구성 식품에 대한 기록을 하고 각 식품에 대한 목측량을 기록한다.

눈대중량 기록 예시

- 밥 : 잡곡밥 ½공기, 쌀밥 1공기
- 국 : 콩나물국 1대접, 소고기미역국 ½대접
- 고추장, 간장, 식초, 설탕, 잼 등 : 설탕 1큰술(T), 잼 2작은술(ts), 멸치 1큰술(T)
- 고기, 생선, 햄 등 : 갈치 2토막, 소고기 1쪽

  ※ 자를 이용하여 가로, 세로, 두께를 cm로 나타내면 정확도를 높일수 있음
- 채소류 : 고사리나물 1접시, 시금치나물 3젓가락, 샐러드 1컵

  ※ 접시, 컵 등의 크기를 표시하기도 함
- 과일류 : 수박 2쪽, 배 ⅛쪽

- 식사기록지 상단에는 식사일자를 반드시 기록하고, 섭취한 식품의 구성 외에 섭취한 장소, 시간도 함께 기록한다.
- 건강기능식품 등을 섭취하였다면 하루에 섭취한 양, 상표, 라벨에 나타나 있는 정보를 기록한다.
- 섭취한 음식을 기록할 때에는 조림, 무침, 튀김, 숙채 등의 조리방법도 기재하며, 음식을 구성하는 구성 식품들의 종류와 조리 상태도 함께 기록한다.
  예) 껍질을 벗긴 닭다리 조림, 기름에 볶은 가지나물 등
- 조리에 사용된 양념류, 소스 종류, 향신료 등을 가능한 자세히 기록한다.
- 정확한 기록을 위해 가능한 식사 직후에 기록하는 것이 좋다.

(2) 식사기록법의 종류

식사기록법에는 눈대중으로 추정하여 기록하는 추정량 기록법estimated record, household measures과 모든 음식과 음료의 양을 저울로 실측하여 기록하는 실측량 기록법weighed record이 있다. 실제 대상자들이 일상에서 식사 기록을 하다보면 두 가지 방법을 혼용해서 사용하기도 한다.

① 눈대중을 이용한 추정량 기록방법

- 추정량 기록은 무게를 직접 측정하지 않는 방법으로 주로 눈대중으로 표현된다.
- 조리된 음식의 양, 조리과정, 섭취한 음식의 양, 구성 식품의 양, 음료의 양과 상품명 등을 계량기구를 포함한 부엌에서 쓰는 조리기구로 나타내어 기록한다.
  예) 밥 : $\frac{1}{2}$공기/ 국 : 1대접/ 고추장, 간장 : 1큰술(T)/ 잼, 소금 : 1작은술(ts)
- 고기, 생선, 햄, 김 등과 같은 음식은 조각이나 토막으로 표현하고 자를 이용하여 가로, 세로, 두께를 측정하여 기록한다.
- 채소는 1컵, 1접시 등을 이용하여 섭취한 양이 얼마인지 비율로 표현하는데 이때 컵이나 접시의 크기를 기록해 주는 것이 좋다. 또한, 과일을 조각으로 나타낼 때에는 1조각의 크기도 가능한 상세하게 기록한다.
- 추정량 기록법에 의한 식사기록법은 대상자가 직접 섭취한 식품의 종류와 양을 기

록하는 것으로, 우리나라의 경우 가정마다 쓰는 그릇의 크기가 일정하지 않고 계량 기구의 사용이 보편화되어 있지 않기 때문에 대상자가 기록한 것을 중량으로 환산할 때 오차가 클 수 있다. 이를 위해서 눈대중량에 대한 표준화된 자료가 필요하며, 눈대중량 표를 사용한 섭취분량을 산출한다.

② 무게를 직접 측정하는 실측량 기록방법

실측법food weighing method은 개인이 섭취한 1인 분량의 음식을 저울로 측정하여 기록하는 방법으로 측량법이라 부르기도 한다. 실제로 조사 대상자에게 제공된 음식량을 모두 측정한 뒤, 식사 후 남은 음식의 양을 재측정하여 섭취한 양을 계산한다. 실측법은 섭취한 음식의 양을 비교적 정확하게 측정할 수 있다는 큰 장점이 있으나, 조사 대상자의 훈련과 적극적인 협조가 요구되므로 많은 수의 사람을 대상으로 수행되는 섭취량 조사에 이용하는 것은 한계가 있다표 3-4.

표 3-4 실측법의 장단점

장점	• 상세한 자료 수집이 가능하다. • 섭취량에 대한 정확한 양의 측정이 가능하다.
단점	• 조사 대상자의 많은 협조가 요구된다. • 조사 시간과 경비가 많이 소요된다. • 측량 기록에 대한 부담으로 섭취량에 영향을 줄 수 있다.

특히 한식의 특성상 단일 재료로 조리되는 형태보다는 여러 가지 주재료와 부재료가 섞이는 복합음식이 많아 섭취한 음식에 들어간 식품의 양을 일일이 측정하는 것은 대상자에게 큰 부담을 줄 수 있다. 그러므로 조사 기간이 길어질 경우 대상자는 측량에 대한 부담으로 평소 식사하는 음식의 종류와 양을 의도적으로 변경할 위험이 있고, 외식을 할 경우에는 저울을 가지고 다니며 측정해야 하는 현실적 어려움이 있다. 실측량 기록법의 경우 가능하다면 조사자가 대상자의 섭취량을 직접 측정하고 기록하는 것도 좋으나, 이 경우 섭취내용의 변화를 가져올 수 있으므로 유의하여야 한다. 식품 실측방법은 그림 3-4와 같다.

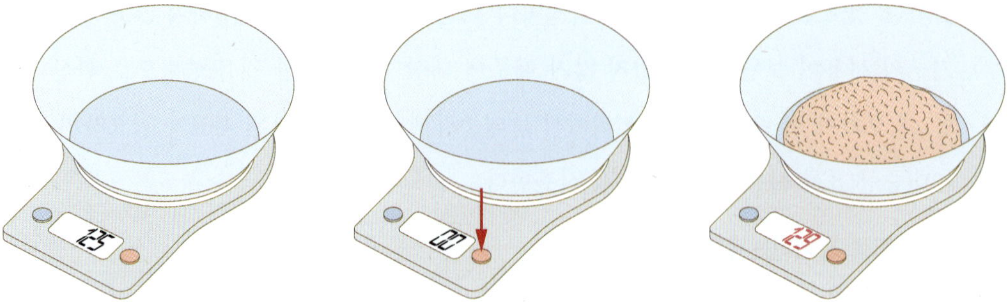

빈 그릇을 먼저 올린다. 0점을 맞춘다. 측량을 원하는 식품을 올리고 정확한 무게를 잰다.

그림 3-4 식품 실측방법

- 저울의 '0' 점을 맞춘 다음 재려고 하는 용기(접시 또는 컵 등)를 올리고 다시 '0' 점을 맞춘다.
  → 음식이나 음료를 용기에 놓은 다음 정확한 무게를 g 단위로 잰다.
  → 식후에 잔반이 있을 때는 식전 무게에서 뺀 다음 실제 섭취량만 기록한다.
- 실측량 기록법의 경우 가능하다면 조사자가 대상자의 섭취량을 직접 측정하고 기록하는 것이 좋다. 다만, 섭취내용의 변화를 가져올 수 있으므로 유의하도록 한다.

(2) 식사기록법의 장단점

식사기록법의 장단점을 요약하면 표 3-5와 같다.

표 3-5 식사기록법의 장단점

장점	• 비교적 상세하고 정확한 식사섭취 자료를 얻을 수 있다. • 회상법의 기억 오류에 대한 문제점 보완이 가능하다. • 개방형 조사로 다양한 문화적 차이를 반영할 수 있다. • 숙련된 조사원이 필요하지 않다.
단점	• 조사일수가 길어지면 대상자의 부담 가중으로 정확도가 감소할 수 있다. • 대상자의 협조와 일정 수준 이상의 교육 수준이 필요하다. • 대상자가 식사패턴을 일상 식사와 다르게 바꿀 가능성이 있다. • 조사한 내용을 입력하는 데 시간과 노동이 집약적이다.

3) 식품섭취빈도법

식품섭취빈도법food frequency questionnaire은 비교적 장기간의 일상식사섭취를 조사하는 것으로 얼마만큼, 얼마나 자주 해당 음식 또는 식품을 섭취하는가를 조사하는 방법이다. 보통 지난 1년간 주어진 식품이나 음식목록을 해당 분량만큼 얼마나 자주 섭취하였는지 기록할 수 있는 조사지를 이용한다.

24시간 회상법과 식사기록법을 사용하여 조사 대상자의 일상적인 식사에 관한 정보를 얻으려면 개인 내 변이로 인해 상당히 많은 일수의 자료가 필요하다. 식품섭취빈도법은 이러한 한계를 극복하기 위해 고안된 방법으로, 24시간 회상법과 식사기록법이 1일 이상의 식품섭취량 측정을 통해 현재 또는 근래의 영양소 섭취량을 판정한다면, 식품섭취빈도법은 과거 장기간에 걸쳐 평소의 식품이나 영양소 섭취 패턴을 추정하는 방법이다.

일상섭취량을 조사할 수 있다는 점에서 만성질환 위험요인을 파악하는 데 이용되고, 자가 기입이나 면접 둘 다 가능하면서 동시에 코딩의 자동화가 이루어질 수 있다는 점에서 대규모 역학연구에서 자주 이용된다. 그러나 식품섭취빈도법을 이용하여 조사한 섭취량이 실제와 비교하여 정확도가 떨어진다는 한계가 일부 연구에서 제기되고 있으므로 이러한 특성을 감안하여 활용하는 것을 권장한다.

(1) 조사방법

- 식품섭취빈도조사는 조사지를 사용하여 실시되며, 조사지에는 지역주민의 일반적 식품 섭취 패턴을 대표할 수 있는 일련의 식품목록과 섭취빈도 수가 제시되고, 1회 섭취분량이 표시되기도 한다.
- 일반적으로 조사 대상자가 설문지에 직접 기록하거나 조사자가 면담을 통해 기록하는데, 훈련된 조사자가 대상자와의 개별 면담으로 과거 회상을 도와주면서 기록하면 조사가 보다 정확해진다.
- 1회 섭취분량이 제시되는 경우 24시간 회상법처럼 식품 모델이나 사진, 크기 모델 등을 제시하여 섭취량 기억을 돕기도 한다.

(2) 식품섭취빈도 조사지의 구성

① 식품목록

- 식품섭취빈도법을 통해 대상 집단의 전반적인 영양소 섭취 양상을 파악하고자 하는 경우에는 70~130개 전후의 식품, 음식 또는 식품군이나 음식군으로 식품목록을 구성한다. 식품 가짓수가 너무 적으면 섭취 식품 조사나 영양소 섭취량 평가에 어려움이 생길 수 있고, 반대로 너무 많으면 조사 대상자에게 부담을 주거나 섭취량이 과대평가될 수 있다.
- 반면, 특정 영양성분 또는 특정 식품군의 섭취 양상에 국한하여 조사를 수행하고자 하는 경우에는 대개 20~30개의 식품·음식 목록으로 구성한다.
- 필요에 따라 더욱 정확한 식품 섭취 상태를 파악하기 위해서는 영양보충제의 복용 여부, 조리 시 사용하는 기름의 종류, 주로 마시는 우유의 종류(일반, 저지방, 무지방 등) 등을 상세하게 식품목록에 포함하기도 한다.

② 섭취빈도

- 섭취빈도는 보통 하루, 일주일, 한 달 또는 일 년에 몇 번 섭취하는지를 조사한다. 개인의 식습관은 대개 1년을 주기로 크게 변하지 않는 경우가 많기 때문에 지난 1년 동안의 섭취빈도를 설문한다.
- 섭취빈도는 보통 5~10단계로 나누며, 단계를 나눌 때는 중복되거나 빠지는 범위가 없도록 하는 것이 중요하다. 대체로 섭취빈도가 일주일에 한 번 미만인 식품은 영양소 섭취에 큰 영향을 미치지 않기 때문에 섭취빈도가 높은 쪽을 더 상세하게 분류하는 것이 바람직하다.

③ 1회 섭취분량

- 식품섭취빈도법으로 식사 조사 시에 그 목적에 따라 식품의 1회 섭취분량을 제시하지 않고 빈도만 조사하는 경우도 있고, 영양소 섭취량을 계산하기 위해 식품별로 1회 섭취량을 제시하거나 섭취분량을 세분화하여 제시하기도 한다.
- 식품섭취빈도 조사법은 개개의 식품의 1회 섭취량을 제시 방법에 따라 크게 세 가

지로 분류하는데 단순 식품섭취빈도법simple food frequency questionnaire, 반정량 식품섭취빈도법semi-quantitative food frequency questionnaire, 정량 식품섭취빈도법quantitative food frequency questionnaire이다표 3-6.

표 3-6 식품섭취빈도 조사법의 종류

단순 식품섭취빈도법(simple food frequency questionnaire)

식품명	섭취빈도								
	거의 안 먹음	월		주			일		
		1회	2~3회	1~2회	3~4회	5~6회	1회	2회	3회
쌀밥									
보리밥									

반정량 식품섭취빈도법(semi-quantitative food frequency questionnaire)

식품명	1회 분량	섭취빈도								
		거의 안 먹음	월		주			일		
			1회	2~3회	1~2회	3~4회	5~6회	1회	2회	3회
쌀밥	1공기(210 g)									
보리밥	1공기(210 g)									

정량 식품섭취빈도법(quantitative food frequency questionnaire)

섭취빈도(회) / 음식명	섭취빈도									1회 평균섭취량
	거의 안 먹음	월		주			일			
		1회	2~3회	1~2회	3~4회	5~6회	1회	2회	3회	
1. 쌀밥	①	②	③	④	⑤	⑥	⑦	⑧	⑨	1공기(300 mL, B1T) ① 1/2 ② 1 ③ 11/2 ④ 2
2. 보리밥	①	②	③	④	⑤	⑥	⑦	⑧	⑨	1공기(300 mL, B1T) ① 1/2 ② 1 ③ 11/2 ④ 2

개발된 식품섭취빈도 조사지는 타당성과 신뢰도를 평가하여 사용하는 것이 바람직하다. 식품섭취빈도 조사지의 신뢰도와 타당도 평가방법은 표 3-7과 같다.

표 3-7 식품섭취빈도 조사지의 신뢰도와 타당도 평가 방법

평가 기준	용어 개념	평가 방법
신뢰도	• 동일한 대상자에게 조사를 반복적으로 수행하였을 때, 각각의 결과가 일치하는 정도	• 식품섭취빈도조사를 수행하고 일정 기간이 경과한 후에 같은 대상자에게 반복하여 조사를 하였을 때, 두 차례의 결과를 비교하여 평가할 수 있다.
타당도	• 측정하고자 하는 것을 얼마나 정확하게 측정하였는지에 대한 정도	• 본래 gold standard로 측정한 결과와 비교하는 것이 옳으나, 식이 조사의 특성상 완벽한 gold standard를 정하기엔 어려움이 있다. • 일반적으로 여러 날에 걸쳐 수집된 식사기록 자료 결과와의 상관 정도를 비교하여 타당도를 평가할 수 있다.

(3) 식품섭취빈도법의 장단점

식품섭취빈도법의 장단점을 요약하면 표 3-8과 같다.

표 3-8 식품섭취빈도법의 장단점

장점	• 조사 대상자에게 부담이 적으며, 스스로 기록이 가능하다. • 만성질환과 식사와의 관련성을 파악하기 위한 대규모 역학연구에 유용하다. • 조사 대상자의 일상식사 패턴 파악이 가능하다. • 컴퓨터를 이용한 데이터 처리가 용이하다. • 빠른 시간에 큰 인구 집단에 대해 저렴한 비용으로 조사가 가능하다.
단점	• 24시간 회상법에 비해 섭취량 측정이 정확하지 않을 수 있다. • 대상자의 특성을 반영한 신뢰도와 타당도가 입증된 조사지가 필요하다. • 식품목록에 따라 조사 결과가 과대 혹은 과소 평가될 가능성이 있다. • 대상자의 회상에 의존하므로 측정오차가 발생할 수 있다.

4) 식사력 조사법

식사력 조사법diet history method은 다른 식사 섭취방법을 포함한 광범위한 조사를 통해 개인의 지난 1개월 또는 1년 등 장기간에 대한 식사섭취상태를 파악하는 방법이다. 특정한 하루의 식사 섭취를 조사하는 것이 아니라 오랜 기간 동안의 식습관을 조사하기 때문에 타 조사방법에 비해 면접시간이 긴 특징이 있다. 식사력 조사법은 훈련된 조사원과 기억력에 문제가 없는 조사 대상자가 필요 요소이므로 집단보다는 개인의 식사 패턴을

조사하기 위해 더 적합한 방법이라 할 수 있다.

식사력 조사를 위해 다양한 조사방법을 단계적으로 사용하고 있다. 첫 번째로 24시간 회상법을 이용하여 식품 섭취량과 식습관에 대한 정보를 수집하고, 두 번째로 식품섭취빈도조사법을 이용하여 식품목록에 있는 특정 식품의 섭취빈도와 양을 조사하여 24시간 회상법과 비교하여 확인한다. 최근에는 결식빈도, 외식빈도, 건강기능식품 섭취 여부 등의 식행동에 대한 조사도 함께 수행하고 있는 추세이다.

이 방법은 장기간의 식사섭취량을 측정할 수 있다는 큰 장점을 가지고 있으나, 개인의 기억력에 의존해야 하며, 조사원의 숙련도 등에 따른 오차가 발생할 수 있다는 한계가 있다표 3-9.

표 3-9 식사력 조사법의 장단점

장점	• 다른 식사섭취조사 방법에 비해 장기간의 평소 섭취량을 조사할 수 있다. • 상세한 자료 수집이 가능하므로 모든 영양소에 대한 자료를 조사할 수 있다. • 생화학적 측정치와 상관성이 높다. • 만성질환과 과거 식습관의 관련성 조사에 활용할 수 있다.
단점	• 보통 1~2시간의 면접으로 조사시간이 길고 경비가 많이 든다. • 조사 대상자의 기억력과 협조 요구도가 높다. • 능숙한 조사원이 필요하다. • 조사된 자료의 정리와 분석이 까다롭다.

5) 직접분석법

직접분석법direct chemical analysis은 조사 대상자가 하루 동안 섭취한 모든 음식과 음료를 동일한 분량으로 수거하여 영양소별 함량을 분석하는 방법으로 동량분석법이라 부르기도 한다. 직접분석법은 영양소 필요량에 관한 대사실험을 실시하거나 식품성분표에 누락되어 있는 특정 미량 영양소의 섭취와 영양상태 또는 질병 발생 간 관계를 연구하고자 할 때 주로 사용된다. 식품성분표에 제시되지 않은 영양소의 경우에도 직접분석법을 통해 섭취량 파악이 가능하며, 섭취한 식사의 영양소 함량을 가장 정확하게 파악할 수 있다. 그러나 영양소 함량 분석을 위한 시설, 장비, 기술, 시간 등이 요구되어 비용과 시간이 많이 들고, 동일한 음식을 수거하기 때문에 조사 대상자가 이에 대한 부담으로 평소 식습관과 다른 형태의 식사를 선택하는 오차가 발생할 수 있다표 3-10.

표 3-10 직접분석법의 장단점

장점	• 정확한 결과 수집이 가능하다. • 식품성분표에 제시되지 않은 영양소의 경우에도 섭취량을 알 수 있다.
단점	• 조사 대상자에게 부담을 주어 식습관을 변화시킬 우려가 있다. • 기술, 장비, 시간, 경비가 많이 든다.

3. 집단의 식품소비조사

집단을 대상으로 하는 식사섭취조사 방법으로는 국가 단위의 조사인 식품수급표food balance sheet와 가구 단위 조사인 식품계정조사food account method, 식품재고조사food inventory method 등이 있으며, 이러한 방법들은 집단의 식품소비 추이를 파악하는 데 유용하다. 특정 지역 내 영양취약집단을 조사하기 위해 사용할 수 있고, 어떤 지역 내에서 특정 질병 유병률이 높은 경우에 그 질병과 식사 섭취와의 관련성을 조사하고자 할 때도 도움을 줄 수 있다.

국가적으로는 식사섭취조사 결과를 영양정책의 근거로 활용할 수 있으므로 적절한 대상자 표본을 선택하고 명확하게 조사할 필요가 있다. 그러므로 조사방법을 표준화하여 신뢰도와 타당도를 높이고, 조사계획을 철저히 세워 효율적인 비용으로 조사를 수행하는 것이 중요하다.

최근 고령화와 출산율 감소, 1인 가구의 증가 등의 변화로 인해 가구 단위로 조사하는 식사섭취조사 방법은 과거에 비하여 활용이 감소하고 있는 추세이다.

1) 식품수급표

식품수급표food balance sheet는 국가 단위에서 식품소비를 평가하기 위해 사용하는 방법으로 국가별 소비실태를 비교하기 위해 가장 많이 사용된다. 식량농업기구Food and Agriculture Organization, FAO에서 권장하는 방식으로 매년 200여 국가에서 식품수급표를 작성하고 있다표 3-12.

식품수급표를 통해 연도별로 국가별 식품 수급 현황을 한 눈에 비교할 수 있으며, 식품 수급량을 인구 수로 나누어 국민 1인당 식품공급량, 식품섭취에너지량 등을 계산할 수 있다. 이러한 데이터를 통해 시대별 식품 공급 변화를 관찰하거나 국가별, 지역별 식품 유용도를 비교할 수 있고, 특히 영양역학 분야에서는 국가 간 질병유형과 식품소비 양상을 비교하여 질병과 식품 간 관련성을 규명하는 데 활용할 수도 있다.

그러나 식품수급표에 표시된 1인 1일당 공급량이 실제로 국민 1인당 식품섭취량을 의미하는 것은 아니다. 이는 식품공급량에 대한 조사 결과로서 조리, 취사, 잔반 등의 과정에서 발생하는 감량을 고려하지 않았기 때문이다. 그러므로 식량 수급정책에 관한 기초 자료로는 적합하지만, 영양상태를 판단하는 자료로는 적합하지 않다. 그렇지만 국민건강영양조사를 실시하지 못하는 국가에서는 식품소비와 질병 발생 및 사망률 등과 연계하여 국가 정책 기초자료로 활용하고 있다.

우리나라에서는 1962년부터 식품수급표를 작성하고 있으며, 현재는 한국농촌경제연구원에서 본 업무를 수행하고 조사기간은 매년 1월 1일부터 12월 31일까지이다. 조사 기간 동안 국민 1인 1일당 식품공급량을 기반으로 1인 1일당 에너지, 단백질, 지방질, 무기질 및 비타민 등의 영양공급량을 산출한다.

우리나라 국민이 일반적으로 식용하는 모든 식품을 대상으로, 생산 및 공급량에 관한 자료가 극히 부족하거나 국민영양 공급에 기여도가 매우 낮은 일부 품목은 제외한다.

조사대상 품목별로 생산량, 이입량, 수입량, 이월량, 수출량, 사료용, 종자용, 가공용 중 식용, 비식용(공업용), 감모량 등을 조사하여 식용 공급량을 구한다. 해당 자료는 농림부, 산림청 등의 기관에서 작성된 공식자료를 취합하여 이용한다표 3-11.

표 3-11 식품수급표의 산출과정 및 관련 용어

식품공급량 산출과정		총공급량 = 생산량 + 이입량 + 수입량 식용공급량 = 총공급량 - (이월량 + 수출량 +사료용 + 종자용 + 감모량 + 식용 가공용 + 비식용 가공용) 1인 1년당 식품공급량 = 식용공급량 / 조사연도의 연중 인구 1인 1일당 식품공급량 = 1인 1년당 식품공급량/365일
관련 용어	생산량	조사연도 1월 1일부터 12월 31일 사이의 국내 생산량 단, 미곡과 고구마 등 추곡은 전년도 생산량을 적용 이입량 전년도 재고량으로서 조사연도로 이월되어 넘어온 양
	수입량	당해연도에 외국에서 수입한 총량 단, 일반수입과 원조 형식의 수입은 포함하나 밀 수입분은 제외함
	총공급량	생산량 + 수입량 + 이입량
	이월량	조사연도 말 재고량. 즉, 조사연도에서 다음해로 이월된 양
	수출량	당해연도 외국으로 수출된 양. 일반 유한수출과 무한수출을 포함함
	사료용	당해연도 총공급량에서 사료용으로 공급된 양
	종자용	당해연도 총공급량에서 종자용으로 공급된 양
	감모량	총공급량에서 생산으로부터 조리과정에 이르기까지의 운반, 가공 및 유통 과정에서 손실된 양. 감모량 산출에 사용한 품목별 감모량은 후기함
	식용가공량	당해연도 총공급량에서 식용 가공량으로 공급된 양. 단, 주조용, 착유용(두류, 종실류) 및 분유·연유 제조용 등만을 계상하고, 기타의 식용 가공량은 식용공급량에 포함시킴
	비식용가공량	당해연도 총공급량에서 비식용인 공업용 등으로 공급된 양
	폐기율	식용공급량 중 통상 비가식 부분으로 폐기되는 양의 비율
	1인 1일당	영양공급량 1인 1일당 식품공급량에 식품별 영양성분가를 적용하여 산출한 양

식품수급표의 장단점을 요약하면 표 3-12와 같다.

표 3-12 식품수급표의 장단점

장점	• 국가 간 식품수급 현황 비교 시 유용하다. • 국가의 식품소비 추이 및 식품수급의 기초자료로 활용할 수 있다.
단점	• 실제 1인의 섭취량을 반영하지 못해 정확성이 떨어진다. • 국민 1인당 평균, 공급량에 대한 자료이므로 인구 집단에 다양한 특성은 반영되지 않는다.

표 3-13 2020년 식품수급표

식품명	생산	수입	이입	총 공급량	이월	수출	사료	종자	감모	가공용		식용 공급량	폐기율
										식용	비식용		
	1,000톤												%
1. 곡류	3,961.0	15,874.0	2,182.0	22,017.0	2,393.0	3.0	10,807.0	40.0	296.0	1,114.3	747.3	7,367.7	
밀	17.0	3,339.0	455.0	3,811.0	527.0	0.0	1,186.0	1.0	12.0	0.0	0.0	2,085.0	23.0
쌀	3,744.0	466.0	898.0	5,108.0	981.0	3.0	42.0	31.0	410.0	158.0	0.0	3,483.0	
보리	99.0	168.0	103.0	370.0	99.0	0.0	12.0	4.0	−19.0	209.0	0.0	65.0	
옥수수	76.0	11,641.0	717.0	12,434.0	777.0	0.0	9,527.0	0.0	−130.0	747.3	747.3	1,512.7	
기타	25.0	260.0	9.0	294.0	9.0	0.0	40.0	4.0	0.0	0.0	0.0	218.0	

출처 : 한국농촌경제연구원. 2020년 식품수급표. 2022

2) 가구 단위의 조사

(1) 식품계정조사

식품계정조사food account method는 가구(가정 또는 급식소) 단위에 유입되는 식품의 종류와 양을 파악하기 위한 방법으로 일정 기간(보통 7일) 동안 해당 가구에서 구입, 생산, 선물로 받은 모든 식품의 식품명, 식품량, 가격을 상세히 조사한다. 외식으로 섭취한 음식, 잔반, 상해서 폐기한 음식 등은 기록에서 제외되며, 식품계정조사가 수행되는 기간에는 가구의 평소 식습관이 변하지 않는다는 가정을 전제로 조사한다.

이 방법은 조사 대상자의 부담이 적어 응답률이 높고 조사 비용이 많이 들지 않으며, 대상자가 의도적으로 일상 식생활을 바꿀 우려가 없다는 장점이 있다. 그러나 식품의 잔반이나 폐기량에 대해 알 수가 없고, 가구 전체의 조사이기 때문에 구성원 개인의 식품섭취량을 파악할 수 없다는 단점을 가지고 있다.

(2) 식품재고조사

식품재고조사food inventory method는 가구(가정 또는 급식소) 단위에서 일정 기간(보통 7일) 동안 소비되는 식품의 종류와 양을 파악하기 위한 방법이다. 우선 조사 시작 전에 집 내부에 있는 모든 식품의 양을 조사하고, 조사 기간 동안 구매한 식품의 양을 더한다. 그런 다음 조사 기간의 마지막 날 집 내부에 남아 있는 식품의 양을 조사하면 조사 기간 동안 가구에서 소비된 식품의 양을 알 수 있다.

이때 식품의 폐기율은 일반적으로 10%를 적용하여 계산하는데, 잔반 등으로 폐기된 식품의 양을 모두 기록해 놓았을 경우에는 기록된 내용을 반영하여 더 정확한 소비량을 추정할 수 있다. 해당 가구에서 식사를 섭취하는 사람들의 수나 나이를 조사하여 조사 기간 동안 1인당 평균 식품소비량을 구하는 것도 가능하다.

이 방법은 가구 단위 조사방법 중 가장 정확하다는 장점이 있지만, 조사 대상자의 부담이 크기 때문에 반응률이 낮고 비용이 많이 든다는 단점이 있다.

국민건강영양조사에서는 1995년까지 가구 단위 조사로 식품재고조사 방법을 사용하였으나, 1998년부터는 개인별 식사섭취조사 방식으로 바뀌면서 식품섭취량은 24시간 회상법으로 조사하게 되었다.

4. 국민건강영양조사

국민건강영양조사Korea National Health and Nutrition Examination Survey, KNHANES는 국민건강증진법(1995)에 근거하여 정부의 주도하에 질병관리청(전 질병관리본부)에서 실시하는 전국 규모의 국가 조사 사업이다. 제1기(1998년)부터 제3기(2005)까지는 3년을 주기로 조사를 실시하였으나, 제4기(2007~2009)부터 전문조사원을 도입하여 매년 통계 생산이 가능한 연중 조사체계로 변경되어 현재는 제9기(2022~2024)가 수행중에 있다그림 3-5.

1) 조사 목적

국민건강영양조사의 목적은 국민의 건강수준, 건강행태, 식품 및 영양 섭취상태 현황과 추이 파악을 통해 국가 및 시도 단위의 신뢰성과 대표성을 갖춘 통계 자료를 산출하고 이를 통해 국민건강증진종합계획의 목표 설정 및 평가, 건강증진 프로그램 개발 등 보건정책의 기초자료로 활용하는 데 있다.

	제1기(1998)	제2기(2001)	제3기(2005)	제4기(2007-2009)	제5기(2010-2012)
주기	3년 국가통계	3년 국가통계	3년 국가통계	1년 국가통계	1년 국가통계
규모(검진기준)	200조사구 22-24가구/조사구	200조사구 22-24가구/조사구	200조사구 22-26가구/조사구	500조사구 23가구/조사구	576조사구 20가구/조사구
기간	11-12월	11-12월	4-6월	연중조사(연50주)	연중조사(연48주)
수행기관	한국보건사회연구원 한국보건산업진흥원	한국보건사회연구원 한국보건산업진흥원	질병관리청 한국보건사회연구원 한국보건산업진흥원	질병관리청	질병관리청

	제6기(2013-2015)	제7기(2016-2018)	제8기(2019-2021)	제9기(2022-2024)
주기	1년 국가통계	1년 국가통계	1년 국가통계	1년 국가통계
규모(검진기준)	576조사구 20가구/조사구	576조사구 23가구/조사구	576조사구 25가구/조사구	576조사구 25가구/조사구
기간	연중조사(연48주)	연중조사(연48주)	연중조사(연48주)	연중조사(연48주)
수행기관	질병관리청	질병관리청	질병관리청	질병관리청

그림 3-5 국민건강영양조사의 연혁

출처 : 질병관리청. 국민건강영양조사 홈페이지

국민건강영양조사의 세부목표는 다음과 같다.

① 국민건강증진종합계획의 목표 지표 설정 및 평가 근거자료 산출

② 흡연, 음주, 영양소 섭취, 신체활동 등 건강위험행태 모니터링

③ 주요 만성질환 유병률 및 관리현황(인지율, 치료율, 조절률 등) 모니터링

④ 질병 및 장애에 따른 삶의 질, 활동제한 의료 이용 현황 분석

⑤ 국가 간 비교 가능한 건강지표 산출

2) 조사표본 및 조사대상 가구

조사 대상자는 표본설계 시점에서 가장 최근의 '인구주택총조사' 자료를 활용하여 추출하며, 전국을 대표하는 확률표본이 될 수 있도록 순환표본조사 방식을 활용하여 조사가구를 추출한다. 매년 192개 조사구(3년 주기당 총 576개 조사구)에 거주하는 만 1세 이상 가구원 약 1만 명을 대상자로 선정한다그림 3-6.

구분	제9기(2022~2024) 국민건강영양조사 표본 설계 방법
조사방법	순환표본조사
표본 크기	총 576조사구, 14,400가구(연간 192조사구, 4,800가구)
추출틀	인구주택총조사(2019)
추출 단위	조사구 → 가구
층	시·도, 동·읍·면, 주택 유형, 내재적층(성별, 연령, 가구주 나이, 주거면적 등)

순환표본 :
매년 국가통계 생산, 다년도 자료누적 분석 가능

표본추출틀 선정
2019년 인구주택총조사 자료

↓

동·읍면 층화
17개 시도, 동/읍면, 일반/아파트 등 구분

↓

조사구 추출
'22년 192개, '23년 192개, '24년 192개

↓

조사가구 추출
조사구별 25개 가구

시도	제9기 2차년도(2022) 표본 조사구수						
	전체	일반			일반		
		소계	동	읍면	소계	동	읍면
전국	192	95	70	25	97	84	13
서울	35	20	20	–	15	15	–
부산	13	6	6	–	7	7	–
대구	9	4	4	–	5	4	1
인천	11	5	5	–	6	6	–
광주	6	2	2	–	4	4	–
대전	5	2	2	–	3	3	–
울산	4	2	2	–	2	2	–
세종	4	2	–	2	2	2	–
경기	45	20	16	4	25	22	3
강원	6	3	1	2	3	2	1
충북	6	3	1	2	3	2	1
충남	8	4	1	3	4	2	2
전북	7	4	2	2	3	2	1
전남	7	4	1	3	3	2	1
경북	10	6	3	3	4	3	1
경남	12	6	3	3	6	4	2
제주	4	2	1	1	2	2	–

그림 3-6 국민건강영양조사 표본 설계 방법

출처 : 질병관리청. 제9기 1차년도(2022) 결과발표회 자료집. 2023

3) 조사항목

국민건강영양조사는 크게 검진조사, 건강설문조사, 영양조사로 구성되어 있으며, 각 조사별 세부 조사항목과 조사 대상자는 표 3-14와 같다.

검진조사 항목으로는 신체계측, 혈압 및 맥박 측정, 혈액 및 소변검사, 구강검사, 폐기능검사, 시력 및 굴절검사, 이비인후 검사, 가족력 등이며, 연령에 따라 검사항목의 차이가 있다.

표 3-14 제9기 1차년도(2022) 국민건강영양조사 조사항목 및 대상자

	구분		조사항목	조사 대상자
검진 조사	신체계측		신장, 체중	만1세 이상
			허리둘레	만6세 이상
			목둘레	만40세 이상
	혈압측정		맥박수, 수축기혈압, 이완기혈압	만6세 이상
	악력검사		악력(양손)	만10세 이상
	체성분검사		근육량, 체지방량, 체수분	만10세 이상
	혈액 검사	이상지질혈증	총콜레스테롤, 중성지방, HDL콜레스테롤, LDL콜레스테롤	만10세 이상
		당뇨병	공복혈당, 당화혈색소	
		신장기능	혈중요소질소, 크레아티닌	
		간기능 및 간염	B형간염표면항원, C형간염항체, AST, ALT	
		빈혈	헤모글로빈, 헤마토크리트	
		일반검사	적혈구수, 백혈구수	
		기타	요산, hs-CRP, 비타민D	
	소변 검사	일반검사	단백, 당, 잠혈, 유로빌리노겐, 케톤, 빌리루빈, 비중, 산도, 아질산염, 나트륨, 칼륨, 알부민, 코티닌, 크레아티닌	만10세 이상
	구강검사		치아상태, 치주상태, 보철물 상태, 임플란트 경험, 보철물 필요, 치아반점도, 구강검진 수진, 칫솔질 실천	만1세 이상
	시력검사		시력검사, 자동굴절검사	만60세 이상
	이비인후검사		순음청력검사	만12세 이상
			순음청력검사, 임피던스청력검사, 비디오두부충동검사, 편도크기*, 구개-혀 위치*, 음성검사*	만40세 이상
	가족력		고혈압, 고지혈증, 허혈성심질환(심근경색증, 협심증), 뇌졸중, 당뇨병, 암	만10세 이상
건강 설문 조사	가구조사		성, 연령, 결혼여부, 결혼상태, 가구원수, 세대유형, 기초생활수급여부, 주택유형, 주택소유여부, 가구소득, 건강보험 가입, 민간보험 가입	가구원 중 만 19세 이상 1인
	성인		이환, 손상, 건강검진, 신체활동, 수면건강, 정신건강, 여성건강, 경제활동	만19세 이상
			비만 및 체중조절, 음주, 안전의식, 정신건강, 흡연, 구강건강, 예방접종, 의료이용, 활동제한, 삶의 질, 수면건강, 교육	
	청소년		손상, 신체활동, 여성건강, 경제활동, 활동제한	만12세~18세
			비만 및 체중조절, 정신건강, 음주, 흡연, 예방접종, 의료이용, 구강건강, 수면건강, 교육	
	소아		손상, 여성건강	만1세~11세
			안전의식, 비만 및 체중조절, 예방접종, 구강건강, 교육	

표 3-14 (계속)

	구분	조사항목	조사 대상자
영양조사	식생활조사	• 끼니별 식사빈도 • 외식빈도 • 끼니별 동반식사 여부 및 동반대상 • 채소과일 섭취빈도 • 식이보충제 복용 경험 여부	만1세 이상
		• 영양교육 및 상담 수혜 여부 • 영양표시 인지 및 이용 여부, 영양표시 관심영양소, 영양표시 영향 여부	초등학생 이상
		• 모유 수유 여부, 수유 기간 • 조제분유 수유 여부, 수유 기간 • 이유보충식, 시판우유 섭취 시작 시기 • 영아기 영양제 복용 여부 및 복용 영양제 종류	만1-3세
	식품섭취조사	• 조사 2일 전 섭취 음식의 종류 및 섭취량(24시간 회상법)	만1세 이상
		• 조사 2일 전 가구에서 섭취한 음식에 대한 조리 내용	조리자
	식품안정성조사	• 가구별 식품안정성 확보 여부	식품구매자

출처 : 질병관리청. 국민건강영양조사 홈페이지

건강설문조사는 가구조사, 건강면접조사, 건강행태로 구성되어 있으며, 영양조사는 식생활조사, 식품안정성조사, 식품섭취조사로 구성되어 있다. 국민건강영양조사에서의 주된 식품섭취조사방법은 24시간 회상법이다. 건강설문조사와 영양조사 모두 조사 대상자 연령에 따라 조사하는 세부 항목들의 차이가 있다.

4) 영양조사 방법

국민건강영양조사 중 영양조사는 제8기(2021)까지는 이동식 조사차량 내에서 검진조사와 건강설문조사를 수행한 후, 1주일 뒤 영양조사팀이 직접 대상 가구를 방문하여 조사를 실시하는 방식이었다. 그러나 가구 방문 및 영양조사 별도 실시에 대한 대상자의 부담을 감소하고자 제9기(2022)부터는 이동식 조사차량에서 영양조사를 함께 수행하는 방식으로 개편되었다.

영양조사 중 식생활조사는 끼니별 식사빈도, 외식빈도, 끼니별 동반식사 여부 및 동반

대상, 채소·과일 섭취빈도, 식이보충제 복용 경험 여부 등을 만 1세 이상의 대상자 전체에게 설문의 형태로 조사한다. 초등학생 이상 대상자에게는 영양교육 및 상담 수혜 여부, 영양표시 인지 및 이용 여부, 영양표시 관심 영양소, 영양표시 영향 여부에 대해 추가적으로 설문을 실시하고 있으며, 만 1~3세의 대상자인 경우에는 모체(주양육자)를 통해 모유 수유 여부 및 수유기간, 조제 분유 수유 여부 및 수유 기간, 이유보충식, 시판우유 섭취 시작 시기, 영아기 영양제 복용 여부 및 복용 영양제 종류에 대해 설문을 실시한다.

식품섭취조사를 위해 사용되는 조사방법은 24시간 회상법으로 훈련된 조사원이 만 1세 이상의 대상자와 대면하여 조사 이틀 전에 하루 동안 섭취한 모든 종류의 음식 섭취량과 조리법에 대해 조사한다. 조리법 조사의 경우 주체적으로 조리를 하는 사람을 대상으로 추가적으로 수행된다. 식품섭취조사 시 대상자에게 이틀 전의 식사내용을 조사하는 이유는 검진조사로 인한 절식, 공복, 금주 등으로 인해 조사 전날의 식사가 평소 식사의 형태와는 다를 가능성이 높기 때문이다.

영양조사 시 만 19~64세 대상자에게 2012년부터 2016년까지 112개 음식항목으로 구성된 식품섭취빈도조사를 추가적으로 실시한 바 있으나, 제7기 2차년도인 2017년부터는 조사방법과 조사표 재검토를 위해 일시적으로 식품섭취빈도조사를 실시하지 않고 있다.

국민건강영양조사에서는 24시간 회상법 및 조리법 조사 시 분량 조사에 대한 정확도를 높이기 위해 그릇 및 음식 크기에 대한 2차원 모델집, 계량컵, 계량스푼, 자, 두께자 등의 보조도구를 활용하고 있다그림 3-2, 그림 3-3 참조.

식품안정성조사는 가구별 식품안정성 확보 여부를 알아보기 위한 한 가지 설문으로 구성되어 있다.

5. 식사섭취조사 수행 시 고려사항

개인이나 연구대상 집단의 영양상태를 파악하기 위해 조사를 수행할 때는 조사방법의 신뢰도, 타당도 및 식사섭취량의 변이와 측정오차의 관리에 대해서도 고려되어야 한다.

신뢰도와 타당도를 높이기 위해서는 조사내용, 일상적인 식사 섭취량의 반영과 편차의 정도에 대한 고려와 함께 측정오차의 발생을 최소화해야 한다.

1) 식사섭취량의 변이

식사섭취량은 동일한 사람 내에서도 수시로 변할 수 있으며 측정방법에 따라서도 차이가 발생하기 때문에 식사섭취량을 정확히 측정하는 데 어려움이 있다. 식사섭취량의 변이variation를 유발하는 요인에 따라 개인 간 변이inter-individual variation와 개인 내 변이 intra-individual variation 등으로 구분할 수 있다. 개인 간 변이는 한 집단 내에 속해 있는 사람들이라도 동일한 시기에 각 개인이 섭취하는 식사의 내용이나 섭취량에서 차이를 보일 수 있음을 의미한다. 한편 개인의 식사섭취조사에서 일일 또는 끼니마다 미세한 차이를 보이는 것은 개인 내 변이로, 이는 개인이 섭취하는 식품의 양, 종류, 계절, 심리적 상태 등 다양한 요인의 영향에 의해 발생한다그림 3-7.

집단의 평균 영양소 섭취량을 조사할 때 개인 간 변이를 줄이기 위한 방법으로는 표본수를 늘리는 방법이 있으며, 개인 내 변이를 줄이는 방법으로는 조사 일수를 늘리는 방법이 있다.

그림 3-7 식사섭취량 변이의 근원과 종류

2) 측정오차

측정오차는 크게 무작위 오차random error와 체계적 오차systemic error로 나눌 수 있다. 무작위 오차는 언제, 어디서, 누구에게나 발생할 수 있는 오차이며 측정횟수를 늘리면 오차의 크기를 줄일 수 있다. 반면 체계적 오차는 비만이 사람, 노인 등의 특정 대상자에서 발생하거나 특정 조사원에 의해 발생하는 오차로 측정 횟수를 늘리는 것만으로 개선되지 않는다. 만약 특정조사원에게서 체계적 오차가 발생하는 경우라면 조사 대상자의 배정을 무작위로 하면 오차 발생을 줄일 수 있다.

식품섭취조사 시 발생할 수 있는 오차는 여러 가지가 있다. 조사 대상자가 실제 섭취한 음식에 대한 편견으로 인해 사회적으로 바람직하다고 인식되는 음식을 더 많이 섭취한 것처럼 잘못된 응답을 하는 경우 또는 기억의 오류 등에 의해 발생하는 오차는 조사원의 훈련을 통해 오차를 줄일 수 있다. 또한 섭취분량의 대한 잘못된 추정으로 인해 발생하는 오차의 경우에는 분량 추정 조사 보조도구 등을 이용하거나 눈대중량 자료집을 이용하여 오차를 줄일 수 있다. 또한 조사 대상자가 영양 보충제, 건강보조식품, 음료 등과 같은 특정 식품의 섭취내용을 누락하여 보고하는 경우는 주로 회상법이나 기록법으로 섭취 식품을 조사할 때 주로 나타나며 이는 체계적인 오차를 유발할 수 있다. 1인 분량의 가정용 단위(예: 밥 1공기)를 그램으로 환산할 때 계산이 잘못되었거나, 섭취한 식품에 대한 식품성분표 코드를 기재할 때 실제 섭취한 식품이 아닌 다른 것을 적용함으로써 코딩과 계산상의 오류가 발생할 수 있다. 이는 조사한 자료를 두 사람 이상의 조사원이 각각 코딩하게 한 후 서로 입력한 데이터를 대조하여 오차를 줄일 수 있다표 3-15.

표 3-15 식품섭취조사에서 발생하는 오차의 원인

• 응답자 편견	• 조사자 편견
• 응답자의 기억력 정도	• 1인 분량의 부정확한 평가
• 보충제 사용	• 기울기 둔화현상
• 코딩과 계산상의 오류	

3) 신뢰도

신뢰도reliability는 같은 방법으로 반복하여 조사하였을 때 동일한 결과가 도출되는 정도로 재현성, 정밀도라고도 한다. 신뢰도는 섭취량 조사 시 사용한 방법, 모집단의 성격,

조사하고자 하는 영양소, 섭취량 측정기술, 개인 간 변이와 개인 내 변이 정도에 따라 달라질 수 있다.

식사섭취량 조사방법의 정밀도는 동일한 조사를 반복적으로 실시하여 파악이 가능하다. 이때 주의해야 할 점은 조사 시 두 번째 측정치가 첫 번째 조사 결과치의 영향을 받지 않도록 해야 하고, 시간 경과로 인한 식품 선택의 변화 및 계절의 영향을 최소화해야 한다는 점이다. 만약 반복 조사할 때 각각의 측정값이 유사하다면 사용하고자 하는 조사방법이 정확하다고 할 수 있다. 그러나 두 번의 조사에서 측정값의 차이가 크다고 하여 조사방법이 부정확하다고 단정할 수는 없다. 식사섭취량이 변화했을 가능성이 있고 환경적 요인이 조사에 미치는 영향을 완전히 배제할 수는 없기 때문이다.

신뢰도에 영향을 미치는 요인

조사방법의 신뢰도는 나이, 성별에 따라서 다르다

왜냐하면 에너지, 영양소 섭취량이 일반적으로 나이, 성별에 따라 다르기 때문이다. 영양소 섭취량을 영양소 밀도로 나타내면(예: g/1000kcal) 성별 차이가 없어지므로 개인 간 변이가 감소하나 개인 내 변이는 줄어들지 않는다.

신뢰도는 조사일수와 표본의 크기에 따라 다르다

개인은 매일매일의 식사내용이 다르기 때문에 하루 또는 이틀 간의 조사가 개인의 일상 섭취량을 제대로 반영하지 못하므로 정확한 정보를 얻기 위해서는 조사일수를 늘리는 것이 필요하다. 한편 집단의 평균 영양소 섭취량을 산출할 때는 표본의 수를 증가시킴으로써 좀 더 정확하게 판정할 수 있다. 그러나 실제 연구에서는 인력이나 예산, 시간 등이 한정되어 있으므로 연구의 목적에 따라 가장 효율적인 계획을 수립하여야 한다.

신뢰도는 조사 시기에 따라 다르다

요일에 따른 차이는 여성에게서 크며 모든 영양소가 주중과 주말 간에 차이가 있는 것은 아니다. 계절별 차이는 사회경제적 상태에 따라 다르며, 영양소 섭취량보다 식품항목의 영향이 크고, 산업화된 나라는 영향이 적다. 한편 비타민 A · C, 철 등은 어느 나라나 계절적 차이가 존재하므로 1년을 포함하는 계절별로 무작위하게 여러 날 선택하여 조사하면 정밀도를 높일 수 있다. 조사가 반복되면 응답자의 기록된 영양소 섭취량에 변화가 생길 수 있으므로 주중 무작위로 선택한 날에 조사를 실시하고 조사 순서를 기록하는 것이 필요하다.

만약 식사섭취량조사 방법으로 1회의 24시간 회상법을 통해 평균 섭취량을 평가하고자 한다면 대상자 수를 충분히 확보하여 정밀도를 높일 수 있다. 평균 섭취량 산출에 요구되는 표본수는 요구되는 정확성의 정도, 개인 간 변이에 따라 달라질 수 있다. 24시간 회상법을 여러 번 반복하여 섭취량을 조사하고자 하는 경우 개인 내 변이는 표본, 모집단의 특성에 따라 차이가 있으며, 영양소의 종류에 따라서도 상당한 차이가 있다.

4) 타당도

타당도validity는 실제로 조사하고자 하는 내용을 적절하게 측정하였는지를 나타내는 정도로, 조사 수행시 대상자의 환경, 문화, 조사자의 숙련도 등 다양한 요인의 영향을 받는다.

(1) 타당도 측정

어떤 식사섭취조사 방법의 타당도 검증은 조사 시 사용하고자 하는 방법을 이용하여 측정한 결과와 평상시 섭취량을 비교함으로써 가능하다. 그러나, 개인의 평상시 섭취량을 정확하게 측정하는 것은 현실적으로 불가능하기 때문에 절대 타당도 대신 상대 타당도를 측정한다. 상대 타당도는 이미 검증을 통해 타당성이 있다고 알려진 식사섭취조사 방법으로 측정한 결과와 새롭게 시도하고자 하는 조사방법의 측정치를 비교하여 차이를 검증하는 것이다.

상대적 타당도를 측정하려면 선택한 방법이 정확해야 하며, 두 가지 조사방법이 서로 독립적이어야 하고, 계절, 훈련, 보충제 사용, 요일의 영향을 배제하여야 한다.

24시간 회상법의 타당도 검증은 실측법과의 비교를 통해 단체급식에서 주로 실시하였는데 노인, 어린이의 경우는 섭취량을 과소평가하는 것으로 나타났다. 국내에서 수행된 연구에 따르면 병원급식을 섭취하는 집단을 대상으로 24시간 회상법의 타당도를 조사한 결과 실측법과의 상관성이 50세 이상군에서 더 낮게 보고된 바 있다. 식사력조사법의 타당도 검증은 7일의 식사기록법을 사용하여 조사하며, 식사기록법에 대한 타당도 검증은 대상자가 섭취량에 대해 기록한 결과를 조사자가 실측한 섭취량과 비교하여 측정한다. 섭취빈도조사법의 타당도는 식품에 대한 기호도를 조사하면서 측정할 수 있다.

(2) 생물학적 지표의 사용

식사섭취조사 방법의 타당도를 확인하는 또 다른 방법으로는 생물학적 지표biological markers를 사용하는 것이다. 생물학적 지표들은 조사 대상자의 기억의 오류, 편견 등으로 인한 오류와 무관하게 식사섭취조사 방법의 타당도를 검증할 수 있고 소변이나 대변 시료를 이용하여 측정한다는 장점이 있다. 그러나 영양 섭취가 충분한 대상자들의 경우 식사섭취 이외의 다른 요인들이 체조직의 영양소 함량에 영향을 미칠 수 있다는 한계가 있다.

일반적으로 잘 알려진 생물학적 지표로는 24시간 요의 질소 배설량, 나트륨 배설량, 지방조직의 지방산 함량 등이 있다. 24시간 요의 질소 배설량은 단백질 섭취량을 반영하는 지표로도 이용된다표 3-16. 그러나 질소배설량은 변화가 크기 때문에 24시간 요를 1회 수집하여 질소배설량을 측정하는 경우에는 많은 오차가 생길 수 있으므로 24시간 요를 반복적으로 수집하여 측정하도록 한다.

대변으로 배설되는 나트륨의 양은 매우 적어 소변 중 나트륨 배설량이 식사 중 나트륨 섭취량을 추정하는 데 유용한 지표가 된다. 조리된 음식이나 식탁에서 추가적으로 첨가하는 소금, 간장 소스 등을 조사하는 것은 매우 어렵기 때문에 소변의 나트륨 함량을 나트륨 섭취량으로 측정하기도 한다. 24시간 요 수집이 철저하게 수행되었을 때에만 생물학적 지표로서 의미를 갖게 된다. 한편, 육류 섭취량에 대해서는 24시간 요 중 3-methylhistidine 배설량을 생물학적 지표로 사용할 수 있다. 다만, 이 아미노산은 근육의 분해산물로서 요로 배설되는데, 육류 소비를 하지 않는 사람이라도 배설량에 있어서 개인 간에 큰 차이가 있다는 한계가 있다.

표 3-16 식사섭취량에 대한 생물학적 지표

항목	생물학적 지표
단백질 섭취량	24시간 요 질소함량
육류 섭취량	3-methylhistidine
나트륨	요 나트륨 배설량

5) 조사대상별 식사섭취조사 방법

(1) 어린이

어린이들의 식사섭취조사를 위해서는 일반적으로 24시간 회상법, 기록법, 섭취빈도법 등이 사용된다. 성인과 비교하여 어린이를 대상으로 식사섭취량을 조사하는 것은 훨씬 더 어렵기 때문에 성인과는 다른 여러 측면이 고려되어야 한다.

어린이의 경우 식사섭취량의 1일 변동 정도가 크고 식습관이 빨리 변하는 시기로, 나이가 어릴수록 기억력, 조사에 대한 호응도가 낮고 섭취량에 대한 개념이 부족하기 때문에 아이를 주로 돌보는 어머니나 할머니, 기관의 교사 등을 대상으로 정보를 수집하거나 조사자가 직접 관찰법으로 측정하여야 한다.

반면 학령기 아동의 경우에는 분별력이 생기고, 양적 개념에 익숙하며, 글씨를 읽을 수 있어 성인과 동일한 방법으로 식사섭취조사를 실시할 수 있다. 초등학생을 대상으로 24시간 회상법을 이용하여 조사하였을 때 식사섭취량을 정확하게 기억하는 정도는 고학년일수록 높으며, 부식보다는 주식에 대한 기억 회상이 더 좋은 것으로 나타난다.

특수한 경우로서 이유를 시작하지 않은 영아를 대상으로 모유 섭취량을 조사하기 위해서는 모유 섭취 전과 후의 체중증가량을 측정하는 방법이 대표적이다.

(2) 노인

노인을 대상으로 식사섭취를 조사할 때는 대상자들의 기억력이 고려되어야 한다. 만약 대상자들이 섭취한 음식의 종류와 양에 대한 회상 능력이 떨어질 경우에는 직접 관찰법이나 실측법을 사용하는 것이 더 적합하다. 그러나 기억력이나 청각 능력에 손상이 없는 노인의 경우에는 일반적으로 24시간 회상법을 사용한다. 노인을 대상으로 인터뷰를 할 때는 시간이 상대적으로 많이 소요되며, 젊은 사람에 비해 기억력이 떨어질 수 있음을 고려하여 기억을 보조할 수 있는 체크리스트를 준비하거나 배우자 혹은 가족 내 젊은 사람으로부터 도움을 받는 것이 좋다.

노년기는 다른 연령층에 비해 만성질환 보유율이 높기 때문에 식습관에 영향을 줄 수 있는 질환 및 약물 복용, 치료식 식단(저염식, 열량 조절식 등) 섭취 등이 있을 수 있음을 인지하고 식사섭취조사를 수행해야 한다. 또한 대상자의 치아상태, 건강보조식품 및 비타민의 섭취 여부와 섭취량 등도 고려해야 한다.

(3) 성별에 따른 차이

여성이 남성에 비해 상대적으로 음식에 대한 회상 능력이 높은 것으로 알려져 있다. 입원환자를 대상으로 병원급식에 대한 실측법과 24시간 회상법과의 상관관계를 남녀별로 비교해 본 결과 철분, 니아신, 비타민 A를 제외한 모든 영양소에서 여자가 높게 나타났다.

모든 상황에서 항상 최고의 조사법이라고 정해진 식사섭취조사 방법이 있는 것은 아니므로 대상자의 연령, 성별 등을 포함하여 주어진 조사 상황, 필요에 따라 적절한 방법의 선택 및 조정이 필요하다.

실습

실습 1. 24시간 회상법을 이용한 식사 섭취량 조사

24시간 회상법의 특성을 파악하고 식사 섭취 내용에 대한 자료를 정확하게 수집하는 방법을 익힌다.

방법 ① 섭취량을 조사할 대상자를 선정한다.

② 24시간 회상법을 사용하여 어제 하루 동안 섭취한 음식명과 섭취량을 조사한다.

③ 빠짐없이 기록하기 위해서는 아침 기상부터 저녁 취침까지 하루 일과를 물어보며 섭취했던 음식을 조사한다.

구분	시간	식사장소	음식명	섭취량
식전				
아침				
간식				
점심				
간식				
저녁				
간식				

실습 2. 식사섭취빈도조사법을 이용한 영양판정

식사섭취빈도조사법을 이용하여 평상시의 칼슘 영양상태를 판정한다.

방법 ① 칼슘섭취빈도조사 설문지를 이용하여 각 식품의 섭취빈도를 파악한다.

② 각 식품별 섭취빈도로부터 평소 자신의 칼슘 섭취 점수를 계산한다.

③ 어떤 식품의 섭취를 증가시키면 칼슘 섭취상태가 개선될지 알아본다.

칼슘섭취빈도 조사 양식

*아래의 각 식품을 얼마나 자주 드시는지 해당 란에 ○표 해주십시오.

식품명 \ 섭취빈도		매일 (주 5회 이상) 5점	자주 (주 3~4회) 3점	가끔 (주 1~2회) 2점	거의 안 먹음 (한 달에 1~3회) 1점	전혀 안 먹음 0점
1군	말린멸치 양미리 뱅어포 우유 치즈 고등어 두부 미역					
2군	초콜릿 곰국 무 콩조림 바나나 달걀 무청					
3군	고구마 시금치 상추 당근 딸기 건포도 사과					

칼슘점수 산출방법: 1군에 해당하는 식품에는 3점, 2군에 해당하는 식품에는 2점, 3군에 해당하는 식품에는 1점의 가중치를 부여하고 각 식품의 섭취빈도에 해당하는 점수(0~5점)을 각각 곱하여 총점을 산출한다.
60점 미만: 불량, 60~80점: 보통(개선 노력이 필요함), 80점 이상: 양호함

CHAPTER

4

식사섭취상태 평가

1. 영양소 섭취량으로의 전환
2. 영양소 섭취량의 평가
3. 식사의 질 평가

개인이나 집단의 영양소 섭취량을 평가하려면 먼저 Chapter 3에서 소개한 방법들을 이용하여 식사섭취조사를 실시하고, 그로부터 영양소 섭취량을 알아내야 한다. 대사 연구를 실시하거나 특정 영양소의 섭취량을 정확히 파악하고자 하는 경우에는 식사를 수거하여 영양소 함량을 직접 분석하지만, 이를 제외한 대부분의 조사에서는 식품영양성분 데이터베이스를 이용하게 된다. 식품영양성분 데이터베이스의 영양소 함량 비율을 적용하여 영양소 섭취량이 1일 단위로 계산되면 영양소 섭취기준과 비교하여 섭취수준의 적정 여부를 판정할 수 있다. 또한 식사 전반의 질을 평가하기 위해 식품 섭취, 식사지수, 식습관 및 식행동에 대한 조사와 평가를 수행할 수도 있다.

1. 영양소 섭취량으로의 전환

1) 식품영양성분 데이터베이스

식품영양성분 데이터베이스는 식품 100 g당 영양소 함량을 체계적으로 제시한 자료로, 기본적으로 에너지, 수분, 탄수화물, 지방, 단백질, 식이섬유, 비타민과 무기질 등 영양소의 함량과 필요에 따라서는 미량 비타민과 무기질, 아미노산, 지방산 등의 함량도 포함한다. 식품영양성분 데이터베이스는 주로 농촌진흥청에서 발간하는 국가표준식품성분표, 식품의약품안전처에서 구축한 식품영양성분 데이터베이스, 한국영양학회의 식품영양소함량 데이터베이스 등이 활용되고 있다. 식품영양성분 데이터베이스는 국민의 영양소 섭취량 측정, 식품 성분에 대한 질병지표 연구, 식품에 기인하는 오염물질에 대한 노출량 평가와 안전성 확보, 식품의 국가교역 관련 통계자료 산출, 식품 생산 및 소비 관련 국제 비교 등을 위해 활용된다.

(1) 농촌진흥청 국립농업과학원 국가표준식품성분표

농촌진흥청은 식품산업진흥법 제19조와 동법 시행령 제25조에 의거하여 『국가표준식품성분표』를 발간하고 있다. 농촌진흥청이 1970년에 처음으로 식품성분표를 발간한 뒤, 이후 1977년 제1개정판, 1981년 제2개정판에 이어 5년마다 개정판이 발간되었으며, 2016년 제9개정판, 2021년 제10개정판이 발간되었다. 국가표준식품성분표 제10개정판은 국가표준식품성분 DB 10.0을 기반으로 하며, 우리나라 국민들이 자주 섭취하는 식품과 성분의 실제 활용을 고려해 식품 1,228종, 영양성분 42종을 포함하고 있다. 국가표준식품성분 DB 10.0에 이어 2023년 5월 DB 10.1이 공개되었으며, 이는 식품 3,259점, 영양성분 130종의 정보를 포함하고 있다. 식품의 영양성분 함량은 가식부 100 g을 기준으로 제시하며, 폐기율은 식품의 구입상태를 기준으로 섭취하지 않는 부위인 껍질, 뼈, 씨앗 등을 분리하여 측정한 무게(100 g 기준)로 제시한다**그림 4-1**. 또한 농촌진흥청 국립농업과학원은 국가표준식품성분표를 검색할 수 있는 웹사이트를 구축하여 제공하고 있다**그림 4-2**.

곡류 및 그 제품 Cereals and Cereal products

가식부 100g 기준 per 100g edible portion

색인	식품명	에너지	수분	단백질	지방	회분	탄수화물	당류	총 식이섬유	칼슘	철	마그네슘	인	칼륨	나트륨	아연	구리	망간	셀레늄	몰리브덴	요오드	폐기율	출처
		kcal	g	g	g	g	g	g	g	mg	mg	mg	mg	mg	mg	mg	mg	mg	μg	μg	μg	%	
1	귀리, 겉귀리, 도정, 생것	380	11.5	11.40	7.35	2.00	67.71	0.32	-	80	2.93	103	308	458	0	1.90	0.102	3.883	0.56	138.17	0	0	농진청 ('16)
2	귀리, 쌀귀리, 도정, 생것	388	11.6	11.14	8.90	1.70	66.66	0.91	8.1	61	4.31	138	409	405	1	3.08	0.375	6.544	2.01	42.71	0	0	농진청 ('20)
3	귀리, 쌀귀리, 도정, 밥	218	50.7	6.51	5.36	0.95	36.54	0.42	-	34	2.46	78	228	212	1	1.71	0.206	3.642	1.06	20.25	0	0	농진청 ('20)
4	귀리, 오트밀	382	12.0	13.2	8.2	1.7	64.9	-	18.8	60	5.8	-	381	383	4	-	-	-	-	-	-	0	농진청 ('11)
5	기장, 찰기장, 도정, 생것	371	11.3	13.63	3.77	1.63	69.65	0.46	4.7	21	4.78	155	370	301	5	3.20	0.680	0.972	3.41	35.46	0.36	0	농진청 ('19)
6	메밀, 도정, 생것	363	13.1	13.64	3.38	2.04	67.84	0.30	6.3	21	2.78	244	453	444	1	3.09	0.541	1.469	3.16	37.62	1.07	0	농진청 ('14)
7	메밀, 도정, 가루	374	10.5	12.96	3.29	1.89	71.36	0.30	8.5	17	2.92	227	435	432	1	2.99	0.522	1.478	2.67	28.46	3.26	0	농진청 ('14)
8	메밀 국수, 생것	291	28.8	7.59	0.96	1.51	61.14	0	1.9	13	0.59	21	64	116	455	0.30	0.074	0.442	6.13	5.71	3.67	0	농진청 ('14)
9	메밀 국수, 생것, 삶은것	124	70.1	3.54	0.44	0.19	25.73	0	1.7	7	0.28	4	21	7	38	0.21	0.030	0.145	2.90	2.21	1.40	0	농진청 ('14)
10	메밀 국수, 말린것	372	8.3	13.58	1.27	2.44	74.41	2.77	4.6	28	2.54	83	173	198	707	1.64	0.360	1.388	7.03	21.38	0.95	0	농진청 ('14)

그림 4-1 농촌진흥청 국립농업과학원 국가표준식품성분표

자료: 농촌진흥청 국립농업과학원. 국가표준식품성분표 제10개정판. 2021

그림 4-2 농촌진흥청 국립농업과학원 국가표준식품성분표 검색 화면

자료: 농촌진흥청 국립농업과학원. 국가표준식품성분표 검색 웹사이트. https://koreanfood.rda.go.kr/kfi/fct/fctFoodSrch/list

(2) 식품의약품안전처 식품영양성분 데이터베이스

식품의약품안전처의 식품영양성분 데이터베이스는 다양한 기관에서 제공하고 있는 영양성분 자료를 체계적으로 통합한 형태의 데이터베이스로, 농축수산물뿐만 아니라 다수의 가공식품이나 음식의 식품영양성분 정보도 포함한다. 농촌진흥청 국가표준식품성분표의 식품영양성분 정보와 함께 식품의약품안전처에서 수집한 외식 영양성분, 가공식품 영양성분, 수입식품 영양성분 등의 정보를 제공하고 있다. 또한 식품의약품안전처의 식품영양성분 데이터베이스를 검색할 수 있는 웹사이트가 구축되어 있다**그림 4-3**.

그림 4-3 식품의약품안전처 식품영양성분 데이터베이스 검색 화면

자료: 식품의약품안전처. 식품영양성분 데이터베이스 검색 웹사이트. https://various.foodsafetykorea.go.kr/nutrient/

2) 식품영양성분 데이터베이스 분석치의 오차와 그 원인

식품영양성분 데이터베이스 분석치의 오차는 크게 세 가지 원인으로 발생하게 된다. 첫째, 식품을 생산·저장·가공하는 방법에 따라 식품의 영양소 함량이 달라져 식품영양성분 데이터베이스의 수치와 섭취한 식품의 영양소 함량 간 차이가 발생할 수 있다. 둘째, 섭취한 식품과 식품영양성분 데이터베이스의 식품을 바르게 연결하지 못하였거나 분석방법이 적절하지 못할 때, 또는 실제로 섭취한 식품을 식품영양성분 데이터베이스의 다른 것으로 대체함으로써 오차가 생기는 경우가 있다. 셋째, 유전 및 환경의 차이에 따라 식품의 영양소 함량이 다르기 때문에 오차가 발생할 수 있다. 이와 같이 오차를 발생시키는 원인들을 상세히 설명하면 다음과 같다.

① 식품영양성분 분석을 위한 식품시료의 수집체계가 부적절하였을 때 오차가 발생한다

식품영양성분 데이터베이스에 영양소 함량을 제시하기 위해 식품성분 분석을 하려면 대표성을 갖는 식품시료의 수집이 매우 중요하다. 식품의 영양소 함량은 계절, 지역 차이, 숙성 정도, 취급·저장 과정, 비료, 살충제 사용 등에 따라 차이가 날 수 있기 때문이다. 예를 들어 오렌지의 비타민 C 함량을 100 g 기준으로 비교했을 때 재배조건, 숙성 정도 등에 따라 20 mg 이상의 차이가 날 수 있다. 또한 과일, 채소의 부위별로 성분 함량에 차이가 있으므로 어느 특정 부위만을 시료로 사용한다면 측정 결과는 대표값이 될 수 없다. 무작위 표본을 취하고 시료를 균질화하면 이러한 오차는 최소화할 수 있다. 식품시료의 수집과정을 표준화하지 않은 경우에는 식품영양성분 데이터베이스의 분석치가 소비자들이 연중 보편적으로 섭취하는 식품의 평균치를 반영하지 못하게 된다. 한편 강화식품, 가공식품 등의 경우에는 체계적 오차가 발생할 우려가 있다. 예를 들어 비타민 C를 강화한 과일주스의 비타민 C 함량은 제조회사에 따라 큰 차이를 보일 수 있다. 이런 경우 제조회사명을 명시하면 체계적 오차는 감소한다.

② 분석방법이 상이할 때 오차가 발생한다

어떤 성분을 분석할 때 사용 가능한 분석방법이 한 가지만이라면 누구나 동일한 방법으로 분석하게 될 것이다. 그러나 만약 여러 가지 분석방법이 가능하다면 어떤 방법을 사용하였는가에 따라 결과에 차이가 생기게 된다. 따라서 식품영양성분 데이터베이스의 분석치를 제시할 때는 사용한 분석방법을 명시하는 것이 필수적이다. 예를 들어 식이섬유 함량을 분석할 때 어떤 방법을 사용하였느냐에 따라 분석치가 나타내는 의미는 상당한 차이가 있다.

③ 영양소의 환산계수를 잘못 적용하여 오차가 발생한다

각 식품의 탄수화물, 단백질, 지방의 에너지 환산계수를 잘못 적용하거나 질소 함량을 단백질로 환산할 때 계수를 잘못 적용하면 오차가 발생한다.

④ 용어 사용의 불일치로 인해 오차가 발생한다

용어가 통일되지 않아 오차가 발생하는 대표적인 예는 비타민이다. 특히 비타민 A, D, E의 경우 표기 단위가 혼용되면 오차가 발생한다. 비타민 D는 표기단위로 μg cholecalciferol과 IU를, 비타민 E는 표기 단위로 mg d-α-tocopherol equivalentd-α-TE와 IU를 사용함으로써 각각 오차가 발생할 수 있다. 니아신의 경우에도 표기 단위로 니아신 당량niacin equivalents과 mg 중에서 어느 것을 사용하였는지 확인해야 한다.

⑤ 섭취 식품에 대한 묘사가 잘못되어 오차가 발생한다

예를 들어 밥 200 g으로 조사된 것을 쌀 200 g이라고 한다면 그 차이는 매우 크다. 조사된 자료에 식품의 묘사가 부정확하여 섭취한 식품과 식품영양성분 데이터베이스의 식품을 적절히 대응시키기 어려운 경우가 있다. 따라서 이러한 오차를 줄이려면 식품의 일반적인 명칭뿐만 아니라 지역 방언, 여러 분류학적 이름도 기록에 포함시키고, 수집된 표본의 수, 수집 장소, 시기에 대한 설명을 기록하는 것이 좋다. 또한 제조업체에 따라 식품 첨가물, 불순물 수준이 다르므로 상품명을 포함시키는 것도 필요하다.

따라서 식품 섭취량을 영양소 섭취량으로 환산하는 과정에서 적용할 원칙은 다음과 같다.

- 섭취한 식품은 식품영양성분 데이터베이스의 식품항목, 식품코드를 확인하여 코드화한다.
- 섭취한 식품이 식품영양성분 데이터베이스에 없는 경우에는 유사 식품으로 대체하

거나, 관련 문헌을 찾아보거나, 식품 제조업체에 자료를 요청한다. 식품영양성분 함량에 대한 자료를 구할 수 없으나 사용빈도가 높은 식품은 직접 분석을 실시한다.

- 재료의 종류, 조리법이 다양한 음식의 영양성분을 산출하려면, 조리법에 근거하여 새로운 분석치를 계산하고 새로운 음식코드를 주어 영양소 환산에 이용한다.

식품영양성분 데이터베이스 분석치의 오차 유발 요인

- 부적절한 식품시료 수집체계
- 환산계수 적용의 불일치
- 식품에 대한 부적절한 묘사
- 식품 분석방법의 차이
- 용어 사용의 불일치

3) 음식레시피 데이터베이스

음식 섭취를 통한 식품 및 영양소 섭취량을 산출하기 위해서는 음식 섭취량을 재료식품별 섭취량으로 전환하고, 이것을 다시 영양소 섭취량으로 환산하는 절차가 필요하다. 이에 따라 음식레시피 데이터베이스는 음식 종류별로 음식 1인 분량에 들어 있는 영양소 함량을 분석할 수 있도록 각 음식의 레시피, 재료식품별 분량, 조리 후 변화량 등에 대한 자료를 체계적으로 정리해 놓은 자료이다. 우리나라 사람들의 식사는 대체로 여러 식품을 혼합하여 조리한 음식의 형태로 이루어지며, 같은 명칭의 음식이라도 첨가하는 식품 재료, 조리법 등이 다양하므로 영양소 섭취량을 정확히 파악하려면 음식레시피 데이터베이스를 잘 구축하는 것이 매우 중요하다.

음식의 레시피는 조리자, 지역, 계절, 경제적 요인 등 다양한 요인에 따라 달라질 수 있으므로 표준레시피나 대표레시피를 주로 사용한다. 표준레시피는 전문가들에 의해 개발된 음식별 레시피로, 조리원의 숙련도나 조리도구 및 설비에 따라 큰 영향을 받지 않고 비교적 균일하게 음식의 품질과 양이 산출될 수 있도록 조리 과정과 식재료 계량이 공식화된 레시피이다. 대표레시피는 우리나라 국민들을 대상으로 시행된 식사섭취조사 자료로부터 산정된 레시피이다. 식사섭취조사 자료로부터 음식별 1인 분량과 식재료량을 산출하여 대표레시피를 개발하며, 필요 시에는 실험조리를 통해 레시피의 수정 및 보완 작업을 실시한다.

음식레시피 데이터베이스는 다양한 목적에 따라 여러 기관에서 개발하여 활용하고 있다. 음식레시피 데이터베이스의 식품 재료는 보통 식품영양성분 데이터베이스의 식품 코드와 일치시켜 사용하도록 설계되어 있다. 질병관리청 국민건강영양조사의 자료 수집 및 분석을 위한 음식레시피 데이터베이스는 각 음식에 대하여 산업체 급식, 초등학교 급식, 중·고등학교 급식, 음식업소 음식, 가정식 등 기관별로 제공되는 별도의 음식레시피 데이터베이스를 갖추고 있다. 한국영양학회에서 개발한 영양평가용 프로그램인 'Computer Aided Nutritional analysis programCAN'에도 음식레시피 데이터베이스가 내재되어 있다.

4) 영양소 섭취량 분석 프로그램

오늘날 새롭게 생산되는 식품의 종류는 나날이 증가하고 있어 식사 섭취량을 영양소 섭취량으로 환산할 때 수작업으로 한다면 엄청나게 많은 시간과 노력을 필요로 한다. 따라서 영양소 섭취량의 계산 및 평가를 신속하게 할 수 있도록 고안된 소프트웨어들이 활발히 활용되고 있다. 영양소 섭취량 계산에 소프트웨어를 이용하기 위해서는 사람들이 섭취하는 각종 식품의 영양성분 함량에 관하여 가급적 많은 양의 신뢰성 있는 자료가 체계적으로 저장되어 있어야 한다. 영양소 섭취량 분석 프로그램에 저장되어 있는 식품영양성분 데이터베이스는 쉽게 수정·보완이 가능하므로 식품영양성분에 대한 새로운 분석 자료가 나오는 대로 최신화할 수 있을 뿐만 아니라, 새로운 식품이 상품화되어 식품 종류가 다양화되는 추세를 빠르게 반영할 수 있다. 분석 프로그램을 이용할 때는 데이터베이스에 저장된 정보의 출처, 데이터베이스가 제공하는 식품의 수, 분석할 수 있는 영양소의 종류 등이 조사자가 원하는 목적에 부합하는지를 고려해야 한다.

그동안 식사섭취조사 내용을 영양소 섭취량으로 환산할 때 많이 사용된 대표적인 분석 프로그램은 한국영양학회에서 개발한 영양평가용 프로그램 'CAN'이다. CAN은 식품영양성분 데이터베이스와 음식레시피 데이터베이스가 내재되어 있어 식사섭취조사 결과로부터 영양소 섭취량을 산출할 수 있으며, 한국인 영양소 섭취기준에 따라 영양판정을 할 수 있도록 설계되어 있다. CAN은 전문가용과 일반용으로 구분되며, 전문가용인 CAN-Pro는 영양연구에서 개인이나 집단의 영양상태를 판정하고 그 결과들을 통계 처리하는 데 활용되며, 일반용은 일반인들의 건강 향상을 위한 개인 영양관리 도구로서 활용된다. 2023년 9월 6.0 버전이 출시되었으며, 식품 4,574종, 음식 2,988종의 데이터베이스를 포함하고, 2020 한국인 영양소 섭취기준을 바탕으로 영양판정이 가능하다**그림 4-4**.

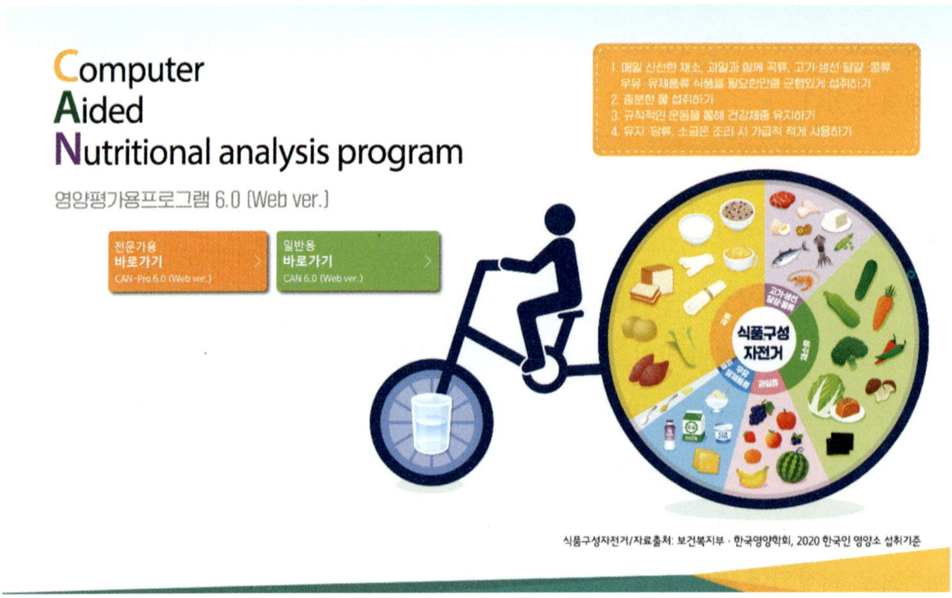

그림 4-4 한국영양학회 영양평가용 프로그램(CAN, 6.0 버전)
자료: 한국영양학회 홈페이지. 영양평가용 프로그램(CAN). 2023

그림 4-5는 CAN-Pro를 이용하여 영양소 섭취량을 환산하는 과정을 정리한 것이다. 사용자 개인의 이름, 성별, 나이, 신장, 체중, 활동 정도 등을 입력한 후 섭취한 음식을 입력하면 음식별, 끼니별 또는 하루 전체의 영양소 섭취량과 권장섭취량에 대한 섭취비율, 영양소별 식사군 기여율, 영양소별 동·식물성 급원 섭취율, 열량 영양소 구성 비율, 식품군별 섭취 횟수 등의 다양한 평가가 가능하다.

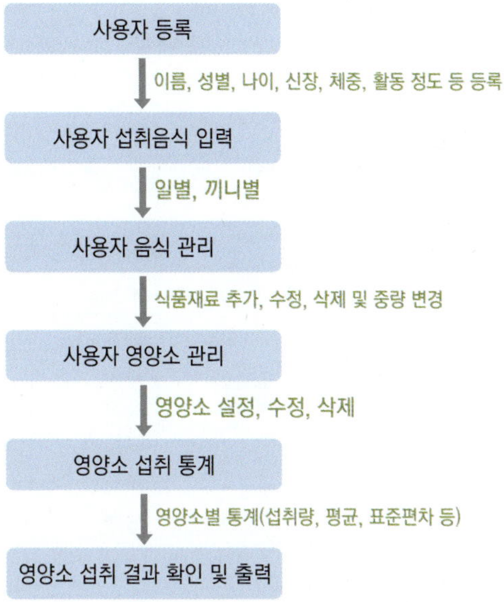

그림 4-5 CAN-Pro를 이용한 영양소 섭취량 산출 과정

그림 4-6은 CAN-Pro를 이용한 영양소 섭취량 출력 결과의 예이다.

그림 4-6 CAN-Pro를 이용한 영양소 섭취량 출력 화면의 예

자료: 한국영양학회 홈페이지. 영양평가용 프로그램(CAN). 2023

2. 영양소 섭취량의 평가

개인이나 집단의 식사 섭취량을 성공적으로 조사하여 영양소 섭취량 자료를 얻은 후에는 영양소 섭취량이 적정 수준인지의 여부에 대한 평가를 하는 것이 필요하다. 영양소 섭취 수준에 대한 평가는 영양소 섭취기준과 직접 비교하는 방법부터 영양밀도, 식사의 질을 평가하는 방법에 이르기까지 여러 가지 방법이 가능하다. 그러나 영양불량의 정도를 정확하게 진단하려면 영양소 섭취량 조사 결과를 생화학적 검사, 신체계측, 임상증상조사 결과들과 함께 검토하는 것이 바람직하다.

1) 한국인 영양소 섭취기준

(1) 개요

한국인 영양소 섭취기준Dietary Reference Intakes for Koreans, KDRIs은 건강한 개인 및 집단을 대상으로 하여 국민의 건강을 유지·증진하고 식사와 관련된 만성질환의 위험을 감소시켜 궁극적으로 국민의 건강수명을 향상시키기 위한 목적으로 설정된 에너지 및 영양소 섭취량 기준이다그림 4-7. 따라서 한국인 영양소 섭취기준은 에너지 및 영양소 섭취 부족으로 인해 생기는 결핍증 예방과 과잉 섭취로 인한 건강 문제 예방 및 만성질환 위험 감소를 위한 섭취기준을 포함하고 있다.

한국인 영양소 섭취기준에서는 안전하고 충분한 영양을 확보하는 기준치(평균필요량, 권장섭취량, 충분섭취량, 상한섭취량)와 식사와 관련된 만성질환 위험 감소를 고려한 기준치(에너지적정비율, 만성질환위험감소섭취량)를 제시한다. 2020 한국인 영양소 섭취기준은 에너지 및 다량영양소 12종, 비타민 13종, 무기질 15종, 총 40종의 영양소에 대한 섭취기준을 제시하고 있다표 4-1.

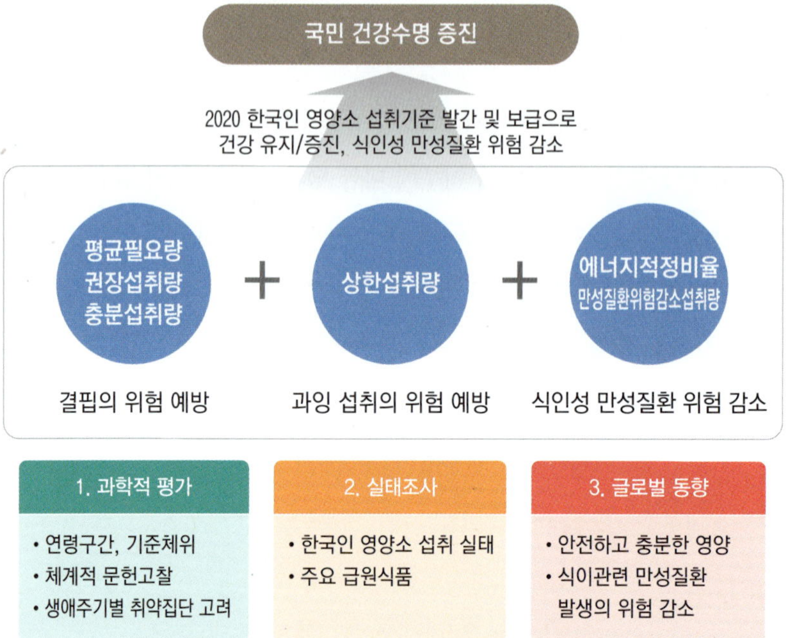

그림 4-7 2020 한국인 영양소 섭취기준

자료: 보건복지부, 한국영양학회. 2020 한국인 영양소 섭취기준 활용. 2022

표 4-1 2020 한국인 영양소 섭취기준 제·개정 대상 영양소 40종

에너지 및 다량영양소 (12종)	에너지, 탄수화물, 당류, 식이섬유, 단백질, 아미노산, 지방, 리놀레산, 알파-리놀렌산, EPA+DHA, 콜레스테롤, 수분
비타민(13종)	A, D, E, K, C, B_1, B_2, B_6, 니아신, 엽산, B_{12}, 판토텐산, 비오틴
무기질(15종)	Ca, P, Na, Cl, K, Mg, Fe, Zn, Cu, F, Mn, I, Se, Mo, Cr

자료: 보건복지부, 한국영양학회. 2020 한국인 영양소 섭취기준 활용. 2022

(2) 구성

이전의 영양권장량은 영양 섭취 부족이 주요 관심사였던 시기에 필수영양소 결핍의 예방을 목표로 제정되어 사용되었다. 따라서 영양권장량이란 대다수 건강한 사람의 생리적 영양필요량을 충족시킬 수 있다고 추정되는 필수영양소들의 1일 섭취량을 뜻한다. 에너지는 평균필요량을 권장량으로 하여 사용하였으며, 그 외의 영양소는 필요량에 표준편차의 2배수를 더하여 권장량을 결정하여 사용하였다. 따라서 에너지를 제외한 대부분의 영

양소는 전체 인구의 97.5%에 해당하는 구성원의 필요량을 충족하는 수준으로 권장량이 설정되었다.

그 이후 제시된 영양소 섭취기준은 현대사회에서 다양한 형태로 나타나고 있는 영양소 섭취와 건강의 관계를 포괄적으로 포함하는 개념이다. 최적의 건강 유지를 목표로 하기 위해서는 영양필요량 충족에만 초점을 맞추기보다는 만성질환이나 영양소 과잉 섭취에 대한 예방까지도 함께 고려하는 것이 바람직하다는 관점에서 제정되었다**그림 4-8**. 영양소 섭취기준은 한 영양소에 대하여 2~3가지 기준 수치가 제시되며**표 4-2**, 식생활의 내용을 보다 정밀하게 평가하고 식사계획에 적용할 수 있도록 제정되었으므로 내용을 충분히 이해하여 올바로 사용하는 것이 중요하다.

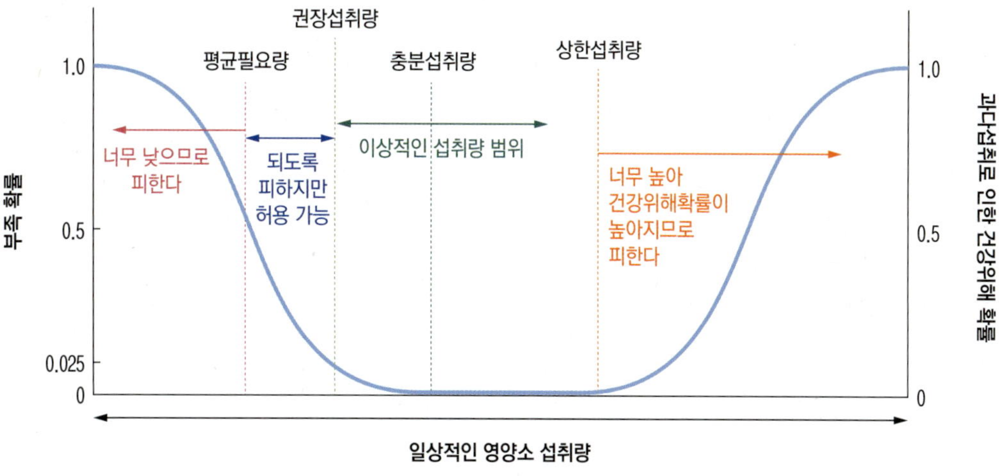

그림 4-8 한국인 영양소 섭취기준의 구성

자료: 보건복지부, 한국영양학회. 2020 한국인 영양소 섭취기준 활용. 2022

표 4-2 2020 한국인 영양소 섭취기준 제·개정 대상 영양소별 구성

영양소		영양소 섭취기준					
		평균필요량	권장섭취량	충분섭취량	상한섭취량	만성질환 위험감소를 고려한 섭취량	
						에너지적정 비율	만성질환위험 감소섭취량
에너지	에너지	○[1]					
다량 영양소	탄수화물	○	○			○	
	당류						○[3]
	식이섬유			○			
	단백질	○	○			○	
	아미노산	○	○				
	지방			○		○	
	리놀레산			○			
	알파-리놀렌산			○			
	EPA+DHA			○[2]			
	콜레스테롤						○[3]
	수분			○			
지용성 비타민	비타민 A	○	○		○		
	비타민 D			○	○		
	비타민 E			○	○		
	비타민 K			○			
수용성 비타민	비타민 C	○	○		○		
	티아민	○	○				
	리보플라빈	○	○				
	니아신	○	○		○		
	비타민 B_6	○	○		○		
	엽산	○	○		○		
	비타민 B_{12}	○	○				
	판토텐산			○			
	비오틴			○			
다량 무기질	칼슘	○	○		○		
	인	○	○		○		
	나트륨			○			○
	염소			○			
	칼륨			○			
	마그네슘	○	○		○		
미량 무기질	철	○	○		○		
	아연	○	○		○		
	구리	○	○		○		
	불소			○	○		
	망간			○	○		
	요오드	○	○		○		
	셀레늄	○	○		○		
	몰리브덴	○	○		○		
	크롬			○			

[1] 에너지필요추정량 [2] 0~5개월과 6~11개월 영아의 경우 DHA 단일성분으로 충분섭취량 설정 [3] 권고치

자료: 보건복지부, 한국영양학회. 2020 한국인 영양소 섭취기준 활용. 2022

① 평균필요량

평균필요량estimated average requirement, EAR은 영양소의 필요량에 대한 과학적 근거가 충분한 경우 설정이 가능하다. 평균필요량은 대상 집단을 구성하는 건강한 사람들의 설반에 해당하는 사람들의 1일 영양소 필요량을 충족시키는 값으로, 대상 집단의 필요량 분포치 중앙값으로부터 산출한 수치이다. 영양소 섭취 상태를 민감하게 반영할 수 있는 기능적 지표가 확립되어 있고, 영양상태의 적절성을 판정할 수 있는 영양소의 경우에만 평균필요량이 설정된다. 에너지의 경우, 개인의 에너지 필요량 측정이 제한적이어서 에너지 소비량을 통해 추정하므로 '에너지필요추정량estimated energy requirements, EER' 용어를 사용한다.

② 권장섭취량

권장섭취량recommended nutrient intake, RNI은 영양소의 필요량에 대한 과학적 근거가 충분한 경우 설정이 가능하다. 권장섭취량은 인구집단의 약 97~98%에 해당하는 사람들의 영양소 필요량을 충족시키는 섭취 수준을 나타내는 값으로, 평균필요량에 표준편차의 2배를 더하여 정한 값이다.

권장섭취량RNI = 평균필요량EAR + 표준편차의 2배2SD

③ 충분섭취량

충분섭취량adequate intake, AI은 영양소 필요량을 추정하기 위한 과학적 근거가 부족할 경우, 실험연구 또는 관찰연구에서 확인된 건강한 사람들의 영양소 섭취량 중앙값을 기준으로 설정한다. 대상 인구집단의 건강을 유지하는 데 충분한 양을 설정한 수치이다.

④ 상한섭취량

상한섭취량tolerable upper intake level, UL은 인체 건강에 해로운 영향이 나타날 위험이 없는 최대 영양소 섭취 수준이다. 과량 섭취하였을 때 건강에 유해하다는 자료가 있는 경우에 대다수 사람에게 건강상 유해영향의 위험을 나타내지 않을 섭취량을 상한섭취량으로 설정한다.

⑤ 만성질환위험감소섭취량

만성질환위험감소섭취량chronic disease risk reduction intake, CDRR은 건강한 인구집단에서 만성질환의 위험을 감소시킬 수 있는 영양소의 최저 수준의 섭취량을 의미한다. 영양소 섭취와 만성질환 간 인과적 연관성과 만성질환의 위험을 감소시킬 수 있는 구체적 섭취 범위를 고려하여 설정한다.

⑥ 에너지적정비율

에너지적정비율acceptable macronutrient distribution range, AMDR은 각 영양소를 통해 섭취하는 에너지 양이 전체 에너지 섭취량에서 차지하는 비율의 적정범위를 제시한 값이다. 에너지 공급 영양소(탄수화물, 단백질, 지방)에 대한 에너지 섭취비율과 건강 간 관련성에 대한 과학적 근거를 바탕으로 설정한다.

2) 영양소 섭취기준을 이용한 식사섭취상태 평가

영양소 섭취기준을 이용하여 식사를 평가하려면 영양소 섭취기준의 개념들을 제대로 이해하고 사용하는 것이 중요하다. 개인의 식사섭취상태를 평가하기 위해서는 개인이 일상적으로 섭취하는 영양소의 양을 파악하여야 한다. 그러나 개인의 영양소 필요량이나 개인이 평상시에 섭취하는 영양소의 양을 정확하게 파악하는 것은 매우 어려운 일이다. 따라서 영양소 섭취기준을 이용하여 개인의 식사섭취조사 결과를 평가할 때는 영양소 섭취기준의 절대적 수치를 근거로 개인의 영양소 섭취량을 정량적으로 판단하는 대신 식사의 적절/부적절 가능성 정도를 평가하는 것이 바람직하다. 집단의 식사를 평가하는 경우, 집단 구성원들의 섭취량이 영양소 필요량을 충족하는지 여부를 평가하여 부적절하게 섭취하는 사람들의 비율을 구해야 한다. 실제로 집단 내 모든 개인의 필요량이나 평소 섭취량을 파악하는 것이 불가능하므로 부적절하게 섭취하는 사람의 비율을 추정한다.

(1) 개인의 식사평가

개인의 식사섭취상태 평가에서는 평균필요량, 권장섭취량, 충분섭취량, 상한섭취량 등의 기준을 적용하여 적절 또는 부적절 수준에 도달할 위험 가능성이 얼마나 되는지 파악한다그림 4-9.

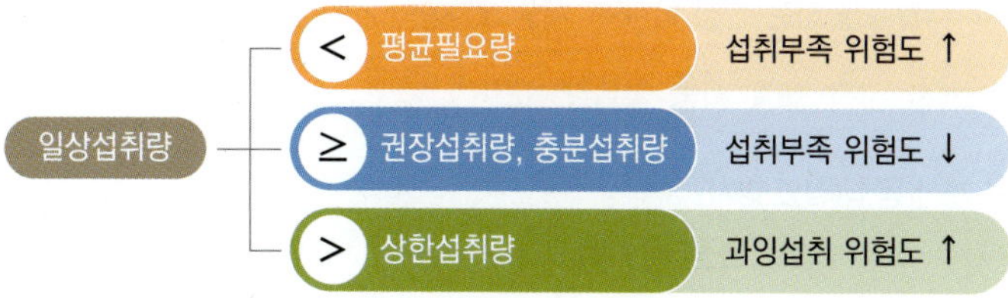

그림 4-9 영양소 섭취기준을 이용한 개인의 식사평가

자료: 보건복지부, 한국영양학회. 2020 한국인 영양소 섭취기준 활용. 2022

다음과 같은 단계를 통해서 개인의 식사평가를 할 수 있다.

① 특정 개인의 성별, 연령, 기준체위 확인 및 활동수준 점검

② 에너지 필요량 계산: 신장, 체중, 성별, 활동량 고려

③ 일상적인 영양소 섭취량을 산출한 후, 영양소 섭취기준에 따라 영양소 섭취량을 평가

④ 에너지 섭취량은 에너지필요추정량과 비교하여 평가하고, 다량영양소(탄수화물, 단백질, 지방) 섭취량은 에너지적정비율을 기준으로 평가

⑤ 식이섬유, 비타민, 무기질 섭취는 평균필요량, 권장섭취량, 충분섭취량, 상한섭취량을 이용하여 평가

개인의 식사평가 시 주의할 점

- 한국인 영양소 섭취기준은 건강한 사람의 평균적인 필요량을 상회하도록 책정되어 있기 때문에 각 개인 또는 환자에게 적용하여 영양상태를 판정할 때는 대상자의 상태 및 상황을 고려하여 적절히 활용해야 한다.
- 현재 한국인 영양소 섭취기준에서 제시된 영양소는 과학적 근거가 있는 것에 한하여 설정되어 있으며, 향후 영양소 섭취기준에 제시되어 있지 않은 영양소도 과학적 근거가 있는 새로운 연구 결과가 추가됨에 따라 섭취기준이 마련될 수 있다.
- 영양소 섭취기준이란 모든 사람이 동일하게 섭취해야 하는 양은 아니다.

개인의 영양소 섭취량 평가에 영양소 섭취기준을 사용한 예

① 특정 개인의 성별, 연령, 기준체위 확인 및 활동수준 점검

- 조사 대상자: 저활동을 하는 신장 161 cm, 체중 50 kg의 22세 여대생

② 에너지 필요량 계산: 신장, 체중, 성별, 활동량 고려

에너지 필요량 계산 공식(성인 여자)

354－6.91×연령(세)+PA[9.36×체중(kg)+726×신장(m)]

PA(신체활동계수): 1.0(비활동적), 1.12(저활동적), 1.27(활동적), 1.45(매우 활동적)

- 조사 대상자의 에너지 필요량 계산 : 약 2,000kcal

354－6.91×22(세)+1.12[9.36×50(kg)+726×1.61(m)] = 2,035.26 kcal

- 에너지필요추정량은 정상체중 범위에서의 에너지 소비량으로 대상자의 비만도를 계산하여 정상체중 여부를 확인해야 함. 이 여대생의 체질량지수는 19.3 kg/m^2이므로 정상체중에 해당됨

③ 일상적인 영양소 섭취량을 산출한 후, 영양소 섭취기준에 따라 영양소 섭취량을 평가

- 조사 대상자의 영양소 섭취량 결과:

	섭취량	평균필요량	권장섭취량	충분섭취량	상한섭취량
에너지(kcal)	1,835				
지방(g)	58.6				
단백질(g)	63.0	45	55	-	-
식이섬유(g)	24.9			20	
비타민 A(㎍ RAE)	546	460	650	-	3,000
티아민(mg)	1.0	0.9	1.1	-	-
리보플라빈(mg)	0.9	1.0	1.2	-	-
비타민 C(mg)	2,148	75	100	-	2,000
엽산(㎍)	172.8	320	400	-	1,000
칼슘(mg)	362.3	550	700	-	2,500
철(mg)	10.3	11	14	-	45
나트륨(mg)	4,100	-	-	1,500	2,300 (만성질환위험 감소섭취량)

④ 에너지 및 다량영양소(탄수화물, 단백질, 지방) 섭취 평가

- 조사 대상자의 경우 하루 에너지필요추정량이 2,035 kcal로 에너지를 약 200 kcal 정도 적게 섭취하고 있음
- 2020 한국인 영양소 섭취기준에 의하면 총 에너지 중 탄수화물의 비율은 55~65%, 단백질의 비율은 7~20%, 지방의 비율은 15~30%가 되도록 권장함. 이와 비교하였을 때, 지방(28.7%)과 단백질(13.7%)의 에너지 섭취비율이 모두 적정 범위 안에 포함됨

⑤ 식이섬유, 비타민, 무기질 섭취 평가

- 식이섬유: 충분섭취량 이상 섭취하였음. 현재의 섭취량을 유지할 것을 권장함
- 리보플라빈, 엽산, 칼슘, 철: 평균필요량보다 낮게 섭취하였음. 부족할 확률이 높으므로 권장섭취량 수준으로 섭취를 증가시킬 필요가 있음
- 비타민 A, 티아민: 평균필요량 보다 높으나 권장섭취량 미만으로 섭취하였음. 권장섭취량 수준으로 섭취를 증가시킬 필요가 있음
- 비타민 C: 상한섭취량을 초과하여 섭취하였음. 과잉 섭취가 우려됨
- 나트륨: 충분섭취량 및 만성질환위험감소섭취량을 초과하여 섭취하였음. 건강 유지 및 만성질환 위험 감소를 위하여 섭취량을 줄일 필요가 있음

(2) 집단의 식사평가

집단의 식사평가에서는 평균필요량, 상한섭취량이 주로 활용되며, 권장섭취량은 집단의 식사평가에 사용하지 않는다. 평균필요량은 집단 내에서 부족하게 섭취하는 비율을 확인하는 데 활용하며, 상한섭취량은 집단 내에서 과잉으로 섭취하는 비율을 확인하는 데 활용한다그림 4-10.

집단의 식사섭취상태 평가에서 부적절하게 섭취하는 사람의 비율을 추정하기 위해서 확률적 접근법과 컷포인트cut-point 방법을 사용한다표 4-3. 확률적 접근법은 영양소 필요

그림 4-10 영양소 섭취기준을 이용한 집단의 식사평가

자료: 보건복지부, 한국영양학회. 2020 한국인 영양소 섭취기준 활용. 2022

량의 분포와 정규성에 대한 확인이 필요하므로 집단의 식사평가에서 활용하는 것이 쉽지 않다. 컷포인트 방법은 영양소 필요량의 중앙값을 활용하여 평가하며, 이때 평균필요량 미만으로 섭취하는 대상자의 비율을 추정한다.

표 4-3 집단 내 부적절한 영양소 섭취인구 비율을 추정하는 방법

종류	방법
확률적 접근법	• 영양소 필요량과 섭취량의 분포를 활용함
컷포인트 방법	• 영양소 필요량의 분포가 평균필요량을 중심으로 대칭일 경우 사용 • 평균필요량보다 적게 섭취하는 대상자의 비율을 부적절하게 섭취하는 사람들의 비율로 파악함

집단의 영양소 섭취량 평가에 영양소 섭취기준을 사용한 예

국민건강영양조사 결과를 바탕으로 영양소 섭취기준을 활용하여 우리나라 국민의 영양소 섭취상태를 평가할 수 있다. 아래 표를 살펴보면, 2022년 국민건강영양조사에 참여한 우리나라 19세 이상 성인에서 각 영양소에 대해 평균필요량 미만으로 섭취한 사람의 비율을 구하여 영양소 섭취 부족의 위험 정도를 파악할 수 있다.

영양소별 영양소 섭취기준[1] 미만 섭취자 분율

(단위: %)

영양소	전체		남자		여자	
	평균	표준오차	평균	표준오차	평균	표준오차
단백질	23.5	0.8	19.2	0.9	27.7	1.0
지방	17.7	0.8	17.2	0.9	18.3	1.0
칼슘	72.7	0.8	71.4	1.1	74.0	1.0
인	13.1	0.6	6.7	0.6	19.3	1.0
철	47.7	1.0	38.7	1.2	56.6	1.3
비타민 A	74.8	0.9	77.2	1.1	72.4	1.1
티아민	47.6	0.9	40.4	1.2	54.6	1.2
리보플라빈	29.7	0.9	29.8	1.2	29.6	1.1
니아신	53.5	0.9	44.0	1.3	63.0	1.2
비타민 C	71.8	1.0	71.2	1.3	72.3	1.2

[1] 영양소 섭취기준: 2020 한국인 영양소 섭취기준(보건복지부, 2020); 지방, 지방에너지적정비율의 하한선; 그 외 영양소, 평균필요량.

자료: 질병관리청. 2022 국민건강통계. 2023

집단의 식사평가 시 주의할 점

- 집단의 식사평가에는 권장섭취량을 사용하지 않는다.
- 상한섭취량을 기준으로 평가할 경우, 약이나 건강기능식품도 고려해서 평가해야 한다.

3) 영양밀도와 영양지수

(1) 영양밀도

영양밀도nutrient density란 식품이 함유하는 에너지 함량에 대비한 영양소의 양을 일컫는다. 따라서 특정 식품에서 1,000 kcal를 섭취할 때 동시에 섭취하게 되는 영양소의 함량으로 표현한다.

(2) 영양밀도지수

영양밀도지수index of nutritional quality, INQ는 어떤 특정 영양소 섭취량의 1,000 kcal 에너지 섭취에 대한 비율을 특정 영양소 권장섭취량의 1,000 kcal에 대한 비율로 나눈 값이다. 이 방법은 에너지 섭취량을 기준으로 하였으므로, 에너지 필요량이 충족될 때 특정 영양소의 섭취 가능 정도를 나타낸다. 이는 섭취하는 음식량에 무관한 질적 개념이다. 그러나 1세 이상의 연령 집단에서 영양소 섭취의 적정성을 이 방법으로만 평가하는 경우에는 과잉 섭취 여부를 평가하기 어렵다.

$$\text{INQ} = \frac{\text{1,000 kcal당 특정 영양소의 섭취량}}{\text{1,000 kcal당 특정 영양소의 권장섭취량}}$$

(3) 영양소 적정섭취비율

영양소 적정섭취비율nutrient adequacy ratio, NAR은 각 영양소의 권장섭취량에 대한 섭취비를 나타낸다. 만약 어떤 영양소를 권장섭취량보다 많이 섭취하는 경우 이 수치는 1보다 높은 값이 되지만 1이 넘는 경우에는 최대값을 1로 한다. 평균 영양소 적정섭취비율mean adequacy ratio, MAR은 각 영양소에 대한 NAR의 평균값으로 계산한다.

$$\text{NAR} = \frac{\text{대상자의 특정 영양소 섭취량}}{\text{특정 영양소의 권장섭취량}}$$

$$\text{MAR} = \frac{\text{개별영양소의 영양소 적정섭취비율의 합}}{\text{영양소의 수}}$$

3. 식사의 질 평가

영양상태를 개선하려면 개별 영양소 섭취의 과부족만을 평가하는 데 그쳐서는 안 되며 영양소 섭취 전반을 좌우하는 식사의 내용이 개선되어야 한다. 따라서 최근에는 건강증진 활동에서 일반인들이 실천할 수 있는 식생활 개선 방안을 구체적으로 제시하고자 식품 섭취의 다양성과 식사패턴 등을 평가하는 추세이다. 이러한 방법들은 식사의 내용에 대해 질적으로 평가하는 방법이므로 앞서 소개한 영양소 섭취 상태의 평가방법과 함께 사용하면 각각의 장단점을 상호 보완할 수 있다.

1) 식품 섭취 평가

(1) 섭취식품군 점수

섭취식품군 점수dietary diversity score, DDS는 섭취 식품의 다양성과 균형성을 평가하는 방법이다. 곡류, 육류, 과일류, 채소류, 유제품류 등 5가지 식품군 중 최소 기준량 이상 섭취한 식품군마다 1점씩 부여하여 식품군 점수를 계산하는 방법이다표 4-4. 따라서 모든 식품군을 다 섭취한 경우에는 최고점인 5점이 된다.

또는 식품군 섭취 패턴food group intake pattern을 조사하는 방법으로 곡류(G), 육류(M), 과일류(F), 채소류(V), 우유 및 유제품류(D) 5가지 식품군을 최소 기준량 이상 섭취한 경우 1, 섭취하지 않은 경우 0으로 나타낸다. 예를 들어 모든 식품군을 섭취한 경우 'GMFVD=11111', 모든 식품군을 섭취하지 않은 경우 'GMFVD=00000'이 된다.

표 4-4 섭취식품군 점수 평가를 위한 식품군별 최소 기준량

식품군		최소 기준량
곡류 및 감자류		60 g
육류		30 g
과일류	고체	30 g
	액체(주스류)	60 g
채소류	고체	30 g
	액체(주스류)	60 g
우유 및 유제품류	고체(치즈 등)	15 g
	액체	60 g

자료: Kant AK et al. Dietary diversity in the US population, NHANES II, 1976-1980. 1991

(2) 섭취식품 가짓수

섭취식품 가짓수dietary variety score, DVS는 하루에 섭취하였다고 보고한 모든 종류의 식품 수를 계산하여 식사의 다양성을 평가하는 방법이다. 소량을 섭취하고도 섭취 가짓수에 포함하는 것을 막기 위해 섭취한 것으로 간주하는 최소 섭취량의 양적 기준을 정하여 사용하는 경우가 많다. 식품군별 대표식품 1인 1회 분량을 참고로 하거나 간편하게 육류는 30 g, 곡류·과일·채소 등은 60 g 이상으로 하여 다른 식품이 한 가지 추가될 때마다 점수를 1점씩 더하여 합산한다.

2) 식사지수를 이용한 평가

식사를 구성하는 식품군의 균형성, 영양소 섭취량의 적절성, 섭취한 식품 종류의 다양성 등의 기준을 만족하는 식사의 질을 평가하기 위해 식사지수를 이용한 평가도구가 개발되어 왔다.

(1) 한국인을 위한 식사의 질 평가지수

한국인을 위한 식사의 질 평가지수Korean Diet Quality Index, KDQI는 우리나라의 영양문제를 잘 평가할 수 있는 항목을 포함하여 영양소와 식품 섭취를 함께 평가하며, 특히 부족과 과잉을 모두 평가에 반영하여 균형 있는 식사 섭취를 평가하는 지수이다표 4-5. 평가항목은 채소·과일, 유제품의 섭취와 섭취하는 식품의 다양성, 칼슘, 철, 단백질, 에너지, 지방, 콜레스테롤의 섭취를 포함하여 총 10개 항목으로 구성되어 있으며, 각 항목당 10점을 만점으로 하여 총 100점을 만점으로 평가한다.

표 4-5 한국인을 위한 식사의 질 평가지수(KDQI) 구성 항목 및 평가 방법

요소	점수범위	10점 만점	0점
채소	0~10	3~6회/일[1)]	0회/일
과일	0~10	2회/일[1)]	0회/일
유제품	0~10	1~2회/일[1)]	0회/일
식품의 다양성	0~10	≥20	≤10
칼슘	0~10	권장섭취량의 75~125%	≤50% 또는 ≥150%
철	0~10	권장섭취량의 75~125%	≤50% 또는 ≥150%
단백질	0~10	권장섭취량의 75~125%	≤50% 또는 ≥150%
에너지	0~10	권장섭취량의 90~110%	≤50% 또는 ≥150%
지방	0~10	에너지 섭취량의 15~25%	0% 또는 ≥40%
콜레스테롤	0~10	100 mg/1,000 kcal·일	≥150 mg/1,000 kcal·일

[1)] 각 연령군의 만점 기준은 연령당 에너지 필요추정량에 따른 권장섭취량에 따른다.

자료: 심재은 외. 서울 및 근교에 거주하는 한국인의 연령별 식생활 비교 및 평가: (4) 식사의 질 평가. 2002

(2) 한국 성인의 식생활평가지수

한국 성인의 식생활평가지수Korean Healthy Eating Index, KHEI는 우리나라 성인의 영양섭취 상태를 식사의 충분도 영역과 절제 영역 측면에서 종합적으로 평가하고자 개발한 것이다. 총 14개의 항목으로 구성되어 있으며, 식생활지침, 한국인 영양소 섭취기준을 근거로 점수 체계를 마련하였다. 과일·채소, 우유·유제품, 육류, 전곡류, 아침식사 섭취의 충분성과 나트륨, 지방, 도정곡, 탄수화물 섭취의 절제에 대해 항목별로 5~10점을 배정하였으며, 총 100점을 만점으로 평가한다. 표 4-6은 한국 성인의 식생활평가지수를 구성하는 항목과 평가방법을 나타낸 것이다.

표 4-6 한국 성인의 식생활평가지수(KHEI) 구성 항목 및 평가방법

	항목	최대점	최대점 기준	최소점 기준
식사의 충분도 영역	과일 섭취량(주스 포함)	5	남자: ≥3회/일 여자: ≥2회/일	0회/일
	과일 섭취량(주스 불포함)	5	남자: ≥1.5회/일 여자: ≥1회/일	0회/일
	채소 섭취량(김치, 장아찌 포함)	5	≥7회/일	0회/일
	채소 섭취량(김치, 장아찌 불포함)	5	≥4회/일	0회/일
	우유 및 유제품 섭취량	10	≥1회/일	0회/일
	단백질 식품 섭취량	10	남자: ≥5회/일 여자: ≥4회/일	0회/일
	흰고기 : 붉은 고기 비율	5	4:1 (≥4)	0 (붉은 고기만 섭취)
	전곡류 섭취량	5	≥1회/일	0회/일
	아침식사 여부	10	연속된 이틀간의 아침 식사	섭취 안 함
식사의 절제 영역	나트륨 섭취량	10	<2,000 mg/day	>85퍼센타일 값
	고열량·저영양 식품 에너지비	10	≤5% 에너지	≥10% 에너지
	지방 에너지비	10	15~25%	<15퍼센타일 값 >85퍼센타일 값
	도정곡 섭취량	5	남자: ≤4회/일 여자: ≤3회/일	남자: ≥5회/일 여자: ≥4회/일
	탄수화물 에너지비	5	55~70%	<15퍼센타일 값 >85퍼센타일 값

자료: 육성민 외. 국민건강영양조사 자료를 이용한 한국 성인의 식생활평가지수 개발. 2015

3) 식습관/식행동 평가

식습관이나 식행동을 평가하기 위한 설문도구들은 보통 10~20문항 정도의 간단한 질문을 통하여 개인 및 집단의 영양상태를 판정함으로써 위험집단을 선별하거나 문제가 되는 식행동을 진단하는 데 사용된다.

(1) 간이식생활진단

간이식생활진단mini-dietary assessment, MDA은 식사의 질을 간단하게 평가하기 위한 방법으로 개인이나 집단의 영양상태 평가에 이용되고 있다표 4-7. 간이식생활진단표를 활용하면 비교적 간편하게 식사의 질을 조사할 수 있으며, 이는 성인뿐만 아니라 식사의 질 조사가 어려운 노인이나 어린이를 대상으로 한 식생활 조사에도 활용할 수 있다.

표 4-7 간이식생활진단표

항목	항상 그런 편이다	보통이다	아닌 편이다
1. 우유나 유제품(요구르트, 떠먹는 요구르트 등)을 매일 1병 이상 마신다.	5	3	1
2. 육류, 생선, 달걀, 콩, 두부 등으로 된 음식을 끼니마다 먹는다.	5	3	1
3. 김치 이외의 채소를 식사할 때마다 먹는다.	5	3	1
4. 과일(1개)이나 과일주스(1잔)을 매일 먹는다.	5	3	1
5. 튀김이나 기름에 볶는 요리를 주 2회 이상 먹는다.	1	3	5
6. 지방이 많은 육류(삽겹살, 갈비, 장어 등)을 주 2회 이상 먹는다.	1	3	5
7. 식사할 때 음식에 소금이나 간장을 더 넣을 때가 많다.	1	3	5
8. 식사는 매일 세끼를 규칙적으로 한다.	5	2	1
9. 아이스크림, 케이크, 과자류, 탄산음료(콜라, 사이다 등)를 간식으로 주 2회 이상 먹는다.	1	3	5
10. 모든 식품을 골고루 섭취하는 편이다. (편식을 하지 않는다.)	5	3	1
합계 점수			
총 50점 만점			

자료: 김화영 외. 한국 성인의 영양위험군 진단을 위한 식생활진단표의 개발과 타당성 검증에 관한 연구. 2003

(2) DETERMINE 체크리스트

DETERMINE 체크리스트는 노인을 대상으로 식생활, 질병, 약물 복용, 음주, 치아 상태, 경제력 등에 대한 11문항을 조사하여 노인의 건강위험도를 평가한다표 4-8.

표 4-8 DETERMINE 체크리스트

항목		그렇다
Disease	나는 질병이나 신체상태 장애로 음식의 양, 종류를 제한한다.	2
Eating poorly	나는 하루 2끼 이하를 먹는다.	3
	나는 채소, 과일, 유제품을 거의 안 먹는다.	2
Tooth loss/mouth pain	나는 매일 3회 이상 맥주, 포도주 등 술을 마신다.	2
	나는 치아 또는 구강 문제로 먹기가 불편하다.	2
Economic hardship	나는 원하는 대로 식품을 살 돈이 부족하다.	4
Reduced social contact	나는 대개 혼자 식사한다.	1
Multiple medicine	나는 매일 세 종류 이상의 처방약을 복용한다.	1
Involuntary weight loss/gain	나는 지난 6개월간 4.5 kg 이상 체중이 줄거나 늘었다.	2
Needs assistance in self care	나는 혼자 시장보고, 조리하고, 식사하는 것이 신체적으로 어렵다.	2
Elder years above age 80	나는 80세가 넘었다.	–
총점		

총점) 0~2: 영양상태 양호, 3~5: 중등의 영양위험, 6+: 심한 영양위험

자료: Posner BM et al. Nutrition and health risks in the elderly: the nutrition screening initiative. 1993

(3) 영양지수

영양지수nutrition quotient, NQ는 개인 또는 집단의 식행동, 식사의 질과 영양상태를 종합적으로 평가하고, 이를 점수화하기 위해 개발된 식행동 평가도구이다. 영양지수는 생애주기 대상별로 개발되었으며, 미취학, 학령기 어린이, 청소년, 성인, 노인을 위한 영양지수가 마련되어 있다그림 4-11.

영양지수는 균형, 절제, 실천의 세 가지 영역으로 이루어져 있으며, 생애주기별로 15~20문항으로 구성되어 있다. 균형 영역은 건강을 위해 6가지 식품군(곡류, 고기·생선·달걀·콩류, 채소류, 과일류, 우유·유제품류, 유지·당류)을 균형 있게 섭취하는지에 대한 문항을 포함하며, 절제 영역은 당, 포화지방, 나트륨 등의 섭취를 절제하기 위한 식생활을 실천하는지에 대한 문항을 포함한다. 또한 실천 영역에서는 안전하고, 위생적인 식생활을 실천하는지에 대한 문항을 포함한다.

본 조사는 귀하의 영양상태와 식행동을 간단하게 평가하기 위한 영양지수 계산에 사용될 것입니다. 가정에서는 물론, 단체급식이나 외식에서 드시는 것도 모두 포함해서 답해 주시기 바랍니다.

1 귀하는 한 번 **식사할 때** 김치를 제외한 **채소류**를 몇 가지나 드십니까?

① 거의 먹지 않는다
② 1가지
③ 2가지
④ 3가지
⑤ 4가지 이상

2 귀하는 **과일**을 얼마나 자주 드십니까?

① 2주일에 1번 이하
② 일주일에 1~3번
③ 일주일에 4~6번
④ 하루에 1번
⑤ 하루에 2번 이상

3 귀하는 **우유 또는 유제품**을 얼마나 자주 드십니까?

① 2주일에 1번 이하
② 일주일에 1~3번
③ 일주일에 4~6번
④ 하루에 1번
⑤ 하루에 2번 이상

4 귀하는 **생선류**를 얼마나 자주 드십니까?

① 거의 먹지 않는다
② 2주일에 1번
③ 일주일에 1~3번
④ 일주일에 4~6번
⑤ 하루에 1번 이상

5 귀하는 **콩이나 두부**를 얼마나 자주 드십니까?

① 2주일에 1번 이하
② 일주일에 1~3번
③ 일주일에 4~6번
④ 하루에 1번
⑤ 하루에 2번 이상

6 귀하는 **견과류**를 얼마나 자주 드십니까?

① 거의 먹지 않는다
② 2주일에 1번
③ 일주일에 1~3번
④ 일주일에 4~6번
⑤ 하루에 1번 이상

7 귀하는 **전곡이나 잡곡류(현미밥, 잡곡밥, 통밀빵 등)**를 얼마나 자주 드십니까?

① 거의 먹지 않는다
② 일주일에 1~3번
③ 일주일에 4~6번
④ 하루에 1번
⑤ 하루에 2번 이상

8 귀하는 **기름진 빵(꽈배기, 생크림빵 등)이나 스낵 과자류(감자칩, 고구마칩 등)**를 얼마나 자주 드십니까?

① 거의 먹지 않는다
② 2주일에 1번
③ 일주일에 1~3번
④ 일주일에 4~6번
⑤ 하루에 1번 이상

그림 4-11 성인용 영양지수(NQ) 조사지 예시

자료: 한국영양학회 홈페이지. https://www.kns.or.kr

(4) 식생활 관련 건강위험도 평가도구

식생활 관련 건강위험도 평가도구diet related health risk appraisal, D-HRA는 개인의 식생활 진단을 통해 만성질환 위험도를 평가하고, 그 결과에 근거하여 식습관 개선을 도와주기 위한 목적으로 한국보건산업진흥원이 개발하였다그림 4-12. 건강위험도 평가 대상 질환은 심혈관대사질환(고혈압, 이상지질혈증, 당뇨병, 비만, 복부비만)과 골다공증이며, 간단한 설문을 통해 개인의 식생활과 만성질환 위험도를 평가할 수 있다표 4-9. 이를 통해 개선해야 할 식습관을 파악하고, 만성질환 고위험군을 스크리닝 할 수 있다.

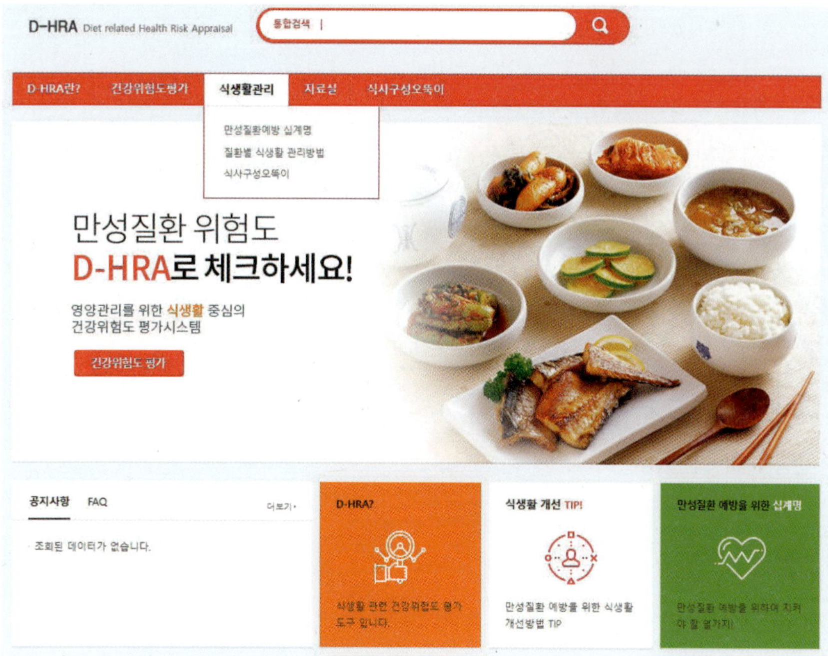

그림 4-12 한국보건산업진흥원의 식생활 관련 건강위험도 평가도구

자료: 한국보건산업진흥원 홈페이지. https://www.khidi.or.kr/dhra

표 4-9 식생활 관련 건강위험도 평가도구(D-HRA) 예시

심혈관대사질환 D-HRA 문항 중 식생활 관련 항목
1. 평소 과일을 얼마나 자주 드십니까? ① 거의 먹지 않는다 ② 주 1~6회 ③ 하루 1회 ④ 하루 2회 이상
2. 하루에 평균적으로 김치를 제외한 채소반찬을 몇 번 드십니까? (한 끼니당 채소반찬 1가지는 1회로 간주함) ① 하루 2회 이하 ② 하루 3~5회 ③ 하루 6회 이상
3. 평소 우유 및 유제품을 얼마나 자주 드십니까? ① 거의 먹지 않는다 ② 주 1~3회 ③ 주 4~6회 ④ 하루 1회 이상
4. 평소 라면과 같은 인스턴트 면류를 얼마나 자주 드십니까? ① 거의 먹지 않는다 ② 주 1~2회 ③ 주 3회 이상
5. 매일 잡곡밥을 드십니까? ① 먹지 않는 편이다 ② 먹는다
6. 생선을 얼마나 드십니까? ① 거의 먹지 않는다 ② 이틀에 한 토막 ③ 하루 한 토막 이상
7. 삼겹살을 즐겨 드십니까? ① 거의 먹지 않는다 ② 가끔 먹는다 ③ 즐겨 먹는다
8. 평소 햄, 소시지 등 가공육류를 얼마나 자주 드십니까? ① 거의 먹지 않는다 ② 주 1~2회 ③ 주 3회 이상
9. 평소 탄산음료 한잔 정도를 얼마나 자주 드십니까? ① 거의 먹지 않는다 ② 가끔 마신다 ③ 주 1회 ④ 주 2회 이상
10. 평소 콩 및 두부를 얼마나 자주 드십니까? ① 거의 먹지 않는다 ② 주 1회 이하 ③ 주 2~4회 ④ 거의 매일(주 5일 이상)
11. 평소 아침식사를 드십니까? ① 거의 먹지 않는다 ② 주 3~4회 먹는다 ③ 거의 매일 먹는다
12. 평소 외식은 얼마나 자주 하십니까? ① 거의 안함 ② 하루 1회 ③ 하루 2회 이상
13. 매 끼니 김치를 드십니까? ① 예 ② 아니요
14. 평소 식사 시 반찬을 평균적으로 몇 가지나 드십니까? (양념장 제외) ① 3가지 미만 ② 3가지 ③ 4가지 ④ 5가지 이상
15. 평소 패스트푸드를 얼마나 자주 드십니까? ① 주 1회 미만 ② 주 1회 이상

자료: 한국보건산업진흥원 홈페이지. https://www.khidi.or.kr/dhra

(5) 식생활지침

식생활지침이란 질병 예방과 더불어 최적의 건강상태를 유지하기 위해 실천해야 할 바람직한 식생활의 내용을 일반인들이 누구나 이해하기 쉽게 제시한 것이다. 이러한 식생활지침은 식생활을 질적으로 평가하는 수단으로 사용 가능하다. 2021년 보건복지부, 농림축산식품부, 식품의약품안전처가 공동으로 마련한 한국인을 위한 식생활지침은 건강한 식생활을 위해 일반 대중이 쉽게 이해할 수 있고, 일상생활에서 실천할 수 있도록 제시하는 권장 수칙으로 만성질환 감소, 비만관리, 위생적인 식문화 등을 강조한 9가지 수칙을 포함한다그림 4-13.

그림 4-13 한국인을 위한 9가지 식생활지침

자료: 사단법인 대한영양사협회 홈페이지. https://dietitian.or.kr/index.do

실습

실습 1. 24시간 회상법 조사 자료를 이용한 식사섭취상태 평가

24시간 회상법 조사를 통해 얻은 식사 섭취량 결과를 이용하여 자신의 영양소 섭취 상태와 식사의 질을 평가한다.

방법 ① 24시간 회상법으로 조사한 자료를 식품영양성분 데이터베이스나 CAN-Pro를 이용하여 영양소 섭취량으로 환산한다.

② 한국인 영양소 섭취기준과 비교하여 영양 부족의 위험 또는 섭취 과다의 위험이 있는 영양소가 있는지 확인한다.

③ 24시간 회상법 조사 자료를 이용하여 섭취 식품군 점수, 섭취 식품 가짓수를 산출한다.

실습 2. 영양지수(NQ)를 이용한 식습관/식행동 평가

성인 영양지수는 만 19~64세 연령층의 성인을 대상으로 개인 또는 집단의 영양상태와 식사의 질을 종합적으로 평가하는 도구이다. 성인 영양지수 조사를 이용하여 자신의 평소 식습관/식행동을 평가한다.

방법 ① 성인 영양지수 조사지를 이용하거나 영양지수 웹사이트(https://various.foodsafetykorea.go.kr/nq/adult_survey.html)에 접속하여 자신의 식습관/식행동에 대한 총 18개 문항에 응답한다. 응답할 때에는 집과 집 밖(학교, 편의점, 음식점 등)에서 섭취한 식품을 모두 포함하여 응답한다.

② 성인 영양지수 점수 산출 절차에 따라 NQ 총점수, 영역별 점수(균형, 절제, 실천 영역)를 산출한다. 조사지를 이용하여 응답한 경우, 점수 산출을 위한 엑셀파일에 응답 결과를 입력하여 점수를 산출할 수 있으며, 영양지수 웹사이트에 접속하여 응답한 경우는 자동으로 점수가 산출된다.

③ 문제가 있는 식습관/식행동을 확인하고, 이를 개선하기 위한 방안을 계획한다.

CHAPTER

5

생화학적 검사

1. 생화학적 검사의 개요
2. 검사 시료
3. 검사 유형
4. 영양소별 검사법
5. 혈액의 생화학적 임상검사

생화학적 검사는 영양상태를 평가하는 다른 조사방법과 비교하였을 때 객관적이며 정량적인 정보를 제공할 수 있다. 이 방법은 모든 영양소 상태에 대하여 광범위하게 적용되지 못하지만, 영양결핍 상태를 조기에 발견하게 해주어 결핍에 의한 임상 증상을 미연에 방지할 수 있다. 생화학적 검사 중 일부는 최근 영양소 섭취의 유용한 지표가 될 수 있으며, 식품섭취조사를 보완해 주기도 한다. 이 장에서는 영양판정에서 사용하는 여러 생화학적 방법을 알아보고, 공중보건 측면에서 중요한 영양소들을 살펴본다.

1. 생화학적 검사의 개요

생화학적 검사는 신체계측, 식사섭취조사, 임상증상조사와 비교하면 가장 객관적이고 정량적 특징을 지니고 있으며, 다른 방법에 비하여 조기에 영양부족을 판정할 수 있다는 장점이 있다. 다만 모든 영양소의 상태에 대하여 판정할 수 없다는 단점이 있다. 또한 다른 조사방법에 비하여 다양한 설비와 기술이 필요하고 비용과 시간이 많이 소요되므로 많은 인원을 대상으로 진행하기에 어려움이 있다.

생화학적 검사는 측정치에 영향을 미칠 수 있는 다음과 같은 여러 가지 비영양학적 요인들이 있으므로, 이를 참작하여 판정을 해야 한다. 조사대상자의 유병 여부와 약물 복용에 대하여 점검해야 하며, 또한 시료 수집과 분석에서도 정확도에 만전을 기하여야 한다. 영양상태를 정확히 판정하기 위해서 생화학적 검사 결과는 식품섭취조사, 신체계측 및 임상증상조사 결과와 함께 종합적으로 고찰해야 한다.

생화학적 검사 결과에 영향을 미치는 영양 외적 요인

신체적 요인	• 성별, 연령, 인종	• 운동	• 주야의 변화
	• 약물 복용	• 질병 및 감염	• 스트레스
	• 용혈	• 체중 감소	• 호르몬 상태
방법적 요인	• 시료 수집방법	• 분석방법의 타당성	• 측정의 정확도

2. 검사 시료

생화학적 분석에 사용되는 인체 시료는 주로 혈액과 소변이며 경우에 따라 대변, 머리카락, 손톱 등의 다른 시료를 이용하기도 한다.

1) 혈액

혈액은 생화학적 검사에 사용되는 가장 기본 시료이며, 전혈, 혈청, 혈장, 적혈구, 백혈구

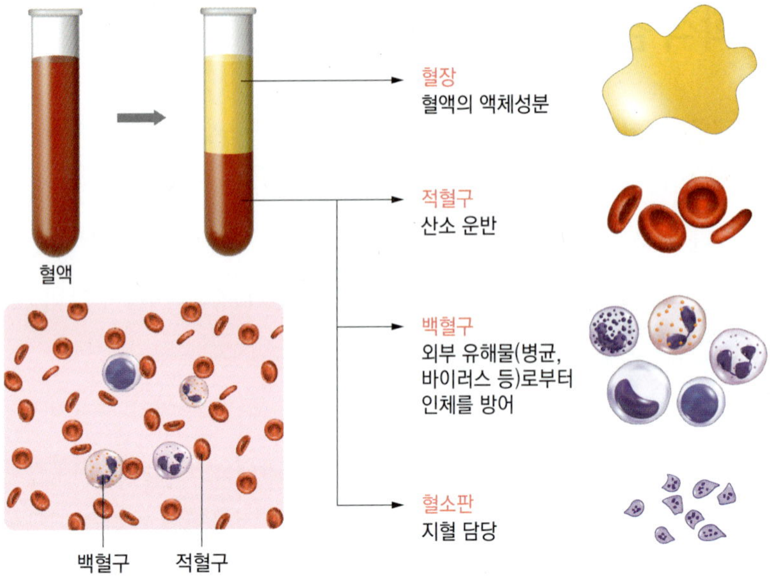

그림 5-1 혈액의 구성성분

자료: 질병관리청 국가건강정보포털

등의 형태로 사용된다그림 5-1. 혈액은 일반적으로 정맥에서 채혈하며, 소량의 혈액이 필요한 경우에는 손끝, 귓불, 발뒤꿈치 등의 모세혈관에서 채취된다.

혈액은 고형 성분인 혈구와 액상 부분인 혈장plasma으로 이루어져 있다. 혈장에는 물과 이온, 당, 대사 산물, 호르몬, 효소, 항체, 기타 단백질 등이 포함되어 있다. 혈액에 헤파린, EDTA, 시트르산 등의 항응고제를 처리한 뒤 원심분리하면 더 무거운 형태인 적혈구는 시험관의 하단에, 혈장은 상등액으로 분리된다. 적혈구와 혈장 사이의 경계면에는 버피 코트buffy coat라 부르는 백혈구와 혈소판의 얇은 층이 분리된다. 항응고제 없이 시험관에 채취된 혈액을 상온에서 응고시킨 뒤 원심분리를 시키면, 상층의 혈청과 나머지 성분들로 분리된다. 혈액 시료는 채취 후 빨리 분리하여 냉장 또는 냉동 보관하여 시료의 안정성을 유지할 수 있으며, 가능한 빨리 분석하여야 분석 결과의 정확성을 확보할 수 있다.

혈구는 적혈구red blood cell, 백혈구white blood cell, 혈소판platelet으로 이루어져 있다. 분리된 적혈구나 백혈구 시료도 생화학적 검사에 사용될 수 있으나, 분리가 어렵다는 제한점이 있다. 적혈구는 혈액 내에서 산소와 이산화탄소의 운반을 담당하는 세포로, 평균

수명은 약 120일이다. 백혈구은 주로 면역 체계에서 역할을 담당하는 세포로, 주요 유형으로는 호중구, 림프구, 중성구, 단핵구, 골수구 등이 있다. 백혈구의 수명은 수 시간에서 수백 일까지 매우 다양하다.

2) 소변

소변 시료는 비교적 간편하고 부담 없이 채취할 수 있으며, 영양상태, 신장이나 간 기능, 대사성 질환 등의 임상적 정보를 제공해 준다. 하루 중 배설이 일정치 않은 단백질, 전해질 등을 측정하여 영양판정을 할 때에는 24시간 소변을 사용하는 것이 가장 적합하다. 24시간 소변을 수집하는 것은 번거롭다는 제한점이 있으며, 12시간 소변, 6시간 소변 및 수시로 임의 채취된 소변을 사용할 수도 있다. 이럴 경우 요 중 크레아티닌을 정량하여 수시뇨의 희석도를 보정해야 한다. 즉, 소변에서 분석된 영양소나 관련 성분의 함량을 크레아티닌 함량으로 나눈 수치를 판정치로 사용한다. 소변은 톨루엔, 염산 등의 보존제가 담긴 용기에 채취하여 냉장 보관을 한다그림 5-2.

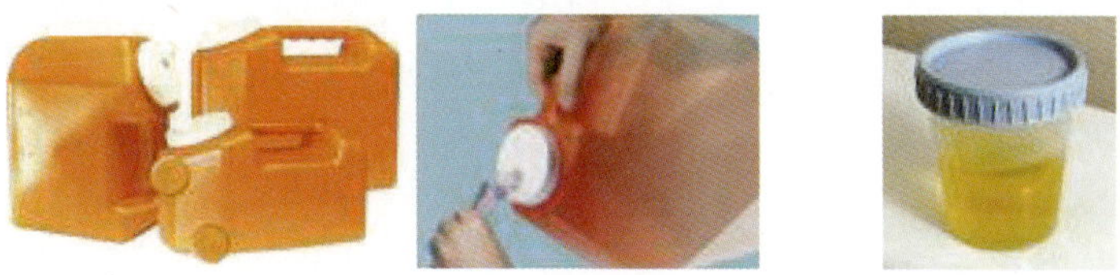

24시간 요의 수거용기　　수시뇨 용기

그림 5-2 소변 시료의 수거

3) 기타

그 외에 대변, 머리카락, 타액, 손톱, 정액 등이 검사 시료로 사용될 수 있다. 대변은 질소 배설을 측정하거나 특정 무기질 및 섬유소의 섭취상태를 조사할 때 사용한다. 또한 머리카락, 타액, 정액 등은 특정 무기질의 영양상태를 조사하기 위하여 사용한다.

3. 검사 유형

생화학적 검사방법은 크게 두 종류로 나누어 볼 수 있다. 첫째는 조사하고자 하는 영양소나 그 대사물을 측정하는 성분 검사법static test이며, 둘째는 영양소가 관여하는 생리적인 기능을 측정하는 기능 검사법functional test이다. 이 검사법들은 각각 직접 검사법과 간접 검사법으로도 부른다.

1) 성분 검사법

성분 검사법static test은 검사 시료에서 영양소나 그 대사산물의 함량을 측정하는 방법이다. 예를 들어, 혈청 알부민, 비타민 A, 비타민 D 등을 측정하는 것과 소변에서 비타민 B군과 그 대사물, 질소 배설을 측정하는 것 등이 있다. 혈액 시료를 이용하는 경우 비교적 최근의 영양상태를 반영하며, 적혈구는 장기간의 영양상태를 반영하는 좋은 시료이나 분리가 까다롭다는 제한점이 있다. 소변 시료를 이용할 경우에는 신장의 기능이 정상이어야 한다. 직접 검사법은 혈액이나 다른 체성분에 함유된 영양소의 함량만을 가지고 몸 전체의 과부족을 판정하기 어려운 경우가 있다는 한계점이 있다.

2) 기능 검사법

기능 검사법functional test은 영양소 결핍이 생리기능 장애와 직결된다는 관점에서 이루어진다. 예를 들어, 비타민 A 판정 시 사용되는 암적응 시험법, 비타민 B_6 상태 판정 시 트립토판 투여 후 요 중에 그 대사물의 배설을 조사하는 것, 또는 단백질-에너지 결핍 판정을 위해 면역능을 조사하는 것 등이 있다. 또한 영양소와 관련된 효소활성을 측정하는 것도 이에 해당된다. 조사하는 기능에 여러 영양소가 관여하는 경우에는 기능 검사법만으로 영양상태를 판정하기 어려우므로 체내 영양소 함량을 측정하는 직접 검사법과 병행하여 수행할 필요가 있다.

4. 영양소별 검사법

1) 단백질

단백질 부족은 빈곤층 및 개발도상국에서 빈번하게 발생하는 큰 영양 문제로서 에너지 부족과 함께 나타나는 단백질-에너지 영양불량protein-energy malnutrition, PEM이 대부분이다. 개발도상국에서의 높은 영아 사망률이나 아동의 성장 부진은 단백질-에너지 영양불량과 관련되어 있다. 선진국에서도 입원환자의 절반 정도가 단백질-에너지 영양불량 증상이 나타난다. 입원환자의 경우 외상, 감염, 화상, 및 수술 등으로 인해 체내 대사가 증가하여 열량이나 단백질 요구량이 증가한다. 이로 인해 단백질의 섭취량이 요구량에 미치지 못하는 경우 단백질-에너지 영양불량이 발생한다. 단백질-에너지 영양불량은 골절, 류머티즘, 암, 후천성 면역결핍증 등의 여러 질환에서 문제가 되고 있다. 따라서, 단백질 상태 판정은 주로 단백질-에너지 영양불량을 예방하고 진단하여 치료하는 데 이용된다.

(1) 혈청 단백질

혈중 단백질 함량으로 단백질 영양상태를 판정하는 것은 가장 보편적 방법으로 측정 방법도 비교적 간단하며 정확도가 높다. 이 방법은 단백질 섭취 불량으로 체내에 아미노산 농도가 감소했을 경우 주요 합성 장소인 간에서의 단백질 생성이 줄고 혈중 단백질 농도도 낮아진다는 가설을 바탕으로 하고 있다. 단백질 영양판정에는 총 단백질 함량이 기본 자료가 되지만, 알부민 등 개별 혈청 단백질 함량이 더 많이 사용된다. 개별 단백질의 종류별 판정기준치는 표 5-1에 있다.

① 총 단백질

혈청 총 단백질total serum protein은 간편하게 측정할 수 있으며 정확도가 높다. 단백질 섭취가 장기간 부족할 때에만 혈청 총 단백질 수준이 감소하므로 민감도가 낮다.

표 5-1 단백질 영양판정에 사용되는 혈청 단백질의 종류와 특성 및 판정 기준치

혈청 단백질	기준치		반감기	기능
알부민	정상	3.5~5.0 g/L	18-20일	혈장 삼투압 유지, 작은 분자들의 운반체
	약한 결핍	3.0~3.4 g/L		
	중간 결핍	2.4~2.9 g/L		
	심한 결핍	< 2.4 g/L		
트랜스페린	정상	200~400 mg/dL	8~9일	철 이동
	약한 결핍	150~200 mg/dL		
	중간 결핍	100~149 mg/dL		
	심한 결핍	< 100 mg/dL		
프리알부민 (트랜스티레틴)	정상	16~40 mg/dL	2-3일	갑상선호르몬 결합
	약한 결핍	10~15 mg/dL		
	중간 결핍	5~9 mg/dL		
	심한 결핍	< 5 mg/dL		
레티놀 결합단백질	정상	2.1~6.4 mg/dL	12시간	비타민 A 운반
인슐린유사 성장인자	-	-	2~6시간	지방과 근육, 연골에서 물질 합성에 필요
피브로넥틴	-	-	4~24시간	주로 조직에서 작용, 백혈구 활동 증가와 상처 회복

자료: David CN. Nutritional Assessment (7e). 2018

② 알부민

알부민albumin은 혈청 단백질 중 가장 풍부한 주요 단백질로 임상적으로 쉽게 사용되는 지표이다. 알부민은 체내 보유량이 크고 상대적으로 긴 반감기를 가지고 있어, 영양상태의 변화에 따라 알부민의 농도는 매우 느리게 변한다.

초기 단백질 영양불량의 경우, 혈액 외에 존재하는 알부민이 혈액으로 이동되어 일정 기간 동안 혈중 농도를 유지하므로 단백질 섭취 부족을 알기 어렵다. 입원환자의 혈청 알부민 수치가 낮아지면 상태가 악화되거나 사망률이 높아진다. 그러나 혈청 알부민 농도는 단백질 섭취 부족 외에도 감염, 수술, 다양한 질환(간질환, 갑상선저하증, 신장질환, 소화기계 이상, 심질환) 및 임신 등에 의하여 감소될 수 있다.

③ 트렌스페린

트렌스페린transferrin은 간에서 합성된 베타-글로불린β-globulin으로 철분의 이동을 담당한다. 트랜스페린은 알부민보다 적은 체내 보유량과 짧은 8~9일의 반감기를 가지고 있어, 단백질 상태를 민감하게 반영하는 지표이다. 단백질 결핍이 심한 콰시오커나 마라스무스의 영양상태 판정 시 상당히 정확하지만, 입원환자의 영양상태 판정에는 부정확한 결과를 보이기도 한다. 혈청 트랜스페린은 영양 외적 인자에 의해 영향을 받는다는 제한점이 있다. 트랜스페린 농도는 만성 간염, 장질환, 외상, 신장염, 수술, 요독증 등에서 감소되며, 임신이나 에스트로겐 투여 및 급성 간염 시에 증가된다.

④ 프리알부민

프리알부민prealbumin은 트랜스티레틴transthyretin 또는 갑상선호르몬 결합 단백질로도 알려져 있으며, 레티놀 결합 단백질의 운반체로 작용한다. 2~3일의 짧은 반감기와 체내 보유량이 적어서 알부민이나 트랜스페린보다 더 민감한 지표이다. PEM으로 인한 초기 영양실조를 쉽게 알아내지만, 영양보충이 시작되면 곧 정상치로 돌아오므로 영양보충을 끝내야 할 시기를 알아내기에는 적당하지 않다. 대사율이 갑자기 높아지는 경우에 프리알부민 수치는 감소하며, 신장투석 환자에게서 증가할 수 있다.

⑤ 레티놀 결합 단백질

레티놀 결합 단백질retinol binding protein은 프리알부민과 함께 레티놀을 운반하는 역할을 한다. 레티놀 결합 단백질은 프리알부민과 유사한 특징을 가지고 있다. PEM일 때 즉시 감소하지만 단백질이 부족해도 열량만 충분한 경우 곧 회복될 수 있다. 또한 최근 식사섭취상태를 민감하게 판정하기에 좋으나, 체내 보유량이 0.002 g/kg 체중으로 적어 정확한 측정을 어렵게 한다는 제한점이 있다. 레티놀 결합 단백질은 신장에서 대사되므로 신장질환이 있을 때 레티놀 결합 단백질 농도는 증가하며, 비타민 A 결핍, 급성 이화상태, 갑상선기능항진증 등 대사율이 증가하는 조건에서 감소한다.

⑥ 기타

인슐린유사 성장인자-1insulin-like growth factor, IGF-1과 피브로넥틴은 단백질 영양판정을 위해 비교적 최근에 추가된 지표이다. IGF-1는 단백질-에너지 영양불량 환자에게 단백질을 보충했을 때 앞에서 살펴본 단백질 지표보다 더 민감하게 반응한다. 또한 혈청 피브로넥틴은 다른 혈청 단백질과 달리 여러 조직에서 유래하므로 체조직의 단백질 상태를 전반적으로 더 잘 반영한다는 특징이 있다. 그러나 두 지표 모두 다른 혈청 단백질과 같이 영양 외적 인자에 의하여 영향을 받으며, 아직 보편적으로 사용되지는 않는다.

(2) 요 크레아티닌

소변으로 배설되는 크레아티닌의 양urinary creatinine excretion은 체내 근육량을 추정할 수 있는 측정값이다. 크레아티닌은 근육에서 생성되는 대사 물질로, 근육 수축을 도와주는 에너지원인 크레아틴creatine이 크레아티닌으로 대사되어 소변을 통해 배설된다. 크레아티닌의 배설량은 체내 근육량과 비례하며, 이를 측정하기 위해서는 24시간 수집된 소변을 사용하여야 한다.

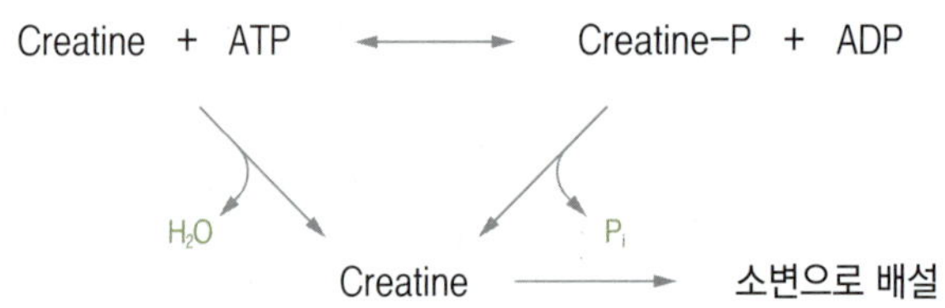

단백질 영양상태 판정을 위하여 신장에 따른 24시간 요의 크레아티닌 배설 기준치가 표준체중에 따라 설정되어 있다표 5-2. 일반적으로 정상 성인의 경우 체중당 크레아티닌의 배설량은 남자는 23 mg/kg 체중, 여자는 18 mg/kg 체중 내외이다.

표 5-2 표준체중인 성인 남녀의 신장에 따른 2시간 요 크레아티닌 배설기준치

남자*		여자#	
신장(cm)	크레아티닌(mg)	신장(cm)	크레아티닌(mg)
157.5	1288	147.3	830
160.0	1325	149.9	851
162.6	1359	152.4	875
165.1	1386	154.9	900
167.6	1426	157.5	925
170.2	1467	160.0	949
172.7	1513	162.6	977
175.3	1555	165.1	1006
177.8	1596	167.6	1044
180.3	1642	170.2	1076
182.9	1691	172.7	1109
185.4	1739	175.3	1141
188.0	1785	177.8	1174
190.5	1831	180.3	1206
193.0	1891	182.9	1240

*크레아티닌계수(남자): 23 mg/kg 이상체중, #크레아티닌계수(여자): 18 mg/kg 이상체중
자료: Blackburn GL et al. Nutritional and metabolic assessment of the hospitalized patient. 1977

또 다른 방법으로 대상자의 24시간 크레아티닌 배설량을 동일 신장에 따른 크레아티닌 배설기준치와 비교한 크레아티닌-신장 지수**creatinine-height index, CHI**가 있다. CHI의 산출 방법과 이에 따른 단백질 영양상태 판정 기준은 다음과 같다.

$$\text{CHI(\%)} = \frac{\text{자신의 24시간 요 크레아티닌 배설량}}{\text{자신의 신장에 해당하는 크레아티닌 배설 기준치}} \times 100$$

60~80% 단백질 영양상태: 약간 부족
40~60% 단백질 영양상태: 중간 정도 부족
40% 미만 단백질 영양상태: 결핍

(3) 질소균형

체내 질소균형nitrogen balance은 질소 섭취량에서 질소 손실량을 뺀 값으로, 두 값이 같아 그 차이가 0이 되는 상태를 질소평형nitrogen equilibrium이라고 한다. 질소균형은 다음의 식으로 계산 가능하다. 식품으로 섭취하는 단백질 내 질소함량은 약 16%이므로, 식품 내 단백질 섭취량에 평균 질소계수 6.25(=100/16)를 곱하면 식품 내 질소 함량을 계산할 수 있다. 체내 질소는 대부분 소변으로 배설되며, 소변의 요소 질소량urinary urea nitrogen, UUN은 총 질소 배설량의 85~95%이다. 그 외는 대변, 손톱, 발톱, 피부, 머리카락으로 손실되며, 이는 평균 4 g으로 간주한다. 이 방법은 단백질 섭취가 정확히 측정되었는지, 혹은 대상자가 화상, 설사, 구토 등으로 소변 외 질소 손실이 급격히 증가되었는지를 고려해야 한다.

$$\text{질소균형(g)} = \text{질소 섭취량}^{a} - \text{질소 손실량}^{b} = \frac{\text{단백질 섭취량}}{6.25} - \text{소변 요소 질소량} - 4\text{g}$$

[a]질소 섭취량=(단백질 섭취량)/6.25

[b]질소 배설량=소변 내 질소 배설량+소변 이외의 질소 배설량=소변 요소 질소량+4g

건강한 성인은 질소 섭취와 배설이 균형을 이루고 있다. 성장기 아동, 임산부, 외상, 수술, 기타 질병으로부터 회복될 때 양(+)의 질소평형이 된다. 반면 단백질 섭취가 부족하거나 감염, 고열, 외상, 수술 및 암 등의 상태일 때 음(−)의 질소평형이 나타난다그림 5-3. 환자에게 양의 질소평형을 갖도록, 또는 음의 질소평형이 나타나지 않도록 영양지원을 해주는 것이 중요하다.

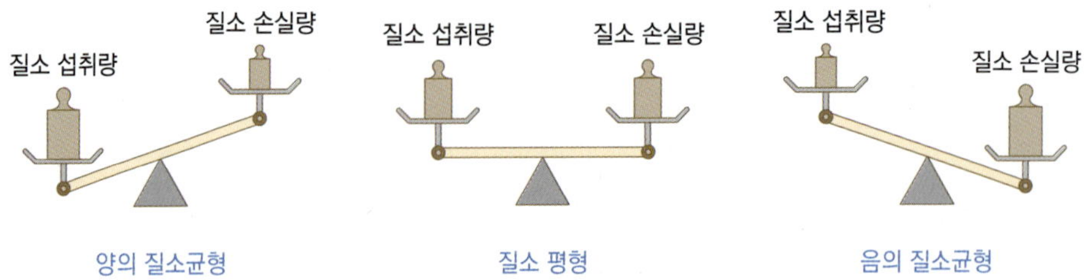

그림 5-3 다양한 질소균형 상태

(4) 면역능

영양결핍으로 면역능이 감소하면 감염, 염증 등이 발생하고 이 증상은 다시 영양상태를 악화시킬 수 있다. 면역반응의 변화는 영양결핍 초기에도 관찰되므로 영양상태 판정에 유용한 기능지표로 사용된다.

① 총 림프구 수

총 림프구 수total lymphocyte count, TLC는 혈구세포 분리 후 측정된 백혈구white blood cell, WBC 수와 전체 혈구세포 중 림프구가 차지하는 비율을 이용하여 계산이 가능하다.

$$TLC = \frac{\text{림프구의 백분율(\%)} \times \text{백혈구 수(cells/mm}^3\text{)}}{100}$$

1,200~1,800/mm^3: 약간의 단백질 불량
800~1,199/mm^3: 중등 정도의 단백질 불량
800/mm^3 미만: 심각한 단백질 불량

총 림프구 수는 영양부족 시에 감소할 뿐만 아니라, 그 외에도 암, 염증, 감염, 스트레스 등에 의해 증가할 수 있으며 스테로이드, 면역억제제 복용 등에 의해서 감소할 수 있으므로 판정에 참작해야 한다.

② 지연형 피부과민반응

지연형 피부과민반응 시험법delayed cutaneous hypersensitivity은 소량의 항원을 피부에 주사한 후 반응을 관찰하는 것으로, 반응 정도는 대상자의 면역능, 특히 세포면역성 면역에 영향을 받을 수 있다. 정상인에게 주사한 후 24~72시간 이내에는 주사 부위에 염증이 생겨 붉게 부어올라 단단해진다. 세포 매개성 면역기전이 약화된 경우 반응 정도가 작거나 나타나지 않을 수 있다. 단백질-에너지 영양불량, 비타민 B_6와 A, 아연과 철 결핍 시 지연형 과민반응의 정도가 감소한다. 항원의 종류, 투여방법, 검사자의 관찰의 차이 등 기술적 요인과 피검자의 나이, 생리적 상태, 항원의 노출 경력, 약물 복용, 질병에 의하여 결과에 차이가 있다.

2) 무기질

(1) 철

철은 헤모글로빈과 미오글로빈의 구성성분이며, 신체의 성장, 신경의 발달, 세포의 기능 및 호르몬의 합성에 필요한 영양소이다. 철 결핍은 전 세계적으로 흔하게 나타나는 영양문제로, 특히 영유아, 청소년, 가임기 여성, 임산부에게서 빈번하게 발생한다. 철 결핍이 지속될 경우 소혈구성 저색소성 빈혈로 이어질 수 있으며, 이 외에도 작업능률의 저하, 지적 수행능력의 저하, 체온조절의 저하, 면역력 저하를 유발할 수 있다.

① 체내 철의 영양상태

철 결핍 상태는 그림 5-4와 같이, 체내 철 보유량의 감소 정도에 따라 I. 철분 저장량 감소, II. 기능 철 감소, III. 철 결핍성 빈혈과 같이 3단계로 나뉠 수 있다. 체내 철이 감소되는 첫 단계에서는 체내 철 보유량이 감소하며 이에 따른 생리적 증상은 나타나지 않는다. 이 단계에는 저장 철의 수준을 잘 반영하는 혈중 페리틴ferritin이 적합한 지표로 사용된다.

철 감소의 두 번째 단계는 철 저장량이 고갈되고 더 나아가 혈액의 이동 철과 세포 내 기능 철이 감소한다. 이 단계에서 철 부족 여부는 트랜스페린 포화도 감소와 적혈구 프로토포르피린protoporphyrin 함량의 증가로 판정한다. 이때 헤모글로빈 수준이 정상 범위에 있는 경우가 대부분이므로 빈혈 증세는 나타나지 않는다.

철 부족의 세 번째 단계에서는 철 결핍의 마지막 상태로 기능 장애와 질병으로의 발전이 가능하며 빈혈 증세가 나타난다. 이 단계에서는 트랜스페린 포화도, 헤모글로빈 및 평균 적혈구 용적이 감소하고 적혈구 프로토포르피린 농도는 증가한다. 철의 영양상태를 평가하는 데 사용되는 지표는 단계에 따라 다양하며, 각 지표의 기준치는 표 5-3와 같다.

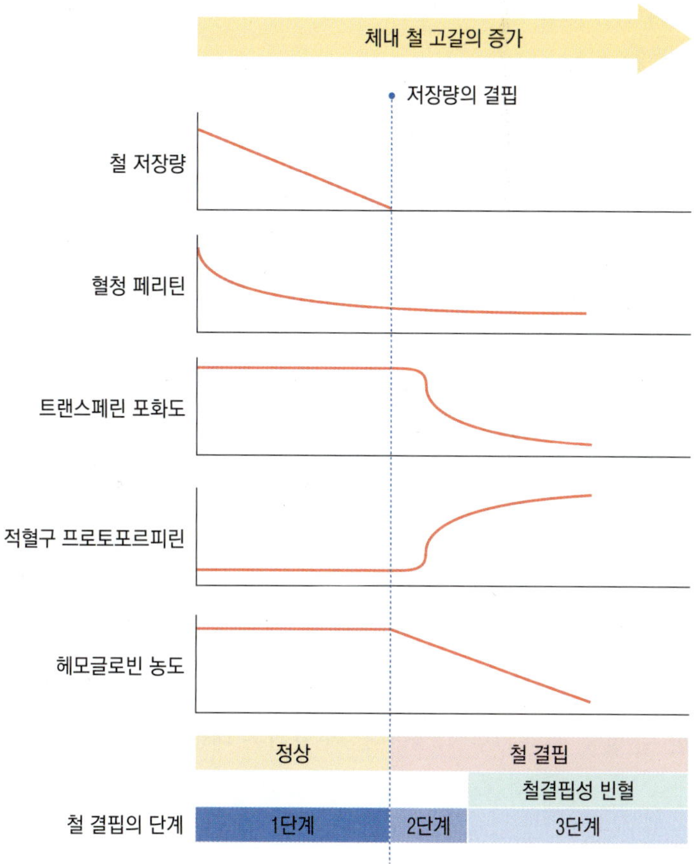

그림 5-4 철 결핍 진행단계에 따른 철 영양상태 판정지표들의 변화

자료: David CN. Nutritional Assessment (7e). 2018

표 5-3 철 결핍의 3단계와 각 단계에 사용되는 생화학적 지표

철 결핍 단계	지표	진단 기준
1. 철분 저장량 고갈	혈청 페리틴 농도	< 12 μg/L
	총 철 결합능	> 400 μg/dL
2. 기능성 철 결핍	트랜스페린 포화도	< 16%
	적혈구 프로토포르피린	70 μg/dL 적혈구
3. 철 결핍성 빈혈	헤모글로빈 농도	< 130 g/L (남자), < 120 g/L (여자)
	평균 적혈구 용적	< 80 fL

자료: Institute of Medicine. Dietary Reference Intakes for Vitamin A, Vitamin K, Arsenic, Boron, Chromium, Copper, Iodine, Iron, Manganese, Molybdenum, Nickel, Silicon, Vanadium, and Zinc. 2001

② 철의 생화학적 검사 지표

- **혈청 페리틴** 페리틴은 아포페리틴이라는 단백질이 철과 결합된 형태로 체내 철 저장의 주요 형태이며, 간, 비장, 골수에 주로 위치한다. 철 저장량이 감소하면 저장되어 있는 조직 내 페리틴의 양이 감소하고 이로 인해 혈청 페리틴 농도가 감소한다. 혈청 페리틴 농도는 철 결핍 초기에 예민하게 반응하는 지표로, 철 고갈이 진행되면 더 이상 철 결핍을 판정하기에는 적합하지 않다. 혈청 페리틴은 철 저장량과 상관없이 염증, 감염, 비만, 간질환, 암 등에서 그 수준이 증가하므로 판정 시에 참작해야 한다.
- **혈청 철, 트랜스페린 포화도, 총 철 결합능** 트랜스페린은 철의 운반 단백질로, 트랜스페린 한 분자당 최대 두 분자의 Fe^{3+}과 결합할 수 있다. 혈청 철은 대부분 트랜스페린과 결합하여 존재하므로, 혈청 철 농도는 철과 결합한 트랜스페린에 결합한 철의 양을 의미한다. 혈중에는 철과 결합하지 않은 트랜스페린도 존재한다.

  혈청 총 철 결합능total iron binding capacity, TIBC은 혈청 단백질과 결합하는 철의 양을 측정하는 방법으로, 과량의 철을 혈액에 공급하고 단백질과 결합하지 않은 철을 제거한 뒤 혈중 철의 양을 측정한다. 이 방법은 대부분의 혈중 철은 트랜스페린과 결합했다는 가정하에 이루어졌기 때문에, 혈청 총 철 결합능은 트랜스페린의 양을 측정하는 간접적인 방법이다.

  트랜스페린 포화도transferrin saturation, TS는 혈청 내 트랜스페린이 보유하고 있는 철의 양을 의미하며, 혈청 총 철 결합능에 대한 혈청 철의 비율로 계산할 수 있다.

$$\text{TS(\%)} = \frac{\text{혈청 철 농도}(\mu\text{mol/L})}{\text{TIBC}(\mu\text{mol/L})} \times 100$$

  철의 양이 감소함에 따라 혈청 철 농도와 트랜스페린 포화도는 감소되며, 혈청 총 철 결합능은 증가한다.
- **적혈구 프로토포르피린** 적혈구 프로토포르피린은 헴heme의 전구체로그림 5-5, 혈중 철 농도가 감소함에 따라 헴 생산이 제한되어 프로토포르피린이 적혈구에 축적된다. 철

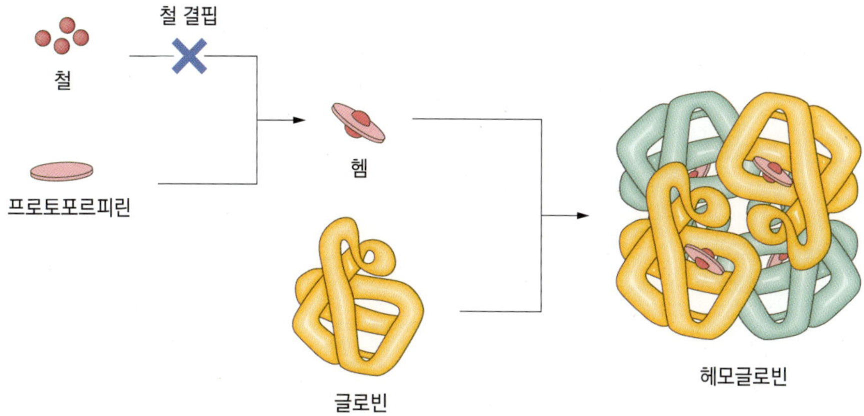

그림 5-5 철 결핍에 따른 헤모글로빈 합성 변화

자료: DeLoughery TG. Microcytic anemia. 2014

결핍으로 적혈구 프로토포르피린의 농도가 증가되며, 그 외에도 납 중독, 급성 간질환 등에서도 증가될 수 있으므로 영양판정 시 참작해야 한다.

- **헤모글로빈(혈색소)** 헤모글로빈hemoglobin은 적혈구 안에 있는 철 결합 분자로 산소와 이산화탄소를 운반하며, 헤모글로빈은 혈액의 산소 운반능력의 지표로 사용된다. 혈중 헤모글로빈의 양은 적혈구의 수와 각 적혈구 내 헤모글로빈의 양에 따라 달라진다. 성인 남성의 헤모글로빈 정상치는 14~18 g/dL, 성인 여성의 정상치는 12~16 g/dL이다. 임신 중에는 혈장 부피가 증가하여 헤모글로빈 농도가 감소하므로 10.5 g/dL를 정상 한계치로 간주한다.
- **헤마토크릿** 헤마토크릿hematocrit(적혈구용적률)이란 전체 혈액의 부피 중 적혈구가 차지하는 비율을 의미한다. 전혈을 모세관 시험관에 채취하며, 원심분리를 한 뒤 분리된 적혈구의 높이를 전체 혈액의 높이와 비교하여 계산한다. 정상 성인남자의 헤마토크릿 범위는 40~54%, 여자는 36~47%이며, 성별·연령별 철 영양상태 판정 기준치는 표 5-4와 같다.

표 5-4 헤모글로빈과 헤마토크릿 판정 기준치

나이(세)		헤모글로빈(g/dL)	헤마토크릿(%)
1.0~1.9		11.0	33
2.0~4.9		11.2	34
5.0~7.9		11.4	35
8.0~11.9		11.6	36
12.0~14.9(여자)		11.8	36
12.0~14.9(남자)		12.3	37
15.0~17.9(여자)		12.0	36
15.0~17.9(남자)		12.6	38
18 이상(여자)		12.0	36
17 이상(남자)		13.5	40
임신부	임신 1기	11.0	33
	임신 2기	10.5	32
	임신 3기	11.0	33

자료: Lee RD. Nutritional Assessment. 2010

- **적혈구 지표** 적혈구 지표는 적혈구의 크기와 혈색소량을 평가할 수 있으며, 평균 적혈구 용적mean corpuscular volume, MCV, 평균 적혈구 헤모글로빈mean corpuscular hemoglobin, MCH 및 평균 적혈구 헤모글로빈 농도mean corpuscular hemoglobin concentration, MCHC가 사용된다. 평균 적혈구 용적MCV이란 각각의 적혈구의 평균 부피를 의미하며, 헤마토크릿을 적혈구 수로 나누어 계산한다. 정상적인 값은 80~100 fL로 알려져 있다. 이를 통해 빈혈을 형태학적으로 분류할 수 있으며, 정구성은 80~100 fL, 80 fL 이하는 소구성, 100 fL 이상은 대구성으로 구분한다. 평균 적혈구 헤모글로빈MCH이란 적혈구 당 헤모글로빈이 차지하는 양을 의미하며, 일반적 기준치는 26~34 pg이다. 평균 적혈구 헤모글로빈 농도MCHC란 적혈구 안에 존재하는 평균 헤모글로빈 농도를 의미하며, 헤모글로빈 값을 헤마토크릿으로 나누어 계산한다. 정상 수치는 32~36 g/dL로 알려져 있다. 철 결핍 시 이 지표들은 모두 낮아지며, MCV는 엽산이나 비타민 B_{12} 부족, 만성 간질환, 알코올 중독, 항암제 치료 시에 증가할 수 있다.

(2) 칼슘

칼슘은 체내 함량이 가장 높은 무기질로 체중의 1.5~2.2%를 차지하고 있다. 대부분의 칼슘은 뼈와 치아의 구성성분으로 존재하고, 나머지 1%는 세포 내 또는 세포외액에 위치하며 신경 전달, 근육의 수축 및 이완, 혈액 응고, 세포대사 조절 등 여러 생리기능 조절에 관여한다. 칼슘은 한국인에게 부족한 영양소로 알려져 있으며, 특히 노인과 폐경 후 여성의 골다공증 예방과 영유아·성장기 아동의 성장을 위하여 중요한 영양소이다.

영양판정을 위한 칼슘의 생화학적 지표는 개발되어 있지 않으므로, 현재로서는 생화학적 방법을 통한 칼슘의 영양상태 평가는 어렵다.

① 혈청 칼슘 및 요 칼슘

혈중 칼슘 농도는 8.5~10.5 mg/dL에서 예민하게 조절되므로, 칼슘의 영양상태를 평가하는 지표로는 사용될 수 없다. 혈청 칼슘 수준이 변한다는 것은 식사 섭취와 관계 없이 주로 호르몬 이상, 신장질환 등으로 인한 대사문제가 있다는 것을 의미한다. 즉, 혈청 수준이 9 mg/dL(2.3 mmol/L) 이하인 저칼슘혈증hypocalcemia은 부갑상선기능저하증이거나 신장병, 급성췌장염의 발생 시 나타난다. 혈청 칼슘 수준이 11 mg/dL(2.7 mmol/L) 이상인 고칼슘혈증hypercalcemia은 부갑상선기능항진증, 갑상선기능항진증과 비타민 D의 과잉 섭취로 발생할 수 있다.

요 칼슘은 식사에서의 칼슘 섭취량을 반영하지만 다른 영양소의 섭취에 의해서도 영향을 받는다. 고단백 식사에 인 함량이 낮으면 칼슘 배설이 증가하고 같은 조건에서 인 함량이 높으면 칼슘 배설이 감소한다. 또한 하루 24시간 중에 대체로 아침 요에 칼슘량이 높고 저녁에는 낮다. 가장 중요한 요인은 혈청 칼슘 수준으로 고칼슘혈증이면 배설이 증가하고 저칼슘혈증이면 칼슘 배설도 낮아진다. 소변량이 많거나 신장의 재흡수 기능에 문제가 있을 때 칼슘 배설이 증가한다. 따라서 요 칼슘을 조사할 때 일정 시간에 시료를 취하고 기타 변화 요인에 대해 점검해야 한다.

② 기타

컴퓨터 단층촬영quantitative computed tomography, 이중 광자 흡광도dual photon absorptiometry, DEXAdual energy X-ray absorptiometry 등으로 골밀도를 측정하여 칼슘 영양상

태를 간접적으로 판정할 수 있다. 골밀도를 측정하기 위해 가장 많이 사용되는 방법은 DEXA로 건강한 성인의 골밀도와 비교하여 T-score를 계산하여 골밀도의 수준을 판정한다. T-score가 -1.0 이상은 정상, -1.0~-2.5는 골밀도 저하 상태, -2.5보다 낮은 경우는 골다공증으로 진단한다.

(3) 아연

아연은 체내 100여 개 이상의 효소의 보조인자로 촉매 활성에 기여하고, 일부 단백질의 구조를 안정화하는 역할을 한다. 따라서 아연은 여러 대사과정에 관여를 하며, 단백질 합성, 상처 치유, 면역능, 조직의 성장과 유지 등에서 중요한 역할을 하고 있다. 아연의 영양상태를 평가하는 생화학적 지표로는 혈청, 소변 및 머리카락의 아연 농도, 혈청 메탈로티오네인 농도가 있다.

① 혈청 및 소변 아연 농도

혈청 아연 농도는 몸 전체에서 이동 가능한 아연의 평가지표로 사용될 수 있다. 혈청 아연 농도의 감소는 체내에서 이용 가능한 아연 보유량이 감소되었음을 의미한다. 그러나 경미한 아연 결핍 시 조직 내 존재하는 아연이 혈액으로 방출되어 혈청 아연 농도는 변하지 않는다는 제한점이 있다. 반면, 아연 보충제 섭취 시 혈청 아연 농도는 아연 섭취 수준에 비례하여 증가한다. 혈청 아연의 정상 범위는 66~10^6 μg/dL로 알려져 있다. 혈청 아연 농도는 감염 등의 스트레스, 스테로이드 약물 복용, 질병 또는 체중 감소로 인한 근육 분해 등에 의해 변할 수 있으므로 메탈로티오네인 수준을 측정하여 종합적으로 판정하는 것이 필요하다.

아연은 대부분 대변으로 배설되나, 일부는 소변 등으로 배설된다. 아연이 결핍되면 소변으로의 아연 배설이 감소되지만, 정상 범위의 아연 섭취 수준에서는 소변으로의 배설은 섭취량과 관계가 없다. 소변 아연의 정상 범위는 20~967 μg/24시간으로 알려져 있다. 간경변, 간염, 악성빈혈, 수술, 정맥 영양 등도 소변의 아연 농도에 영향을 미칠 수 있다.

② 메탈로티오네인

메탈로티오네인metallothionein은 아연이나 구리와 결합하는 단백질이다. 조직의 메탈로티오네인 함량은 체내 아연 함량과 비교적 비례하므로, 아연의 생화학적 지표로 사용될 수 있다. 즉, 아연이 결핍되면 메탈로티오네인이 감소하고, 아연을 보충하면 증가한다. 메탈로티오네인은 거의 모든 조직에서 발견되므로 혈청뿐 아니라 적혈구의 메탈로티오네인도 아연의 생화학적 지표로 사용될 수 있다. 혈청 아연 농도는 스트레스, 감염, 염증 등과 같은 요인에 의하여 감소되는 반면, 간과 혈청 메탈로티오네인의 수준은 증가한다. 혈청 아연과 메탈로티오네인이 모두 낮을 때는 아연 결핍이라고 판정할 수 있다.

③ 머리카락 아연 농도

머리카락의 아연 농도 감소는 비교적 장기간 아연 섭취 불량과 관련이 있으므로, 장기간 영양상태에 영향을 받는다. 머리카락의 아연 함량은 최소한 몇 달간의 영양상태를 반영하며 단시간의 변화에는 영향을 거의 받지 않는다. 따라서 이는 단기간 변화에 영향을 받는 혈청이나 적혈구 아연 수준과 일치하지 않을 수 있다. 머리카락은 다른 조직에 비해 쉽게 샘플을 얻을 수 있으나, 먼지, 샴푸 등 오염물질의 영향을 고려해야 한다.

④ 기타

그 밖에도 상처 치유 정도, 아연 보충에 의한 성장 회복, 지연형 피부과민반응, 적혈구의 아연 유입 정도, 미각 민감도 등의 기능 지표를 이용하여 아연의 영양상태를 판정할 수 있다. 그러나 이 기능 지표들은 단백질, 열량 섭취 등과도 연관성이 있으므로 타 영양소의 상태도 함께 고려하여 사용해야 한다.

3) 지용성 비타민

(1) 비타민 A

비타민 A는 체내에서 시각회로, 성장과 발달, 세포 분화, 면역기능과 관련된 다양한 작용에 관여하는 지용성 비타민이다. 비타민 A의 결핍은 개발도상국이나 저개발국의 어린이들에게 흔히 나타난다. 비타민 A의 영양상태는 결핍deficient, 부족marginal, 적절adequate, 과잉excessive, 독성toxic의 다섯 단계로 분류할 수 있다. 결핍이나 독성 상태에서는 임상 증상으로도 판정 가능하므로, 부족, 적절, 과잉 상태는 생화학적 판정으로 구별할 수 있어야 한다. 이를 위해 혈청, 유즙 혹은 간조직 내 비타민 A 수준을 측정하거나 암적응검사, 결막 상피세포 조사, 투여 반응시험 등의 기능 검사가 이용될 수 있다**표 5-5**.

표 5-5 비타민 A 영양상태 판정을 위한 여러 생화학적 방법과 기준치

판정 지표	결핍	부족	충분	과잉	독성
혈청 비타민 A(μg/dL)	<10	10~20	20~50	50~100	>100
유즙 비타민 A(μg/dL)	<10	10~20	20~100	-	-
간 비타민 A(μg/g)	>5	5~20	20~200	200~300	>300
투여반응도	>50	50~20	<20		
결막상피세포조사	+	±	-	-	-
야맹증	+	±	-	-	-
안구건조증	+	-	-	-	-

자료: Machlin LJ. Handbook of Vitamins. 1991

① 혈청 및 유즙 비타민 A

비타민 A 영양상태 판정에 가장 보편적으로 사용하는 것은 혈청 비타민 A 수준이다. 혈청 수준은 체내에 저장된 비타민 A가 모두 고갈되었거나 초과되었을 때 확실한 변화가 나타나지만, 그 외의 경우에는 큰 차이가 없다는 제한점이 있다. 혈중 존재하는 비타민 A는 대부분 레티놀 결합 단백질retinol binding protein, RBP과 결합되어 있는 레티놀의 형태이며, 그 외 소량의 레티닐 에스터나 레티노산 등이 존재한다. 일반적으로 혈청 비타민 A의 수준이 10 μg/dL 이하이면 결핍, 100 μg/dL 이상일 때는 과잉증으로 판정한다.

비타민 A 함량이 10 μg/dL 이하인 유즙을 섭취하는 유아는 비타민 A 결핍 위험이 있다. 정상적인 성장을 위해서 유즙의 비타민 A 함량은 20 μg/dL 이상은 되어야 하며, 유아 체내에 비타민 A가 저장되려면 유즙 내 함량이 40 μg/dL 이상이 되어야 한다.

② 투여반응시험

투여반응시험이란 비타민 A 일정량을 경구로 투여한 후 혈장 수준의 증가 정도를 보는 방법이다. 체내 레티놀 함량이 높으면 비타민 A 일정량을 경구로 섭취해도 혈장 수준이 큰 영향을 받지 않지만, 체내 함량이 낮으면 경구 투여 후 상승하여 5시간 후에는 최고치에 달한다는 근거를 바탕으로 하고 있다.

$$\text{relative dose response(RDR, \%)} = \frac{\text{비타민 A 경구투여 5시간 후 혈청 레티놀} - \text{투여 전 혈청 레티놀}}{\text{비타민 A 경구투여 5시간 후 혈청 레티놀}} \times 100$$

이 방법으로 체내 비타민 A 상태를 판정하면 혈청 비타민 A 수준에 의하여 정상인 사람도 부족으로 나타나는 경우가 많다. 이는 혈청 비타민 A가 정상 수준이라도 저장된 비타민 A가 낮은 경우 투여반응시험으로 검출되기 때문이다. 따라서 비타민 A 저장에 대하여 알 수 있기 때문에 이 방법은 결핍을 예방하기에 효과적이다.

③ 결막 상피세포 조사

결막 상피세포 조사conjunctival impression cytology는 비타민 A가 결핍될 경우 결막의 상피세포가 형태학적으로 변하는 원리를 활용하여 비타민 A 결핍 여부를 판정하는 방법이다. 비타민 A 결핍 시 눈의 결막 상피에서 점액을 분비하는 배상 세포goblet cell의 수가 감소하며, 상피세포도 납작해지고 핵도 작아져 원형질 부분이 커진다.

이 방법은 셀룰로오스 에스테르 여과지를 눈가 결막 상피에 3~5초 동안 대고 있다가 상피세포를 취하고 해당 시료를 고정액에 담가 염색시킨 후 광학현미경으로 세포를 관찰한다그림 5-6. 이 방법은 3세 이하의 어린이로부터는 표본을 얻기가 어렵고, 세포 형태를 판정하기 위해 전문 세포학자의 판독이 필요하다는 어려움이 있다. 또한 각막에 염증이 있거나 심한 영양불량은 민감성이 감소하는 등의 한계가 있다.

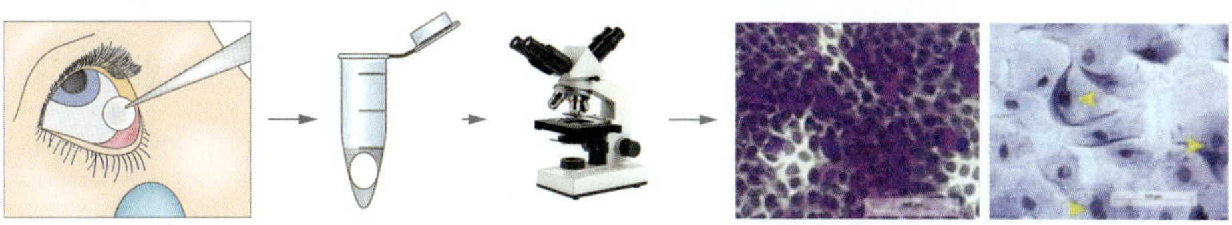

그림 5-6 결막 상피세포에서 시료 채취 및 세포 변화

자료: Soria J et al. The analysis of human conjunctival epithelium proteome in ocular surface diseases using impression cytology and 2D-DIGE. 2017; Haller-Schober EM et al. Evaluating an impression cytology grading system (IC score) in patients with dry eye syndrome. 2006

④ 암적응 시험법

비타민 A의 기능 중 가장 잘 알려진 것은 암적응 기능이다. 망막 내 간상세포에서 11-시스-레티날11-*cis*-retinal이 옵신opsin 단백질과 결합한 로돕신rhodopsin은 눈에 빛이 들어오면 옵신과 올-트랜스-레티날all-*trans*-retinal로 분리되는 탈색반응으로 시각반응을 일으킨다. 어두운 곳에 들어가면 처음에는 잘 보이지 않으나 곧 주위의 물체를 식별할 수 있게 되는데 이를 암적응이라고 한다. 이는 올-트랜스-레티날이 다시 11-시스-레티날로 전환되어 로돕신을 재생성하는 과정으로 탈색과정에 의한 시각 기능이 가능해지는 것이다. 이때 모든 레티날이 재사용되는 것은 아니므로 혈중 비타민 A가 그 손실량을 보충해야 한다. 따라서 비타민 A가 결핍되면 어두운 곳에서 시각 기능이 감퇴하게 된다. 암적응 시험 검사는 기능 검사로 5~15분 정도의 시간에 적은 비용으로 비교적 간단히 수행이 가능하다는 장점이 있다.

⑤ 간 저장량

체내 저장된 비타민 A의 90% 이상은 간에 저장되므로, 간조직 내 비타민 A 함량을 측정하는 것은 비타민 A의 영양상태를 판정하기에 좋은 방법이다. 정상 범위는 간 조직 1 g당 20 μg 이상이며, 5 μg 이하는 결핍으로 판정한다. 그러나 비타민 A 간 저장량 측정만을 위한 간의 생검은 시행하기 어려우므로, 다른 진단 목적이나 수술 시에 생검하거나 사망 후 부검 시 채취된 조직을 사용해야 한다는 제한점이 있다.

(5) 비타민 D

비타민 D는 뼈의 발달과 유지에 필수적인 영양소로 식품으로 섭취되거나 피부에서 합성될 수 있다. 비타민 D는 두 단계의 수산화과정을 통해 활성화가 된다. 첫번째로, 간에서 비타민 D는 25(OH)D25-hydroxyvitamin D로 전환된다. 다음으로 신장에서 25(OH)D는 비타민 D의 생물학적 활성형인 1,25$(OH)_2$D1,25-dihydroxyvitamin D(칼시트리올)로 전환된다. 체내의 비타민 D는 대부분 25(OH)D 형태이며, 혈액 내 주요 순환 물질이므로 25(OH)D는 비타민 D의 영양상태를 반영하는 좋은 생화학적 지표이다.

① 혈청 25(OH)D 농도

혈청 25(OH)D는 혈청에 존재하는 비타민 D의 주형태로서 반감기가 2~3주로 비교적 길다. 간조직에 저장되어 있는 양을 잘 반영하므로 영양상태 판정에 매우 좋은 지표가 된다. 혈청 25(OH)D의 수준에 의한 비타민 D의 영양판정 기준치는 다음의 표 5-6와 같다. 반면 1,25$(OH)_2$D는 반감기가 4시간으로 짧고, 부갑상선호르몬과 섬유모세포 성장인자-23fibroblast growth factor-23, FGF23에 의해 혈중 수준이 조절되므로 비타민 D의 영양상태를 판정하기에는 적합하지 않다. 혈청 25(OH)D 수준은 식품 섭취 외에도 계절, 일조량 차이, 피부 등에 의해 영향을 받는다.

표 5-6 비타민 D 영양판정을 위한 혈청 25(OH)D 기준치

25(OH)D(ng/mL)	세계보건기구	미국의학협회(NAM, 2011)	미국 내분비학회
결핍	≤11	<12	<20
불충분	11-19	12-19	20~29
충분	≥ 20	≥ 20	≥ 30

자료: 보건복지부, 한국영양학회. 한국인 영양소 섭취기준. 2020

② 혈청 알칼리 포스파타아제

혈청 알칼리 포스파타아제alkaline phosphatase, ALP의 활성은 비타민 D의 영양상태를 측정하는 간접적인 지표이다. 비타민 D의 결핍 정도에 따라 비례적으로 효소활성이 증가한다. 표 5-7와 같이 골연화증, 구루병 및 기타 뼈 질환자에게서 ALP 활성이 증가된다.

표 5-7 정상인과 질환자의 혈청 알칼리 포스파타아제(Alkaline Phosphatase, ALP) 수준

상태	혈청 ALP(U/L)	상태	혈청 ALP(U/L)
정상 신생아	99~298	부갑상선항진증	78~390
정상 성인	57~99	Paget 병	994
구루병 어린이	>399	골암(Neoplasm)	604
골연화증	298	골다공증	36

자료: Gibson RS. Principles of Nutritional Assessment. 2005

(6) 비타민 E

비타민 E는 4종류의 (α-, β-, γ-, δ-) 토코페롤과 4종류의 (α-, β-, γ-, δ-) 토코트리에놀 화합물을 통칭한다. 비타민 E의 8가지 화합물은 생리적 활성이 다르며, 그중 α-토코페롤의 활성도가 가장 높다. 비타민 E의 대표적 기능은 항산화작용이며 그 외에도 신호 전달, 항염증성, 면역력 강화 등의 기능도 있다. 비타민 E의 생화학적 검사 지표로는 혈청, 적혈구, 혈소판 및 조직의 토코페롤 농도를 측정하거나 적혈구 용혈 검사 등이 있다표 5-8.

표 5-8 비타민 E 영양상태 판정의 혈청 기준치

		결핍	부족	양호
혈청 비타민 E(mg/dL)	전 연령	<0.5	0.5~0.7	>0.7
혈청 비타민 E(mg/g lipid)	어린이	<0.6		≥0.6
	성인	<0.8		≥0.8
적혈구 용혈 검사(%)	전 연령	>20	10~20	<10

자료: Machlin LJ. Handbook of Vitamins. 1991

① 혈청 토코페롤 농도

혈청의 α-토코페롤 농도는 비타민 E 영양상태 판정에 가장 많이 이용되는 생화학적 지표이다. 비타민 E는 특이적인 운반체 단백질 없이 혈중에서 지단백질에 의하여 이동된다. 따라서 혈청 총 지질이나 콜레스테롤 수준이 높은 사람은 혈청 토코페롤의 농도도 높으므로, 혈청 토코페롤의 농도는 혈청 부피당 함량을 기준치로 사용하지만 혈청 지질당으로도 조사하여 확인할 필요가 있다.

② 적혈구, 혈소판, 및 조직의 토코페롤 농도

적혈구 토코페롤은 2~3 μg/g으로 농도가 매우 낮아 측정하기 어려우므로 비타민 E 영양상태 판정지표로 사용되기에 활용도가 높지 않다.

혈소판의 토코페롤은 비타민 E의 섭취량을 혈청이나 적혈구 내 토코페롤 양보다 더 잘 반영하며, 혈청 지질량의 영향을 받지 않고 체조직 저장량을 반영하기 때문에 비타민 E

영양상태 판정의 지표로 적합하다. 정상인의 경우 혈소판 토코페롤의 함량은 30 μg/g 정도이다.

지방조직은 비타민 E의 주요 저장 조직이므로 지방조직의 토코페롤 함량을 측정함으로써 몸 전체의 비타민 E 저장상태를 확인할 수 있다. 지방조직은 정상인에게도 채취할 수 있다는 장점이 있으며, 정상인은 대체로 150 μg/g 정도를 함유하고 있다. 그러나 지방 조직 채취가 어려우므로 대규모 집단의 영양판정에는 어려움이 있다.

③ 적혈구 용혈 검사

적혈구 용혈 검사는 비타민 E 영양판정에 쓰이는 대표적인 기능 시험법이다. 이 검사는 적혈구에 비타민 E가 부족하면 자극에 의하여 용혈이 쉽게 일어난다는 원리를 이용하고 있다. 이 검사를 위해서는 적혈구를 분리하여 세척한 뒤, 3시간 동안 2% 과산화수소 또는 증류수에 넣어 3시간 배양한 뒤 적혈구가 파괴되어 유출되는 헤모글로빈의 양을 측정한다.

$$\text{용혈 정도(\%)} = \frac{\text{2\% 과산화수소 용액에서 배양한 적혈구에서 용혈된 헤모글로빈 양}}{\text{증류수에서 배양한 적혈구에서 용혈된 헤모글로빈 양}} \times 100$$

정상인의 경우 5% 미만에서 용혈이 나타나며, 10% 미만이면 양호, 20% 이상이면 결핍으로 판정한다.

4) 수용성 비타민

(1) 비타민 C

비타민 C는 환원형인 아스코르브산ascorbic acid과 산화형인 디하이드로아스코르브산dehydroascorbic acid을 모두 지칭하며, 서로 전환이 가능하다. 비타민 C는 항산화작용을 하며 또한 콜라겐 합성, 카르니틴 합성, 타이로신 합성과 분해, 신경전달물질의 합성 등의 화학반응에 보조 역할을 한다. 비타민 C의 영양상태 판정은 혈청 또는 혈장, 백혈구 내 함량을 측정하는 것이 대표적이다. 비타민 C의 기능 검사법은 신뢰도와 실용성이 떨어져 사용하지 않는다.

① 혈청 및 백혈구 비타민 C 함량

혈청이나 혈장 비타민 C 함량은 비타민 C의 영양상태 판정의 생화학적 방법으로 가장 보편적으로 사용되는 값이다.

혈청 비타민 C는 최근 섭취한 양을 잘 반영하지만, 조직 내 저장 정도를 알기 위해서는 혈장보다는 백혈구에 함유된 비타민 함량을 측정해야 한다. 능동수송에 의해 백혈구로 이동된 비타민 C는 호중구와 임파구에 각각 혈장의 25배, 80배 농축되기 때문이다. 혈청과 백혈구의 비타민 C 영양판정 기준치는 표 5-9와 같다.

표 5-9 비타민 C 영양상태 판정의 혈청 기준치

비타민 C 농도	연령	결핍	부족	충분
혈청(mg/dL)	0~19세	<0.2	0.2~0.6	>0.6
	≥ 20세	<0.2	0.2~0.4	>0.4
백혈구(mg/dL)	모든 연령	0~7	7~15	>15

자료: Simko MD et al. Nutrition Assessment: A comprehensive guide for planning intervention. 1995

비타민 C의 수준에 영향을 미치는 요인은 흡연, 성별의 차이가 있다. 흡연자에게서는 혈청 및 백혈구의 비타민 C 수준이 감소되어 있다. 비타민 C의 섭취량이 같은 경우 여성의 혈청 비타민 C 수준이 남성보다 높았으며, 연령에 따른 차이는 없다.

(2) 티아민

비타민 B_1인 티아민thiamin은 리보플라빈riboflavin, 니아신niacin과 함께 다양한 열량대사 과정에서 조효소 역할을 한다. 이 세 비타민은 체내 저장량이 매우 적고 분해가 빠르며 요로 배설되는 속도도 빠르다. 따라서 섭취 부족 시 지용성 비타민이나 비타민 B_{12}보다 결핍증이 쉽게 나타난다.

티아민의 결핍은 쌀을 주식으로 하는 동아시아와 발효 어육을 섭취하는 동남아 지역에서 각기병으로 발견되었다. 백미는 도정과정에서 티아민이 제거되고, 발효 어육에는 티아민을 분해하는 티아미나아제thiaminase가 있기 때문이다. 또한 식품 섭취가 부족한 노인층이나 알코올 중독자에게서 결핍증이 발견된다. 티아민이 결핍되면 순환계, 근육, 신경 및 소화기에 장애를 일으켜 신경성 다발염, 근육 위축, 부종 등이 나타난다. 그러나 결핍 증세가 타 영양소의 결핍 증세와 구별하기 어려우므로 영양판정에서 생화학적 지표를 필요로 하는 경우가 많다. 티아민의 생화학적 검사방법으로는 혈액이나 소변에 함유되어 있는 티아민의 양을 측정하는 성분 검사법과 조효소로 작용하는 적혈구 트랜스케톨라아제transketolase 활성을 측정하는 기능 검사법이 있으며, 판정을 위한 기준치는 표 5-10과 같다.

표 5-10 티아민 영양상태 판정을 위한 생화학적 방법과 기준치

		경계 결핍 (marginal deficiency)	결핍 (deficiency)
적혈구 트랜스케톨라아제 활성	TPP 효과(%)	15~24	>25
	활성계수	1.20~1.25	>1.25
적혈구 티아민(nmol/L)		70~90	<70
티아민 소변배설량	nmol(μg)/g 크레아티닌	90~220(27~66)	<27
	nmol(μg)/d	133~333(40~100)	<40

자료: Institute of Medicine, Food and Nutrition Board. Dietary Reference Intakes: Thiamin, Riboflavin, Niacin, Vitamin B_6, Folate, Vitamin B_{12}, Pantothenic Acid, Biotin, and Choline. 1998

① 적혈구 트랜스케톨라아제 활성

체내에서 티아민의 조효소 형태는 티아민 피로인산thiamin pyrophosphate, TPP으로 이는 탄수화물대사에서 중요한 역할을 한다. TPP가 조효소로 작용하는 대표적인 효소 반응은 피부르산 탈수소효소pyruvate dehydrogenase, α-케토글루타르산 탈수소효소 α-ketoglutamate dehydrogenase와 오탄당 인산 경로의 트랜스케톨라아제transketolase가 있다. 이 중 트랜스케톨라아제가 적혈구에서 활성이 높아 이 효소활성을 이용하며, 티아민 초기 결핍 상태를 판정하는 가장 정확한 방법이다.

시험 방법은 다음과 같다. 적혈구에서 TPP를 넣지 않은 상태에서 트랜스케톨라아제 활성을 측정하고, 또 다른 시료에서는 과량의 TPP를 첨가하여 효소활성을 측정하고,

TPP 효과나 활성계수를 이용하여 효소활성 증가 정도를 비교한다. 티아민 결핍 정도가 심할수록 티아민을 첨가한 후 효소의 활성증가율이 높아진다.

$$\text{TPP 효과(\%)} = \frac{\text{티아민을 첨가한 후 효소의 활성} - \text{티아민을 첨가하지 않았을 때 효소의 활성}}{\text{티아민을 첨가하지 않았을 때 효소의 활성}} \times 100$$

$$\text{활성계수} = \frac{\text{티아민을 첨가한 후 효소의 활성}}{\text{티아민을 첨가하지 않았을 때 효소의 활성}}$$

② 티아민 소변 배설량

티아민의 소변 배설량은 티아민의 필요량 설정을 위한 대사 연구에서 가장 널리 사용된 지표이다. 티아민의 영양상태가 감소하면 티아민의 소변 배설량은 뚜렷이 감소하고, 또한 티아민 소변 배설량은 최근의 식사 섭취에 의해 영향을 받는다. 티아민의 소변 배설량은 24시간 요를 모아 분석하기도 하고, 수시뇨를 채취하여 크레아티닌을 함께 측정한 뒤 크레아티닌 g당으로 나타내기도 한다.

③ 적혈구 티아민 농도

티아민의 영양상태가 감소하면, 적혈구 내 티아민 피로인산 농도가 다른 조직에서의 농도와 비슷한 속도로 감소함이 보고되었다. 적혈구 티아민 피로인산 농도가 70~90 nmol/L인 경우 경계 결핍, 70 nmol/L 이하인 경우 결핍으로 판정한다. 적혈구 트랜스케톨라아제 활성 측정과 비교하면 냉동 보관 시에도 안정적이며, 표준화하기 쉽고, 효소활성에 영향을 미치는 요인들에 덜 영향을 받는다는 장점이 있다.

(3) 리보플라빈

비타민 B_2인 리보플라빈riboflavin은 FMNflavin mononucleotide과 FADflavin adenine dinucleodie의 구성물질로 체내에서 에너지 대사를 포함한 여러 가지 대사에 조효소로 작용한다. 리보플라빈의 영양판정은 ① 적혈구의 리보플라빈, FAD, FMN 농도, ② 적혈구의 글루타티온 환원효소 활성, ③ 소변 중 리보플라빈 농도로 측정될 수 있다. 리보플라빈의 판정기준치는 다음의 표 5-11과 같다.

표 5-11 리보플라빈의 영양상태 판정을 위한 생화학적 방법과 기준치

시험방법		결핍(high risk)	부족(moderate risk)	양호(low risk)
EGR 활성계수		>1.4	1.2~1.4	<1.2
요의 리보플라빈 (μg/g 크레아티닌)	1~3세	<150	150~499	≥500
	4~6세	<100	100~299	≥300
	7~9세	<85	85~269	≥270
	10~15세	<70	70~199	≥200
	성인	<27	27~79	≥80
	임신(초기)	<27	27~65	66~129
	임신(중기)	<23	23~54	55~109
	임신(후기)	<21	21~49	50~99
성인 (리보플라빈 투여 후)	μg/24시간 요	<40	40~119	≥120
	μg/6시간 요	<10	10~29	≥30
	μg/4시간 요	<1,000	1,000~1,399	≥1,400

자료: Gibson RS. Principles of Nutritional Assessment. 2005

① 적혈구 글루타티온 환원효소 활성

적혈구의 영양상태를 판정하는 가장 민감한 방법은 FAD를 필요로 하는 효소인 적혈구 글루타티온 환원효소erythrocyte glutathione reductase, EGR의 활성을 측정하는 것이다.

$$\text{산화형 글루타티온(GSSG)} + \text{NADPH} + \text{H}^+ \xrightarrow{\text{글루타티온 환원효소 FAD}} \text{환원형 글루타티온(2GSH)} + \text{NADP}^+$$

조사대상자에게서 취한 적혈구에 FAD를 첨가하지 않고 측정하여 글루타티온 환원효소 활성을 구하고, FAD를 첨가하여 효소활성을 측정하여 아래와 같이 EGR 활성계수를 구한다.

$$\text{EGR 활성계수} = \frac{\text{FAD를 첨가한 후 효소활성}}{\text{FAD를 첨가하지 않았을 때 효소활성}}$$

TPP 효과와 마찬가지로 EGR 활성계수가 높을수록 리보플라빈의 영양상태가 좋지 않다는 것을 뜻한다.

② 리보플라빈의 소변 배설량

소변 리보플라빈 수준은 권장량을 설정하기 위한 연구에 사용되었다. 리보플라빈의 소변 배설량도 티아민의 소변 배설량과 마찬가지로 최근의 식사 섭취량을 잘 반영하지만, 체내 저장량을 잘 파악하기는 어려운 지표이다. 리보플라빈의 소변 배설량은 결핍일 때 감소한다. 그 외에도 리보플라빈의 소변 배설량은 나이가 들어가면서 감소하여 어린이가 성인보다 더 많이 배설한다. 또한 스트레스나 약물 복용에 의해서도 변할 수 있다는 한계점이 있다.

(4) 니아신

니아신niacin은 니코틴산nicotinic acid 및 니코틴아마이드nicotinamide을 총칭한다. 니아신의 조효소 형태는 NADnicotinamide adenine dinucleotide 또는 NADPnicotinamide adenine dinucleotide phosphate로 체내에서 산화·환원 반응에 관여하는데, 특히 에너지 대사에서 많은 탈수소효소 반응에서 필수적인 성분이다. 니아신은 식품 자체로도 공급이 되지만, 아미노산의 한 종류인 트립토판은 체내에서 니아신으로 평균 60:1의 비율로 전환 가능하다.

니아신 결핍증은 주로 경제 수준이 낮은 저소득층이나 저개발국, 만성 알코올 중독자, 결핵약이나 백혈병 치료제 복용자에게서 나타난다. 니아신의 영양판정은 니아신의 대사산물의 소변 배설량을 측정하거나 적혈구 니아신 농도를 측정하는 방법이 있다.

① 니아신 대사산물의 소변 배설량

소변으로 배설되는 니아신 대사의 최종산물은 N′-methyl-nicotinamideMNA 및 N′-methyl-2-pyridone-5-carboxamide(2-피리돈)이다. 건강한 성인은 섭취한 니아신의 20~30%를 MNA의 형태로, 40~60%를 2-피리돈의 형태로 배설한다. 실제 2-피리돈의 측정방법이 어려워 MNA만을 측정하기도 한다. 표 5-12는 MNA 배설에 따른 니아신 영양상태 판정 기준을 보여준다. MNA의 단독 측정보다 2-피리돈/MNA가 니아신의 영양상태를 판정하는 데 더 좋은 지표로 알려져 있다. 이 비율은 식사 섭취에 영향을 거의 받지 않으며, 소변 채취 시간에도 무관하여 판정에 유리하다.

표 5-12 N′-methyl-nicotinamide 소변 배설량에 의한 니아신 영양상태 판정

대상		결핍	부족	양호	과잉
성인	mg/g 크레아티닌	<0.5	0.5~1.59	1.6~4.29	≥4.3
	mg/6시간 요	<0.2	0.2~0.59	0.6~1.59	≥1.6
임산부	초기	<0.5	0.5~1.59	1.6~4.29	≥4.3
	중기	<0.6	0.6~1.99	2.0~4.99	≥5.0
	말기	<0.8	0.8~2.49	2.5~6.49	≥6.5
전 연령층	2-pyridone/ N′-methyl-nicotinamide		<1.0	1.0~4.0	

자료: Gibson RS. Principles of Nutritional Assessment. 2005

② 적혈구 NAD

니아신이 고갈상태인 경우 민감하게 감소하는 지표로, 니아신 대사물의 소변 배설량과 함께 민감도와 신뢰도가 높은 판정 지표로 사용된다.

(5) 비타민 B_6

비타민 B_6는 피리독살pyridoxal, PL, 피리독신pyridoxine, PN, 피리독사민pyridoxamine, PM과 각각의 인산화 형태인 피리독살 인산pyridoxal-5'-phosphate, PLP, 피리독신 인산pyridoxine-5'-phosphate, PNP, 피리독사민 인산pyridoxamine-5'-phosphate PMP의 6가지 형태를 총칭한다. 비타민 B_6는 PLP의 형태로 특히 다수의 단백질 대사에 관여하는 효소의 조효소 역할을 하며, 그 중 대부분은 아미노산 대사에 관여한다. 그 외에도 탄수화물, 지방, 핵산 대사에도 관여한다.

비타민 B_6의 영양판정은 혈액과 소변의 비타민 B_6 수준을 측정하는 성분 검사법과 비타민 B_6가 조효소로 작용하는 효소의 활성을 측정하는 기능 검사법이 있다표 5-13.

표 5-13 비타민 B_6 영양상태 판정에 사용하는 생화학적 기준치

생화학적 지표			충분한 수준
직접 검사법	혈액	혈장 PLP	>30 nmol/L
		혈장 총 비타민 B_6	>40 nmol/L
	요	4-pyridoxic acid	>3.0 μmol/day
		총 비타민 B_6	>0.5 μmol/day
간접 검사법	혈액	적혈구 ALT 지수	<1.25
		적혈구 AST 지수	<1.80
	요	트립토판 부하시험	<65 μmol xanthurenic acid/day
		메티오닌 부하시험	<350 μmol cystathione/day

자료: Lee RD. Nutritional Assessment. 2010

① 혈장과 적혈구의 PLP

혈장에 있는 비타민 B_6의 60~90%는 PLP이므로, 비타민 B_6의 생화학적 지표로 많이 측정한다. 건강한 사람에게서 공복 시 혈장 PLP는 비타민 B_6 영양상태를 판단하는 데 가장 좋은 지표이다. 혈장 PLP는 비타민 B_6 섭취 외에 단백질 섭취량 등에 의해 영향을 받을 수 있다. 즉, 비타민 B_6 섭취가 일정해도 단백질 섭취량이 증가하면 혈장 PLP 수준은 감소한다. 따라서 정확한 영양상태 판정을 위해 몇 가지 지표를 함께 사용하는 것이 좋다.

적혈구 PLP는 헤모글로빈과 강하게 결합되어 있고, 적혈구의 수명이 120일로 비교적 길기 때문에 비타민 B_6의 장기적인 영양상태를 반영한다. 그러나 적혈구가 체조직 전체를 대표한다고 할 수 없다는 제한점이 있다.

② 혈장과 소변의 총 비타민 B_6 및 소변의 4-피리독신산

혈장과 요의 총 비타민 B_6는 *Saccharomyces uvarum*이라는 미생물을 사용하여 측정한다. 그러나 혈장 총 비타민 B_6의 경우 혈장 PLP×1.25로 계산하는 경우가 더 많다. 요의 비타민 B_6 수준은 비타민 B_6 상태의 지표로 많이 사용되지는 않으나, 성인에서는 요의 함량은 식사로 섭취하는 양과 관계가 있다고 알려져 있다.

소변의 4-피리독신산pyridoxic acid은 비타민 B_6의 대사산물이며, 비타민 B_6 섭취에 의해 예민하게 영향을 받으므로 단기간의 비타민 B_6 영양섭취상태를 잘 반영한다. 비타민

B_6 결핍 시 4-피리독신산은 소변으로 배설되지 않는다.

③ 트립토판 부하검사

트립토판 부하검사는 비타민 B_6 영양판정 시에 많이 사용해 왔으나, 최근에는 덜 이용하는 추세이다. 이 방법은 트립토판이 니아신으로 전환될 때 PLP를 필요로 한다는 원리를 이용한 것이다. 이 방법을 수행하기 위해 트립토판 2 g을 경구 투여하고 24시간 수집한 요에서 잔스유렌산xanthurenic acid을 분석한다. 비타민 B_6가 부족한 경우, 니코틴산으로 전환되지 못하고 중간 대사산물인 잔스유렌산으로 축적되어 소변으로 배설된다. 잔스유렌산 배설은 비타민 B_6 영양상태 외에도 단백질 섭취량 및 여러 생리요인에 의해 달라진다.

④ 메티오닌 부하검사

메티오닌 부하검사는 PLP가 메티오닌 대사에 활용되는 원리를 이용한 것이다. 3 g의 메티오닌을 경구 투여하고 24시간 요에서 cystathione 등의 대사 산물의 함량을 측정하는 것이다. 비타민 B_6 상태가 좋지 않으면 메티오닌 대사가 원활하지 못하여 대사 산물들의 함량이 축적되어 배설량이 많아진다. 그러나 트립토판과 마찬가지로 단백질 섭취량 등의 요인에 영향을 받는다는 제한점이 있다.

⑤ 적혈구 아미노기 전이효소 활성

비타민 B_6 영양상태에 대한 대표적인 기능 지표로 적혈구 알라닌 전이효소erythrocyte alanine transaminase(ALT 또는 GPT)와 아스파트산 전이효소erythrocyte aspartic acid transaminase(AST 또는 GOT)가 있다. 이 두 가지 효소활성의 반응은 다음과 같다.

$$\text{알라닌} + \alpha\text{-케토글루타르산} \xrightarrow[\text{ALT(GPT)}]{} \text{피부르산} + \text{글루탐산}$$

$$\text{아스파트산} + \alpha\text{-케토글루타르산} \xrightarrow[\text{AST(GOT)}]{} \text{옥살로아세트산} + \text{글루탐산}$$

이 전이효소들은 PLP를 조효소로 사용하기 때문에 체내 비타민 B_6 보유가 부족한 사람은 효소활성이 감소되어 있다. 조사대상자의 혈액에서 적혈구를 분리한 뒤, PLP를 처리하기 전과 후의 효소활성을 측정하여 효소활성 증가 정도를 활성계수를 이용하여 다음과 같이 계산한다. 이는 티아민에서의 TPP 효과나 리보플라빈에서 EGR 활성계수를 사용하는 원리와 같다.

$$\text{활성계수} = \frac{\text{PLP를 첨가한 후 효소의 활성}}{\text{PLP를 첨가하지 않았을 때 효소의 활성}}$$

ALT와 AST 중에서 ALT가 비타민 B_6 상태 변화에 대하여 민감하기 때문에 더 좋은 지표라고 알려져 있다.

(6) 엽산

엽산folate은 체내에서 아미노산이나 핵산 대사과정 중 단일탄소 기능기를 이전하는 반응의 조효소로 작용한다. 특히 엽산은 핵산 대사에서 퓨린과 피리미딘 합성에 필요하므로 DNA 합성에도 꼭 필요하다. 엽산이 부족하면 DNA 합성 및 세포분열, 단백질 합성이 원활하지 못하여 세포분열이 빠른 조직이나 적혈구, 백혈구에 문제가 생긴다. 엽산의 섭취는 특히 빠른 세포분열과 세포 성장이 일어나는 임신기와 유아기에 중요하다. 결핍 증상으로 거대아구성 빈혈이 있으며, 또한 임산부의 엽산 부족은 신생아의 신경관 결함의 위험을 증가시킨다. 따라서 임산부 및 가임기 여성의 엽산 섭취는 매우 중요하다. 엽산의 영양상태는 혈청과 적혈구의 엽산 농도로 판정할 수 있으며 그 외에도 데옥시우리딘 억제시험을 사용할 수 있다.

① 혈청 엽산과 적혈구 엽산

혈청 엽산은 엽산 섭취량에 민감한 지표로, 최근 섭취된 엽산 수준을 반영한다. 반면 적혈구 엽산 농도는 체조직 엽산 저장량을 반영하는 좋은 임상 지표이다. 골수에서 적혈구가 생성될 때 엽산이 적혈구 내로 들어가므로 적혈구의 수명 120일을 고려하면 적혈구 엽산 농도는 장기간의 엽산 상태를 반영한다. 혈청 및 적혈구 엽산의 판정 기준치는 표 5-14와 같다.

표 5-14 혈청과 적혈구 엽산의 판정기준치

항목	결핍	부족	양호
혈청 엽산(ng/mL)	3.0 미만	3.0~6.0	6.0 이상
적혈구 엽산(ng/mL)	140 미만	140~160	160 이상

혈청 엽산 농도를 증가시킬 수 있는 비영양적 요인으로는 급성신부전, 간질환, 적혈구 용혈 등이 있으며, 반면 음주, 흡연, 경구피임약 사용에 의하여 감소된다. 적혈구 엽산 농도는 비타민 B_{12} 부족에 의해서도 낮아질 수 있다.

② 데옥시우리딘 억제시험

데옥시우리딘 억제시험deoxyuridine(dU) suppression test은 엽산 부족 시 일어나는 거대적혈구 형성이 엽산과 비타민 B_{12} 중 어느 것 때문에 결핍증이 생겼는지를 알 수 있는 시험법이다. 이 방법은 골수세포나 DNA 합성이 잘 일어나는 세포를 사용하여 ^{3}H-thymidine이 DNA 내로 유입되는 것으로 측정하며, 세포 배양액에 데옥시우리딘을 첨가하여 ^{3}H-thymidine의 유입 정도를 조사하는 것이다. 데옥시우리딘을 첨가하면 DNA 내로 ^{3}H-thymidine의 유입이 매우 억제되며, 정상인 경우는 ^{3}H-thymidine 유입량이 데옥시우리딘을 첨가하지 않았을 때 비하여 10% 미만으로까지 억제된다. 데옥시우리딘을 첨가하여 ^{3}H-thymidine의 유입이 20% 이상이 되면 엽산 결핍으로 판정한다.

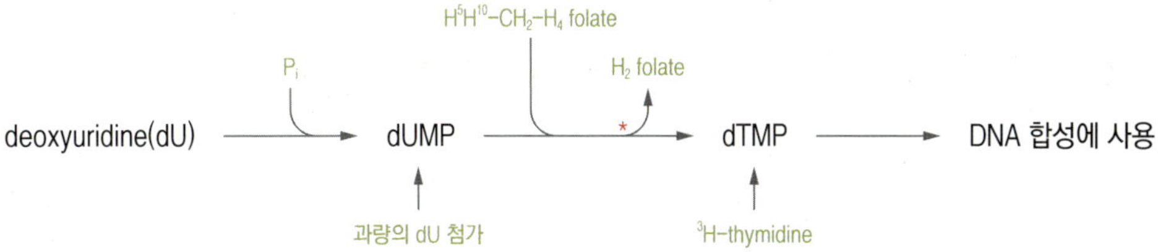

* Thymidylate synthetase 반응: 엽산(FH_4)이 조효소로 작용, 엽산 부족 시 dU로부터 생성된 dUMP가 적어지므로 ^{3}H-thymidine으로부터 생성된 ^{3}H-dTMP가 DNA에 유입 증가

(7) 비타민 B_{12}

비타민 B_{12}는 적혈구의 생성과 성숙, 신경계의 정상적인 기능, DNA 합성 등에서 중요한 역할을 한다. 비타민 B_{12} 필요량은 소량이며 수용성 비타민이지만 체내에 저장되므로 식품 섭취 부족을 통해서는 결핍증이 흔하게 일어나지 않는다. 다만, 비타민 B_{12}의 주요 급원은 동물성식품이므로 채식주의자들의 특별한 주의가 필요하다. 비타민 B_{12} 결핍은 주로 흡수문제로 인해 발생하며, 위를 절제한 사람이나 60세 이상의 고령자에게서 부족의 가능성이 높아진다. 위를 절제하면 비타민 B_{12}의 흡수에 필요한 내적 인자intrinsic factor, IF의 분비가 감소되며, 고령자의 경우 위 기능이 감퇴되어 IF 분비가 감소되기 때문이다. 비타민 B_{12} 결핍은 거대적아구성 빈혈뿐 아니라 위장관, 신경계에도 이상을 초래한다. 비타민 B_{12}의 영양 판정을 위해서는 혈청 비타민 B_{12} 및 홀로트랜스코발라민 II를 측정하거나 메틸말론산 및 호모시스테인 농도를 측정하는 방법, 그리고 쉴링테스트가 있다.

① 혈청 비타민 B_{12} 및 홀로트랜스코발라민 II의 농도

혈청 총 비타민 B_{12} 농도는 비타민 B_{12}의 섭취량과 신체 내 저장량을 반영한다고 알려져 있어 일반적인 영양상태 평가지표가 된다. 그러나 비타민 B_{12} 섭취량이 부족한 경우에도 체내에 저장된 비타민 B_{12}를 사용하여 혈중 농도를 높게 유지하고 있는 경우도 있으므로 논란의 여지가 있다.

비타민 B_{12}와 혈청 단백질인 트랜스코발라민transcobalamin, TC II이 결합된 복합체, 즉 홀로트랜스코발라민holoTC II의 농도는 비타민 B_{12}의 상태를 반영하는 매우 좋은 지표이다. holoTCII는 DNA를 합성하는 모든 세포에 비타민 B_{12}를 전달할 수 있으므로 다른 지표보다 민감도가 좋아 비타민 B_{12} 결핍의 초기 상태를 판정하는 데 유용하게 사용될 수 있다.

② 혈청 메틸말론산 농도와 호모시스테인 농도

비타민 B_{12}는 메티오닌 합성효소와 메틸말로닐-CoA 뮤테이즈methyl malonyl-CoA mutase의 조효소로서 역할을 하며, 이와 관련 있는 대사체의 농도를 측정함으로써 비타민 B_{12}의 영양상태를 판정할 수 있다. 비타민 B_{12} 결핍 시 호모시스테인으로부터 메티오닌이 합성될 수 없어 호모시스테인이 축적되며, 또한 메틸말로닐-CoA가 더 이상 대사되지 못하고 메틸말론산이 축적된다. 따라서 혈청 메틸말론산 농도가 0.4 μM 이상, 호모시스테인 농도가 13 μM 이상이면 비타민 B_{12} 결핍을 의심할 수 있다. 그러나 메틸말론산과 호모시스테인은 측정 비용이 높고 충분한 자료가 축적되지 않다는 제한점이 있다. 또한 혈청 호모시스테인은 비타민 B_6와 엽산의 결핍으로도 증가할 수 있으므로 비타민 B_{12} 결핍의 특징만으로는 볼 수 없다. 소변으로의 메틸말론산 배설량도 비타민 B_{12} 결핍의 지표가 될 수 있으나, 24시간 요의 수집이 어렵고 섭취한 식품에 따라 영향을 받기 때문에 사용에 한계가 있다.

③ 쉴링테스트

쉴링테스트Schilling test는 최근에는 많이 사용되지 않는 방법이나 이전에는 비타민 B_{12} 흡수 결핍에 의한 악성빈혈을 진단하는 방법으로 사용되었다. 코발트의 방사성 동위원소를 함유하는 비타민 B_{12}를 0.5~2.0 μg 정도 소량 경구 투여하고, 1시간 후에 1 mg의 비방사성 비타민 B_{12}를 근육주사로 투여한다. 그 후 24시간 요를 모아 비타민 B_{12}를 측정한다. 정상인 경우 2시간 이내에 많은 양의 방사성 물질이 소변으로 배설되나, 악성빈혈인 경우 24시간 모은 소변에서 방사성 물질 배설량이 5% 이하로 소량 배설된다. 24시간 요를 수집하는 것이 중요하며, 환자의 신장 기능에 문제가 없는지도 고려해야 한다.

5. 혈액의 생화학적 임상검사

혈액의 생화학적 검사는 질병의 진단 및 관리를 위해 이용하는 다양한 혈장과 혈청 분석을 의미한다. 이 검사는 전해질, 효소, 대사산물 및 기타 물질을 측정하는 검사를 포함한다. 표 5-15에 열거된 항목이 임상 진단에 많이 사용되는 혈액의 생화학적 검사 내용이며, 종목마다 정상 참고 범위와 진단 내용이 정리되어 있다.

표 5-15 임상진단에 사용하는 혈청의 검사항목과 정상 참고범위

검사종목	정상 참고범위	진단에 이용되는 사항 및 특징
AST(GOT)	7~27 IU/L	• 심근경색, 골격근, 급성간염, 췌장염 시 상승
ALT(GPT)	8~30 IU/L	• 간염, 간경화, 담관폐쇄, 기타 간손상 시 상승 • 심질환 시 다소 상승, 신장투석 시 감소
알칼리포스타아제 (ALP)	13~39 IU/L	• 간, 뼈, 태반, 장의 질환 상태 진단 • 부갑상선항진증, 골수암 시 상승
젖산탈수소효소 (LDH)	45~90 IU/L	• 심근경색, 간염, 암, 신질환, 화상 및 외상 시 상승 • 이소형태 효소분포가 진단에 필수
빌리루빈	0.2~1.5 mg/dL	• 황달 진단: 총 빌리루빈 상승은 분비장애, 담관 이상 유리 빌리루빈 상승은 용혈성 빈혈, 신생아 간기능장애
혈액요소질소(BUN)	10~18 mg/L	• 신부전, 탈수, 장출혈, 심부전, 요도폐쇄증 시 상승 • 간질환, 수분과잉, 영양실조, 스테로이드 복용 시 감소
크레아티닌	0.6~1.2 mg/dL	• 신장기능 조사: 사구체 손상 시 상승
나트륨	135~145 mmol/L	• 탈수, 설사, 구토, 발한, 화상 시 증가 • 울혈성 심부전, 신장질환 시 감소
칼륨	3.5~5.5 mmol/L	• 신부전증, 애디슨병, 부신질환, 화상, 외상 시 상승 • 이뇨제 복용, 수액 주입, 구토, 설사 시 감소
염소	98~106 mmol/L	• 신장질환, 갑상선항진증, 빈혈, 심장병 시 증가 • 저칼륨혈증, 알칼리혈증 시 감소
칼슘	9~11 mg/L	• 뼈·부갑상선·신장 이상, 암 발생 시 변화
인	3.0~4.5 mg/dL	• 신부전, 부갑상선저하증, 갑상선항진증, 하제 복용 시 증가 • 부갑상선기능항진증, 골연화증, 제산제 복용 시 감소
이산화탄소	24~32 mEq/L	• 알칼리혈증에서 증가, 산성혈증에서 감소
혈당†	70~100 mg/dL	• 당뇨 진단
콜레스테롤‡	200 mg/dL 미만	• 고지혈증, 동맥경화
중성지방‡	150 mg/dL 미만	• 정맥영양 이용도 및 고지혈증 지표 • 간질환, 당뇨, 췌장염, 십이지장염, 갑상선 기능 저하 시 상승 • 영양불량 시 감소

자료: 이삼열. 임상병리검사법. 2000

†대한당뇨병학회. 2023 당뇨병 진료지침(8판). 2023

‡한국지질·동맥경화학회 진료지침위원회. 이상지질혈증 치료지침(5판). 2022

실습

실습 1. 헤마토크릿 측정

헤마토크릿이란 전혈 중에서 적혈구가 차지하는 비율을 의미한다. 이를 측정하기 위하여 혈액의 일부를 취하여 헤파린이나 시트르산, EDTAethylenediaminetetraacetic acid를 가한 뒤 혈액을 원심분리한다. 그 뒤 전혈에 대한 적혈구 층이 차지하는 비율을 %로 표시하여 헤마토크릿 값을 산출한다.

시약 및 기자재

① 헤파린으로 처리한 모세유리관

② 점토

③ 헤마토크릿용 원심기

방법

① 모세관에 전혈을 2/3 정도 채운다.

② 혈액으로 채워진 모세관 한쪽 끝을 점토로 막는다.

③ 헤마토크릿용 특수 고속원심분리기에 헤파린 처리한 모세관을 배열하고 12,000 rpm으로 3~4분간 원심분리한다.

④ 혈액 전체의 부피와 원심분리된 적혈구의 부피를 각각 자로 재어 %를 산출한다.

실습 2. 헤모글로빈 측정

혈액에 페리시안화 칼륨potassium ferricyanide을 가하면 약 5분 이내에 설파헤모글로빈sulfhemoglobin을 제외한 모든 형의 헤모글로빈은 메트헤모글로빈methemoglobin으로 전환된다. 여기에 시안화칼륨potassium cyanide을 가하여 생성되는 시안메트헤모글로빈cyanmethemoglobin을 540 nm에서 흡광도를 측정한다.

시약 및 기자재

① 시트르산 나트륨sodium citrate, EDTA, 헤파린 등의 항응고제가 처리된 시험관

② 헤모글로빈 시약(상품화된 Drabkin 시약, 사용설명서에 따라 조제하고 보관한다.)

③ 표준헤모글로빈액

④ 분광광도계

방법

① 채혈 후 항응고제가 처리되어 있는 시험관에 넣어 잘 혼합한 후 시료로 사용한다.

② 세 개의 시험관에 아래 표와 같이 헤모글로빈 시약 5 mL를 넣은 다음, 증류수 blank, 표준 헤모글로빈액(표준용액) 및 혈액을 각각 넣고 잘 혼합한다. 시료의 경우, 피펫에 묻은 혈액이 잘 씻기도록 헤모글로빈 시약에 여러 번 헹군다.

	blank	표준액	시료
헤모글로빈 시약	5 mL	5 mL	5 mL
증류수	0.02 mL	-	-
표준헤모글로빈	-	0.02 mL	-
혈액(전혈)	-	-	0.02 mL

③ 실온에서 10분간 방치한 후 540 nm에서 흡광도를 측정한다.

④ 시료의 흡광도를 표준헤모글로빈의 흡광도와 비교하여 시료의 헤모글로빈 함량을 산출한다.

실습 3. 혈청과 혈장의 분리

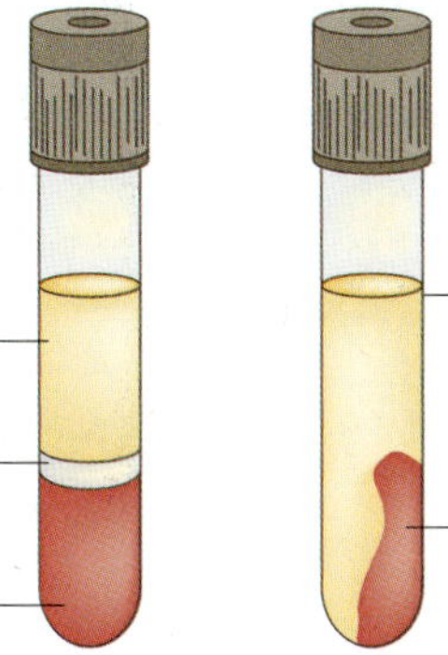

그림 5-7 혈장과 혈청의 분리

시약 및 기자재

① (혈장 분리용) 시트르산 나트륨, EDTA, 헤파린 등의 항응고제로 처리된 진공 튜브,
(혈청 분리용) 항응고제를 처리하지 않은 진공 튜브

② 튜브

③ 피펫

④ 원심분리기

방법

<u>혈장 분리</u>

① 전혈을 EDTA나 헤파린 같은 항응고제로 처리된 진공 튜브에 채취한다.

② 4℃, 3000 rpm에서 10분 동안 원심분리한다.

③ 피펫을 이용하여 상층액을 새 튜브에 옮긴 후 분석 전까지 -20~-80℃에 저장한다.

<u>혈청 분리</u>

① 전혈을 항응고제를 처리하지 않은 튜브에서 채취한 뒤 상온에서 30분간 방치한다.

② 4℃, 3000 rpm에서 10분 동안 원심분리한다.

③ 피펫을 이용하여 상층액을 새 튜브에 옮긴 후 분석 전까지 -20~-80℃에 저장한다.

실습 4. 혈청 단백질의 측정

알부민albumin 측정을 위한 시료로는 혈청이 적절하며, 검사를 위하여 금식은 필요하지 않다. 알부민은 pH 4.2에서 BCG3.3′,5.5′-tetrabromo-m-cresolsulfonphthalein와 결합하여 BCG-알부민 복합체를 형성하는데 이를 628 nm에서 흡광도를 측정한다.

시약 및 기자재

① BCG 시약(상품화된 시약을 사용설명서에 따라 조제하고 보관한다.)

② 알부민 표준(6.0 g/dL)

③ 분광광도계

방법

① 혈청은 실습 3의 방법대로 준비한다.

② 다음의 표와 같이 BCG 시약 5 mL를 넣고 증류수blank, 알부민 표준용액 및 혈청을 각각 넣고 잘 혼합한다.

	blank	표준액	시료
BCG 시약	5 mL	5 mL	5 mL
증류수	0.02 mL	-	-
알부민 표준액	-	0.02 mL	-
혈청	-	-	0.02 mL

③ 628 nm에서 흡광도를 측정한다.

④ 시료의 흡광도(Au)를 알부민 표준용액의 흡광도(Ac)와 비교하여 혈청 시료의 알부민 함량을 다음과 같이 산출한다.

$$\text{Albumin(g/100 mL)} = \frac{\text{Au}}{\text{Ac}} \times 6.0\text{g/100 mL}$$

실습 5. 혈청 콜레스테롤 측정

혈청 콜레스테롤은 주로 상업적 키트kit를 이용하여 측정하며, 시료는 혈청 또는 혈장을 사용한다. 혈청 내 에스테르ester형의 콜레스테롤은 cholesterol ester hydrolase에 의하여 유리형 콜레스테롤과 지방산으로 가수분해된다. 생성된 유리형 콜레스테롤은 기존의 유리형 콜레스테롤과 합하여 총 콜레스테롤을 측정하게 된다. 유리형 콜레스테롤은 cholesterol oxidase에 의하여 산화되면서 생성된 과산화수소가 시약 내에 공존하는 p-chlorophenol과 4-aminophenazone을 산화 축합시켜 적색물질을 만들고 이것을 505 nm에서 흡광도를 측정한다.

시약 및 기자재

① 효소 시약 키트: 완충용액 (pH 6~7), 발색제

② 표준용액(콜레스테롤 200 mg/dL): 효소 시약 키트에 포함

③ 분광광도계

방법 ① 혈청은 실습 3의 방법대로 준비한다.

② 시험관에 다음 표와 같이 증류수 blank, 표준용액 및 혈청 또는 혈장 시료를 각각 20 μg씩 넣고 발색시약을 3 mL 가하여 잘 혼합한 다음, 37℃에서 5분간 반응시킨 후 505 nm에서 흡광도를 측정한다.

	blank	표준액	시료
증류수	20 μg	-	-
콜레스테롤 표준액	-	20 μg	-
혈청시료	-	-	20μg
발색시약	3 mL	3 mL	3 mL

③ 콜레스테롤 표준액의 농도에 기준하여 혈장 콜레스테롤 농도를 계산한다.

실습 6. 혈청 중성지방 측정

혈청 내 중성지방은 지단백 분해효소lipoprotein lipase의 작용에 의해 가수분해되어 글리세롤glycerol을 형성하며, 글리세롤 키나아제glycerol kinase와 ATP의 작용에 의해 글리세롤 인산L-α-glycerol phosphate으로 전환된다. 글리세롤 인산은 글리세롤 인산 산화효소L-α-glycerol phosphate oxidase의 작용으로 과산화수소를 발생시킨다. 생성된 과산화수소는 퍼옥시다아제peroxidase의 존재하에 ESTPN-ethyl-N-sulfopropyl-m-toluidine와 4-aminoantipyrizine과 산화·축합시켜 quinoneimine을 생성하며, 이것을 550 nm에서 흡광도를 측정한다.

시약 및 기자재

① 효소 시약: 지단백 분해효소, 글리세롤 키나아제

② 효소 시약 용해액: N,N-bis(2-hydroxyethyl)-2-aminoethanesulfonic acid (0.427 g/dL)

③ 표준용액(글리세린 300 mg/dL): 효소 시약 키트에 포함

④ 분광광도계

방법 ① 혈청은 실습 3의 방법대로 준비한다.

② 시험관에 다음의 표와 같이 증류수 blank, 표준용액 및 혈청 또는 혈장 시료를 각각 20 μL씩 넣고 발색시약을 3 mL 가하여 잘 혼합한 다음, 37℃에서 10분간 반응시킨 후 550 nm에서 흡광도를 측정한다.

	blank	표준액	시료
증류수	20 μg	-	-
콜레스테롤 표준액	-	20 μg	-
혈청시료	-	-	20 μg
발색시약	3 mL	3 mL	3 mL

③ 중성지방 표준용액의 농도에 기준하여 혈청 중성지방 농도를 계산한다.

실습 7. 혈액 요소질소 측정

혈액 내에 존재하는 요소는 요소가수분해효소urease에 의해 암모니아로 전환된다. 생성된 암모니아를 차아염소산나트륨sodium hypochlorite에 의해 클로라민chloramine화한 후, sodium nitroprusside의 촉매반응으로 sodium salicylate으로 반응시켜서 청색의 화합물을 형성하며, 이를 580 nm에서 측정하여 혈액요소질소의 양을 구한다.

시약 및 기자재

① 요소가수분해효소(0.68 U/mL)

② 효소 시약 용해액: 펜타사이아노나이트로실철(III)나트륨(0.12%)

③ 정색 시약: 차아염소산나트륨(0.06%)

④ 표준용액: 요소(요소질소로서 30 mg/mL)

방법 ① 혈청은 실습 3의 방법대로 준비한다.

② 시험관에 다음의 표와 같이 증류수 blank, 표준용액 및 혈청 시료를 각각 10 μL씩 넣고 효소 시약을 1 mL 가하여 잘 혼합한 다음, 37℃에서 5분간 반응시킨다. 그 후 정색시약을 1 mL 가하여 잘 혼합한 후, 37℃에서 10분간 가온시킨다. 그 후 1시간 이내에 580 nm에서 흡광도를 측정한다.

	blank	표준용액	시료
증류수	10 μL	-	-
요소 표준용액	-	10 μL	-
혈청	-	-	10 μL
효소시약	1 mL	1 mL	1 mL
37℃에서 5분간 반응			
정색시약	1 mL	1 mL	1 mL
37℃에서 5분간 반응			

③ 요소 표준용액의 농도에 기준하여 혈액요소질소 농도를 계산한다.

실습 8. 24시간 요의 수집과 정성 검사

시약 및 기자재

① 소변 수거 용기(2 L)

② 톨루엔 약간(2~3 mL)

③ 메스실린더

④ 요 검사용 스트립(백혈구, 단백질, pH, 포도당, 케톤, 혈액, 빌리루빈 검출용)

방법

① 24시간 요 수집: 소변 수거 용기에 톨루엔 2~3 mL를 가하고 아침 8시에 완전히 배뇨시킨 후, 다음 날 아침 8시까지 배설된 24시간 요를 수집한다.

② 24시간 소변의 양 측정: 메스실린더로 측정하여 기록한다.

③ 정성검사: 검사용 스트립을 소변에 잠깐 적신 후 꺼내어 검출되는 물질들과 pH를 확인한다.

실습 9. 요 크레아티닌 측정

크레아티닌은 알칼리 용액 속에서 피크르산picric acid과 반응하여 붉은색의 크레아티닌-피크르산염 creatinine picrate salt을 만든다. 이 원리를 바탕으로 시료 용액과 크레아티닌 표준용액에 대하여 비색 정량한다.

시약 및 기자재

① 크레아티닌 표준용액(1 mg/mL 0.1 N HCl): 100 mL 용량 매스플라스크에 크레아티닌 0.1 g을 넣은 후 0.1 N HCl로 눈금선까지 채운다.

② 1% 피크르산 용액: 1 L 매스플라스크에 피크르산 10 g을 넣은 후 증류수로 눈금선까지 채운다.

③ 10% NaOH

④ 분광광도계

방법 ① 24시간 요는 실습 7의 방법대로 준비한다. 수시뇨를 사용할 경우에는 식후 2시간이 경과된 후, 심한 운동은 하지 않은 상태에서 채취한다.

	blank	표준용액-1	표준용액-2	시료
크레아티닌 표준용액		0.05 mL	0.1 mL	
0.1 N HCl		0.05 mL	-	
증류수	0.1 mL	-	-	0.05 mL
요	-	-	-	0.05 mL

② 시험관에 다음과 같은 순으로 시료 및 시약을 첨가한다. 시료 양은 0.1 mL까지 증가시킬 수 있으며, 이때에는 증류수 0.05 mL를 첨가하여 양을 맞춘다.

③ 각 시험관에 1% 피크르산 용액을 2 mL씩 넣는다.

④ 10% NaOH를 0.15 mL씩 잘 넣고 혼합한 뒤 15분간 방치한다.

⑤ 증류수를 7.5 mL 첨가하여 잘 혼합한 후 520 nm에서 흡광도를 측정한다.

⑥ 표준용액의 흡광도와 비교하여 요 크레아티닌의 값을 계산한다.

CHAPTER

6

임상증상조사

1. 임상증상조사의 개요
2. 임상증상을 통한 영양판정

임상증상을 통한 영양상태 평가는 영양상태의 변화에 의해서 나타나는 신체의 여러 가지 결핍 및 과잉 증상을 조사하는 것이다. 그러나 영양불량의 결과가 임상증상으로 나타나기까지의 단계는 매우 복잡하며, 서서히 진행된다. 특정 영양소의 섭취가 불량하여 이들 영양소의 이용에 장애가 생기게 되면 이 영양소의 체내 저장량이 변화한다. 이러한 상태가 오랫동안 지속되면 세포나 조직에 해부학적인 변화가 나타나고, 결국 기능장애를 초래하여 임상적인 신체 증상이 나타난다.

1. 임상증상조사의 개요

1) 임상증상조사의 개념

임상증상조사란 영양상태에 따라 변하는 신체의 증상 또는 징후를 통하여 영양소의 결핍, 부족, 과잉 등의 상태를 조사하고 진단하는 영양판정 방법이다. 증상은 대상자가 보고하는 신체에 나타나는 상태나 증세이고, 징후는 잘 훈련된 조사자에 의해 관찰되는 신체 현상이다. 임상증상의 관찰을 통한 영양상태의 판정은 임상증상을 진단할 수 있는 의료전문인에 의하여 행해지는 것이 원칙이다.

2) 임상증상조사의 장단점

(1) 장점

- 임상증상조사는 특별한 분석장비나 측정도구, 공간이 불필요하므로 다른 영양판정 방법에 비해 상대적으로 비용이 저렴하다.
- 영양불량이 심각한 지역사회에서 임상증상이나 징후에 의한 영양판정을 수행할 경우 비교적 단시간에 많은 사람을 대상으로 유용한 정보를 얻고, 영양문제를 파악할 수 있다.
- 임상증상이나 징후로부터 식사섭취조사나 생화학적 검사로 측정할 수 없는 영양불량의 단서를 파악할 수 있다. 또한 임상증상조사를 통하여 다른 질병의 징후를 찾아낼 수도 있으므로 질병의 진단과 치료에 도움이 된다.

(2) 단점

- 조사자의 자질과 주관에 따라 대상자의 영양상태 판정에 차이를 가져올 수 있다. 따라서 훈련된 의료전문인에 의해 조사가 수행되어야 한다.
- 신체적으로 나타나는 임상증상은 어떤 특정 영양소의 결핍이나 과잉으로 한정지어 해석하기 어렵다. 영양 결핍이나 과잉 증상은 여러 가지 영양소의 복합적 작용에 의

하여 나타날 수 있고, 또한 환경적 요인과 신체 기능에 따라 다르게 나타날 수 있기 때문이다.

- 임상증상이나 징후가 나타날 정도의 영양상태 불량은 이미 심각한 상태의 영양 결핍이나 과잉이 진행된 것으로 볼 수 있다. 따라서 영양문제 발생 시에 이를 조기에 발견하고 치료한다는 관점에서는 다소 제한점을 갖는다.

2. 임상증상을 통한 영양판정

1) 영양불량과 관련한 신체 징후

임상증상을 통해 영양상태를 판정하기 위해서는 신체 징후에 대한 확실한 기준이 요구된다. 임상증상을 통한 영양판정은 피부, 눈, 머리카락, 점막 등의 상피조직이나 기관에 나타나는 변화를 관찰하는 것이다표 6-1.

표 6-1 영양상태를 나타내는 대표적 신체 징후

신체 부위	영양양호 상태	영양불량 상태
머리카락	윤기가 흐르고 단단하며 쉽게 빠지지 않음	윤기가 없고 건조해 보임. 쉽게 빠지고 색깔이 변함. 숱이 적음
얼굴	피부색이 균일하고 건강해 보이며 붓지 않음	안색이 변해 있으며, 피부가 벗겨지거나 부스럼이 있음
눈	점액은 물기가 있고 건강한 분홍색임. 눈가가 붓지 않고 핏발이 없음. 눈동자가 맑음	눈 점막이 창백하고, 눈가에 핏발이 있으며, 건조하고 염증이 있음. 비토반점이 있음
입술	부드럽고 터지거나 붓지 않았으며 촉촉함. 색깔이 좋음	입안의 점막이 붉고 푸석하며 피가 잘 남. 건조하여 껍질이 벗겨짐
혀	분홍색이며 붓거나 너무 반반하지 않음. 표면이 오톨도톨함	부어 있고 주황색이 나는 붉은색이며 혀의 돌기가 충혈되어 있음
치아	충치가 없고 통증이 없으며, 아래턱이 반듯함. 색깔이 변해 있지 않음	충치나 빠진 이가 있으며, 표면이 닳았고 치아가 고르지 않음. 반점이 있음
잇몸	출혈이 없고 부어 있지 않음	피가 잘 나며, 염증이 있고 잇몸이 가라앉아 있음
피부	반점이나 부종이 없고 피부색이 좋음	거칠고 건조하며 각질화되었음. 창백하고 염증이 있음. 멍과 염증이 있음

표 6-1 (계속)

신체 부위	영양양호 상태	영양불량 상태
손톱	단단하고 분홍색임	손톱이 휘었음. 잘 부러지며 울퉁불퉁함
근육, 골격	근육이 잘 발달되어 있으며 단단함	근육이 연약하고 무기력함. 근육활동이 좋지 않음
심혈관계	정상적인 심장박동과 리듬, 부정맥이 없고 혈압이 정상임	비정상적인 맥박, 비대한 심장, 고혈압
소화기계	식욕과 소화기능이 좋고 규칙적인 배변이 있음	식욕 감퇴, 소화불량, 변비, 간 비대
신경계	정신적으로 안정된 상태, 정상적인 반사를 보임	주의가 산만, 손발의 지각 이상으로 감각의 위치를 분별 못함. 비반사작용을 보임

자료: 보건사회부. 영양교육용 지침서. 1990

2) 단백질-에너지 영양불량

단백질-에너지 영양불량은 가장 빈번히 발생하는 영양불량이며, 대표적인 예로는 마라스무스marasmus와 콰시오커kwashiorkor를 들 수 있다. 마라스무스와 콰시오커는 식품섭취의 심각한 부족에서 오는 경우가 많아 저개발국가의 어린이들에게서 주로 발견된다. 이들 영양불량의 전형적인 특징을 비교한 내용은 표 6-2와 같다.

표 6-2 마라스무스와 콰시오커의 특징 비교

항목	마라스무스	콰시오커
골격·근육	심각한 손실	거의 손실 없음
혈청 단백질	비교적 정상	심각한 감소
지방조직	심각한 손실	보존됨
체중	심각한 감소	비교적 정상
부종	없음	흔한 증상
가능 원인	기아, 에너지와 단백질의 동시 결핍	에너지는 충분하나 단백질 결핍

자료: Lee RD. Nutritional assessment. 2010

(1) 마라스무스

단백질 결핍이 에너지 결핍과 함께 나타난 상태를 마라스무스marasmus라고 한다그림 6-1. 이러한 영양결핍은 에너지와 단백질이 모두 극심하게 부족한 식사에서 기인하므로 영양적으로 매우 심각한 위험상태이다. 주로 기아상태에서 나타나며, 체지방의 저장량이 거의 없어 피골이 상접해 보이고 근육량도 거의 없어 어린이의 경우에도 마치 노인의 모습과 같이 보인다. 영양보충이 적절하게 이루어지지 않으면 대개 감염에 의해 사망하게 된다.

(2) 콰시오커

콰시오커kwashiorkor는 전 세계적으로 저개발국가에서 흔히 볼 수 있는 전형적인 단백질 결핍증이다그림 6-2. 어린이에게서 주로 나타나며, 성장이 지연되고 감염에 대한 저항력도 저하되며 설사와 탈수 등을 동반한다. 또한 피부질환이 생기면서 피부가 거칠어지고 탈색되며 빈혈, 간 비대 증상이 나타나고, 더 진전되면 부종이 발생한다. 단백질 결핍은 머리카락이 잘 자라지 않거나, 건조하여 잘 부서지며 쉽게 빠진다. 또는 머리카락이 자라는 동안 점진적으로 탈색되며 나타나는 깃털 징후flag sign가 발견된다. 성장부진, 비늘 모양의 피부, 지방간, 무감각 증상을 보이기도 한다. 처음에는 단백질 섭취의 부족 증상이 매우 약하게 나타나다가 점점 심각한 상태로 발전하면서 심하면 사망하게 된다.

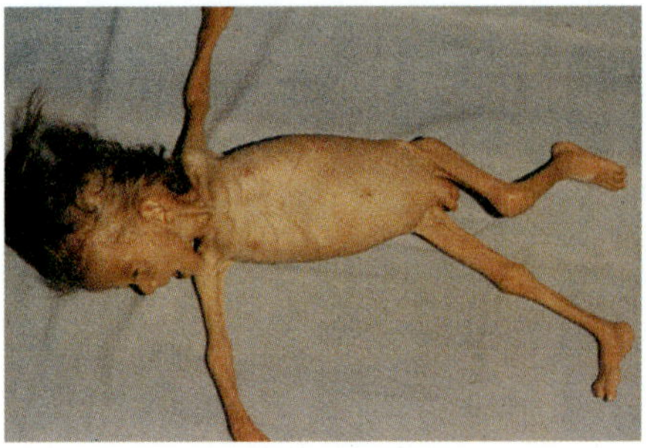

그림 6-1 마라스무스

자료: McLaren DS. Nutritional disorders. 1981

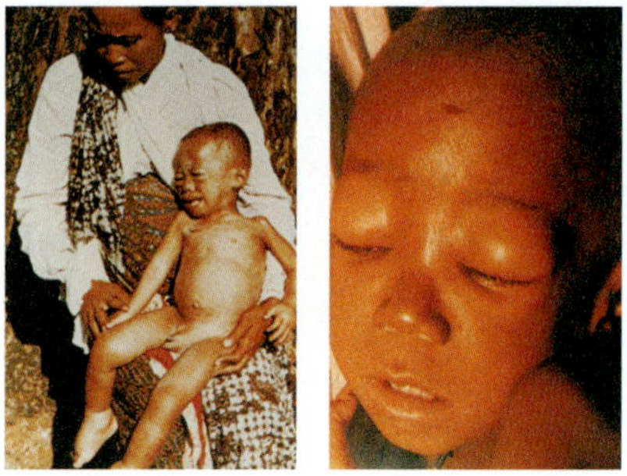

그림 6-2 콰시오커

자료: McLaren DS. Nutritional disorders. 1981

3) 비타민 영양불량

비타민 영양불량은 비타민 결핍증과 과잉증으로 구분할 수 있다. 비타민 결핍증이 나타나는 것은 개인의 비타민 결핍 정도, 체내 저장량, 신체의 비타민 요구량에 따라 달라진다. 비타민 섭취량이 감소하여 체내 저장량이 점차 고갈되면서 오래 지속되면 생화학적 장애가 나타난다. 이러한 생화학적 이상이 점차 심화되면 여러 생리기능에 손상이 오면서 세포의 손상을 동반한다. 이때 비타민 결핍의 임상증상이 나타나며, 어떠한 조직 세포가 더 심각한 영향을 받느냐에 따라서 특정한 임상증상이 관찰된다표 6-3 그림 6-3.

표 6-3 비타민 영양불량에 따른 증상과 징후

항목	생리적 기능	결핍 증상	과잉 증상
비타민 A	시각의 정상화, 상피조직의 정상 분화, 항산화작용	야맹증, 결막건조증, 각막건조증, 상피조직 퇴화, 비토반점	구토, 오심, 두통, 설사, 식욕부진, 건조한 피부, 체중 감소, 탈모, 자연 유산, 기형아 출산, 신경과민
비타민 D	칼슘대사 및 뼈대사	구루병, 골연화증, 골다공증	갈증, 피로, 구토, 체중 감소, 고칼슘혈증, 고칼슘뇨증, 연조직이 석회화로 손상됨
비타민 E	항산화제, 지질의 산화방지, 적혈구 세포막 보호작용	용혈성빈혈, 저체중아, 미숙아, 낭포성섬유종	비타민 K의 혈액응고 작용 방해, 위장장애, 설사, 지방간, 두통, 피로감, 근육 약화
비타민 K	혈액응고 촉진	혈액응고 장애, 신생아 출혈	알려진 바 없음
비타민 C	콜라겐 합성, 카르니틴 합성, 신경전달물질 합성	괴혈병, 점상출혈, 권태감	메스꺼움, 복통, 설사, 통풍, 두통
비타민 B_1	당질 대사의 보조효소	건성 각기병: 신경장애 습성 각기병: 식욕부진, 소화불량	알려진 바 없음
비타민 B_2	당질, 지질, 단백질, 에너지 대사의 보조효소	구순염, 구각염, 설염, 지루성 피부염	알려진 바 없음
니아신	당질 산화, 지방산 생합성의 보조효소	펠라그라(피부염, 설사, 치매)	모세혈관 확장, 피부충혈, 불규칙한 심장박동, 저지방혈증, 고혈당증, 두통, 소화기장애
비타민 B_6	아미노산 대사의 보조효소	빈혈, 체중 감소, 우울증, 피부염, 구각염, 근육경련, 신경과민, 설염	무력감, 불면증, 불안정, 손발 무감각

표 6-3 (계속)

항목	생리적 기능	결핍 증상	과잉 증상
엽산	DNA 염기 합성, 메티오닌 합성	거대적아구성빈혈(악성빈혈), 뇌신경관 손상 신생아 출산	악성빈혈 증세, 신장 비대
비타민 B_{12}	메티오닌 합성, DNA 합성, 신경세포 정상 유지	거대적아구성빈혈(악성빈혈), 신경계 손상	다혈구혈증, 여드름성 발진

자료: Nieman DC. Nutritional assessment (7e). 2019

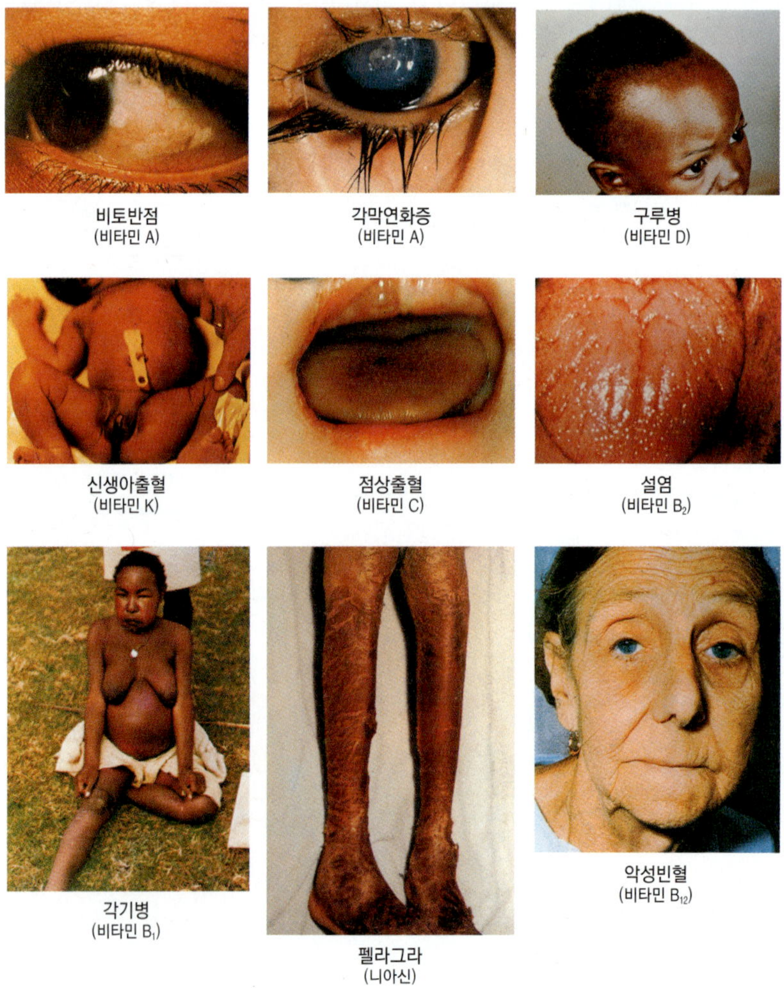

그림 6-3 비타민 결핍 증상의 예

자료: McLaren DS. Nutritional disorders. 1981

4) 무기질 영양불량

무기질은 신체 내 많은 대사과정에 관여하여 중요한 조절작용과 촉매기능을 한다. 무기질의 결핍이나 과잉 섭취에 의한 대표적 신체 증상과 징후는 표 6-4, 그림 6-4, 그림 6-5와 같다.

표 6-4 무기질 영양불량에 따른 증상과 징후

항목	생리적 기능	결핍 증상	과잉 증상
철	골수의 조혈작용을 도움, 헤모글로빈과 미오글로빈의 구성 성분	철결핍성빈혈(피부창백, 피로, 호흡곤란, 식욕부진)	혈색소증
칼슘	골격과 치아 구성, 혈관과 근육의 수축과 이완, 신경흥분 증가, 혈액응고, 대사조절	골다공증, 골연화증	신장결석
요오드	갑상선호르몬의 구성 성분	갑상선종, 크레틴병	갑상선기능항진증
셀레늄	항산화작용, 효소의 구성성분	근육통, 심장근병, 성장 지연	복통, 오심, 구토, 혼수, 간세포 손상, 윌슨병
아연	효소의 구성성분, 면역기능, 성장인자, 상처 회복	상처 회복 지연, 미각 및 후각 저하, 식욕부진, 성장 지연, 탈모증, 피부염, 면역기능 저하, 소아구성빈혈	경련, 구토, 복통, 현기증, 혼수, 면역기능 억제, 간세포 손상
구리	효소의 구성성분, 철의 흡수와 이용을 도움	면역기능 저하, 적혈구 감소, 성장장애, 당내성 저하	윌슨병
불소	충치 예방, 골다공증 예방	충치	치아 반점

자료: Nieman DC. Nutritional assessment (7e). 2019

갑상선종
(요오드)

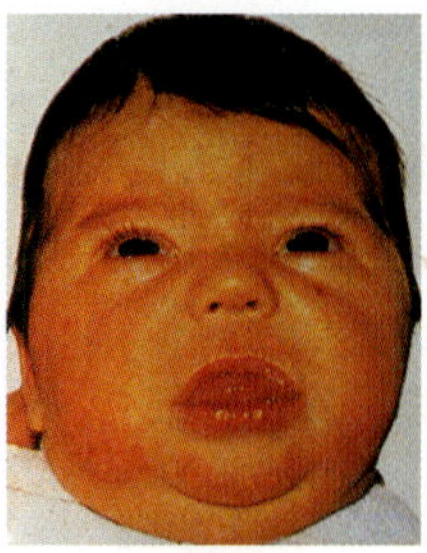

크레틴병
(요오드)

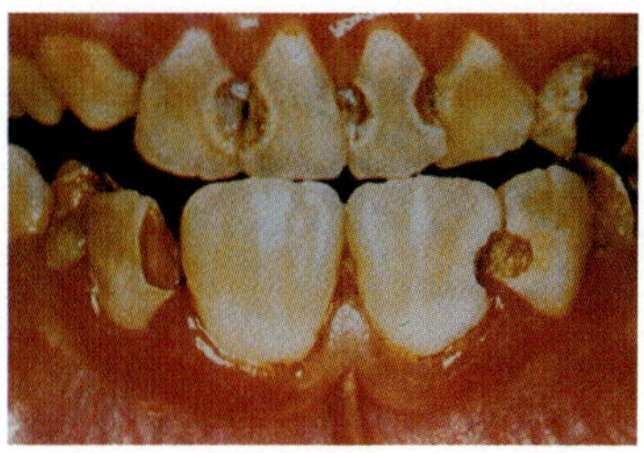

충치
(불소)

그림 6-4 무기질 결핍 증상의 예

자료: McLaren DS. Nutritional disorders. 1981

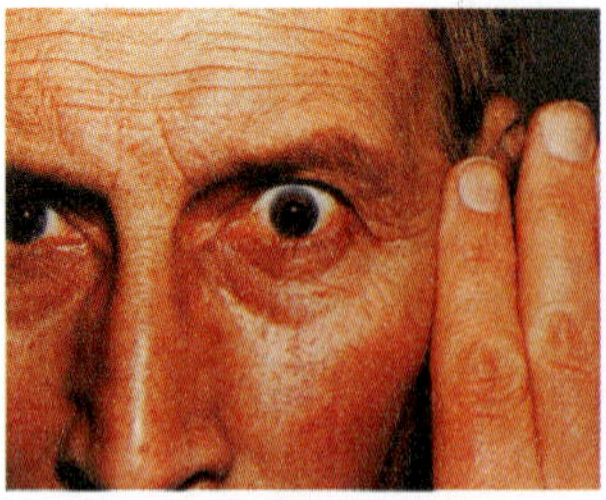

혈색소증
(철)

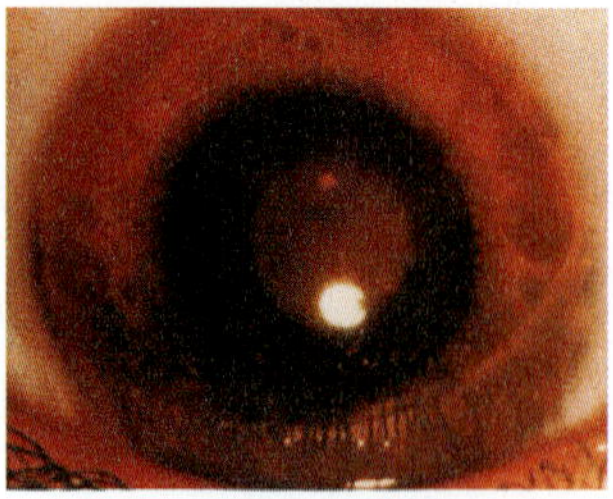

윌슨병
(구리)

그림 6-5 무기질 과잉 증상의 예

자료: McLaren DS. Nutritional disorders. 1981

5) 섭식장애 영양불량

섭식장애는 대표적으로 신경성 식욕부진anorexia nervosa과 신경성 폭식증bulimia nervosa을 말하며, 흔히 식행동과 관련한 장애와 영양불량이 나타난다. 신경성 식욕부진은 체중을 최소로 유지하려고 하며, 체중 증가에 대한 극도의 두려움, 체형이나 신체 크기에 대한 왜곡된 인식을 가지고 있는 것이 특징이다. 신경성 식욕부진의 임상증상 및 징후는 현저한 체중 감소, 다이어트와 음식 섭취 거부, 우울증이나 불안, 피로감 등이다. 신경성 식욕부진은 저혈압, 골밀도 감소, 근육 손실, 탈수, 부종, 빈혈, 탈모, 무월경과 불임 등의 합병증을 가져올 수 있다. 신경성 폭식증의 경우 반복되는 폭식, 폭식 후 구토, 금식, 설사제 등의 약물 복용, 또는 과도한 운동 등 체중 증가를 방지하기 위한 행동을 하는 것이 특징이다. 신경성 폭식증의 임상증상 및 징후로는 보통은 정상체중 범위에 있으나 저체중이나 과체중인 경우도 있으며, 치아 문제나 충치, 위장관 문제, 우울증 및 불안, 탈수나 전해질 불균형 등이 나타날 수 있다.

CHAPTER

7

영양판정의 활용

1. 환자의 영양판정
2. 지역사회에서의 영양판정 적용
3. 영양역학 연구

영양판정이 가장 많이 활용되는 사례는 병원에서 환자를 대상으로 영양판정을 수행하는 경우이다. 환자의 영양상태는 질병의 치료 및 예후에 미치는 영향이 매우 크다. 따라서 병원에서는 환자의 영양상태를 정확하게 판정하고, 임상 관련 영양불량을 확인하여 진단하며, 이에 따라 영양중재를 수행한 후 영양상태를 모니터링하고 평가를 실시한다. 또한 영양판정은 지역사회의 영양문제 개선을 위한 식품영양정책의 수립 및 시행에 앞서 지역사회의 영양문제를 파악하기 위해 활용되고, 지역사회 영양프로그램 및 사업의 평가에도 활용된다. 영양판정은 식사와 질병 위험과의 관계를 연구하는 영양역학 분야에서도 필수적인 기술로 고려되고 있다.

1. 환자의 영양판정

1970년대 중반 영국과 미국 등에서 입원환자의 약 20~50% 정도가 영양불량 상태에 있다고 보고된 이후, 병원에서 환자의 영양상태에 대해 관심을 가지기 시작했고, 많은 입원환자에서 단백질-에너지 결핍protein-energy malnutrition, PEM, 빈혈, 저알부민혈증 상태가 보고되었다. 이러한 영양불량 환자는 영양상태가 좋은 환자에 비해 수술 후 감염증과 합병증 위험률이 증가하고, 재원기간이 길어지며, 사망 위험도 증가한다.

따라서 환자의 영양상태가 환자의 질병 예후나 치료 효과에 영향을 미치는 중요한 요인이기 때문에 치료 이전에 환자의 영양상태를 잘 평가하여 환자에 따른 합리적인 영양치료법을 질병치료와 같이 계획하고 실시하는 것은 매우 중요하다. 이를 통해 입원환자들에게 영양판정과 판정 결과에 따른 적절한 임상영양 치료를 실시할 경우, 환자의 영양상태가 증진될 뿐만 아니라 병상 회전율 증가를 가져오고, 의료비 절감 및 국고부담 감소의 효과를 가져올 수 있다.

1) 임상영양사 제도

임상영양사는 질병예방과 건강관리를 위하여 영양판정, 영양상담, 영양모니터링 및 평가 등의 업무를 수행하는 영양사이다. 임상영양사는 영양사의 업무 중 특히 임상영양과 관련되는 분야, 즉, 병원, 보건소 등의 의료기관 또는 기타 영양상담 분야의 업무를 담당하는 영양사이다. 임상영양사는 개인 또는 집단의 영양관련 자료를 수집, 검토, 분석하여 영양상태를 평가하며, 영양판정을 하고 이에 따른 영양진단 후 개개인에 적합한 영양상담 및 교육, 조정 등의 영양중재를 시행하며, 타 의료진과의 협업, 관련자료 모니터링 등 피드백을 통해 종합적인 영양관리를 제공하는 전문인이다.

2013년 임상영양사 자격이 법제화되면서, 임상영양사는 「국민영양관리법」에 근거하여, 임상영양사 교육기관으로 지정된 기관에서 전문적이며 체계적인 임상영양교육과정을 수료하고, 보건복지부장관이 실시하는 임상영양사 자격시험에 합격해야 한다그림 7-1.

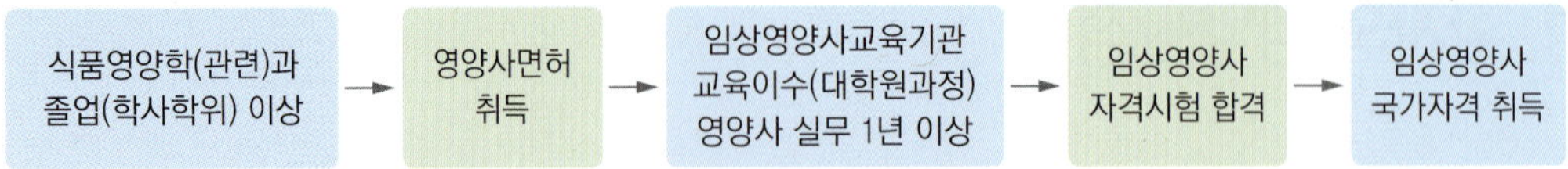

그림 7-1 임상영양사 자격취득 과정

2) 영양관리과정

영양관리과정nutrition care process, NCP은 임상영양사가 환자에게 안전하고 효과적인 양질의 영양관리를 제공하는 과정을 표준화한 것이다. 환자가 가지고 있는 영양관련 문제는 개인의 특성 및 환경 등에 따라 독특하기 때문에 환자마다 매우 다양하다. 따라서 환자 개개인의 조건에 알맞게 개별화된 관리가 이루어져야 한다. 영양관리과정은 환자가 받는 영양관련 관리가 일관되고 동일한 품질이 되도록 고안되었고, 영양관리의 최종 결

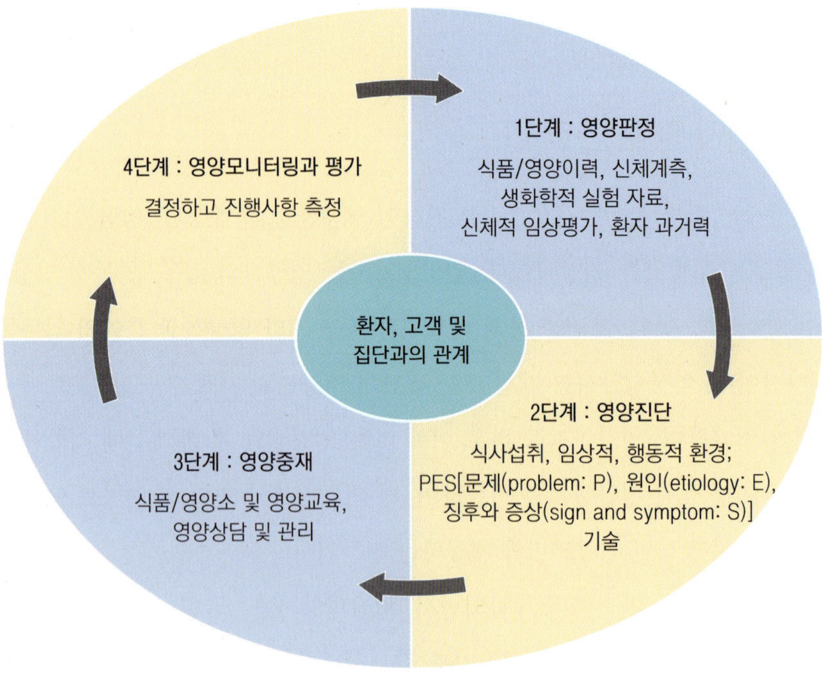

그림 7-2 영양관리과정의 과정

자료: 이복희 외. 영양판정 7판. 2021

과물이 예상 가능하도록 설계되어 있다. 영양관리과정은 영양판정, 영양진단, 영양중재, 영양모니터링과 평가의 네 단계로 구성되어 있다그림 7-2.

(1) 영양판정

첫 번째 단계인 영양판정nutritional assessment은 개인의 영양상태와 관련된 다양한 자료를 수집, 확인, 기록 및 해석하는 과정이다. 영양판정을 위해 수집하는 자료는 5가지 영역으로 구분되어 있고, 각 영역별 세부 내용은 표 7-1과 같다.

표 7-1 영양판정의 영역

영역	분류
식품/영양소와 관련된 식사력	• 현재 식사상태, 영양교육 경험 여부 • 식품과 영양소 섭취 • 지식/신념/태도 • 식품과 영양 관련 자원 이용에 영향을 주는 요인 • 신체 활동 및 기능 • 영양적 측면에서의 삶의 질 등
생화학적 자료, 의학적 검사와 처치	• 생화학적 자료(전해질, 혈당, 지질, 알부민 등) • 의학적 검사(위 배출속도, 안정시 대사율 등)
신체계측	• 키, 체중, 체중변화력 • 체질량지수, 성장률/백분위수
영양관련 신체검사 자료	• 활력증후(혈압, 체온 등) • 신체 관찰 시 소견 • 근육과 지방 소모, 부종 • 삼킴기능, 식욕부진 등
환자(고객) 과거력	• 개인력(성별, 나이 등) • 의료/건강/가족력 • 사회력 등

(2) 영양진단

두 번째 단계인 영양진단nutritional diagnosis은 임상영양사가 영양치료/중재를 통해 해결할 수 있거나 개선할 수 있는 영양문제를 규명하여 기술하는 것이다. 영양진단에서 영양문제는 섭취와 관련된 문제 영역, 의학적/신체적 상태와 관련된 임상영역, 지식, 신념/태도, 물리적 환경, 식품 이용 또는 안전과 관련된 행동-환경영역의 3가지로 구분할 수 있다. 영양문제 파악을 통한 영양진단은 문제problem: P, 원인etiology: E, 징후와 증상sign and symptom: S의 3개의 요소를 포함한 표준화된 영양진단서술문으로 기술한다. 영양진단은 의학적 진단과는 다르다. 의학적 진단이 비만인 경우, 영양진단과 영양진단기술문의 예시는 다음과 같다표 7-2.

표 7-2 의학적 진단에 가능한 영양진단 및 영양진단문의 예시

의학적 진단	영양문제(P)	병인(E)	징후/증상(S)
비만	비만	에너지 섭취량이 필요추정량보다 많고 신체활동이 적음	현 체중: 적정 체중의 175%
	에너지 섭취 과다	에너지필요추정량보다 많은 에너지 섭취	에너지필요량의 약 150% 이상 섭취
	신체활동 부족	운동시간 부족	운동을 전혀 하지 않음(환자 자가보고)

(3) 영양중재

세 번째 단계인 영양중재nutritional intervention는 환자의 영양문제를 해결하기 위해서 영양소 섭취, 영양관련 지식과 행동, 식사에 영향을 미치거나 지원 관리 및 서비스에 접근할 수 있는 환경 조건을 변화시킬 수 있도록 계획하고 실행하는 것이다. 영양중재방법의 선택은 개인의 영양진단과 그 원인에 따라 결정된다. 영양중재방법은 식품/영양소 제공, 영양교육, 영양상담 및 영양관리를 위한 다분야 협력의 4가지 영역으로 분류한다.

표 7-3 영양중재의 4가지 영역

영역	내용	분류
식품/영양소 제공	식품, 영양소 제공을 통한 개별적 접근법	• 식사와 간식의 제공 및 조정 • 장관과 정맥영양 제공 및 조정 • 보충제 제공 및 조정 • 식사지원 • 식사환경 조성 • 영양관리, 약물관리
영양교육	스스로 식품을 선택하고 식습관을 관리하는 기술과 지식을 교육, 훈련 시키는 방법	• 초기/기본 영양교육 • 포괄적 영양교육
영양상담	대상자와 상담자 간 관계를 통해 영양중재 전반과정에 대상자가 책임감을 갖고 스스로 관리할 수 있도록 지지하는 과정	• 이론적 근거/접근 • 전략
영양관리를 위한 다분야 협의	영양관련 문제의 개선을 도울 수 있는 다른 분야의 전문가나 기관 등과 협의, 협조를 의뢰하는 방법	• 영양관리과정 중 타 분야의 협조 • 퇴원 및 타 기관 의뢰

자료: 김원경. 임상영양사를 위한 질환별 FOCUS C VIII. 영양관리과정(Nutrition Care Process, NCP)의 이해. 2013

(4) 영양모니터링 및 평가

영양관리과정의 마지막 단계인 영양모니터링 및 평가nutritional monitoring and evaluation는 영양관리의 진전 정도를 평가하고 바람직한 결과를 달성했는지 파악하는 것이다. 영양모니터링과 평가는 영양관리의 바람직한 결과인 환자의 식행동과 영양상태의 전문적이고 측정 가능한 영양관리지표를 잘 식별해야 한다. 대부분의 경우에 영양모니터링과 평가를 위해 선택되는 영양관리지표는 영양관리과정 1단계인 영양판정 단계에서 사용된 것과 동일하다.

3) 입원환자의 영양판정

입원환자의 영양판정이란 '환자의 영양과 관련된 문제점과 원인, 중증도를 파악하기 위해 필요한 자료를 수집·확인하고 해석하는 체계적인 방법'으로 임상영양사가 수행하는 종합적인 평가과정이다. 환자의 영양판정은 임상영양치료의 기본이 되는데 기본적인 환자의 병력 조사, 식사력 조사, 신체계측, 임상조사 및 생화학적 조사를 수행하여 수집된 정보를 바탕으로 영양상태를 판정한다. 이를 통해 영양불량이거나 영양불량 위험이 있는 환자들을 선별하여 영양진단, 영양요법, 영양상담 등의 적절한 임상영양치료를 계획하고 실시하게 된다. 많은 소화기계 질환과 대부분의 암뿐만 아니라 심장질환, 뇌졸중, 당뇨병, 고혈압, 골다공증과 같은 만성질환은 영양상태에 영향을 많이 받는다. 특히 입원환자의 영양불량은 건강상태 악화 및 사망률 증가, 삶의 질 감소 등과 밀접하게 연관되어 있다. 따라서 주기적인 영양판정은 초기에 환자의 영양부족을 확인할 수 있고, 질병의 증세가 악화되기 전에 영양중재를 통해 건강상태를 향상시킬 수 있다.

(1) 영양검색(영양스크리닝)

모든 환자들을 대상으로 한 종합적인 영양평가는 시간과 비용이 많이 소요되므로 영양문제가 있을 수 있는 환자를 선별하기 위한 검사가 우선 실시되어야 한다. 영양검색은 영양문제가 있는 환자 혹은 개인, 집단을 규명하는 과정이다. 영양검색의 목적은 영양불량이나 영양불량의 위험이 있는 환자를 빠르게 선별하고, 추가적인 영양평가가 필요한지를 결정하는 것이다. 영양검색에서 사용하는 도구는 간단하고 비용 효과적이면서 영양불량 환자를 잘 선별할 수 있도록 민감도와 특이도가 높아야 한다. 환자들의 특성과 기관의 정책, 병원 환경 등에 적합한 다양한 영양검색 도구들이 개발되었으며, 대표적인 도구로는 Malnutrition Screening ToolMST, Malnutrition Universal Screening ToolMUST, Nutrition Risk Screening 2002NRS 2002, Mini Nutrition AssessmentMNA Short Form 등이 있다표 7-4, 그림 7-3.

NRS 2002는 입원환자에게 유용한 영양검색 도구로 BMI(<20.5kg/m^2), 최근 3개월간 체중 감소, 지난 1주일간 섭취량 감소, 중증질환 유무를 평가해서 이 중 한 가지 이상 해당되면 표 7-4의 기준에 의해 2차 검색을 실시한다. MNA Short Form은 거동이 가능한 노인들 대상으로 적용하며, 간단하면서 신뢰도가 높은 방법이다. Patient-Generated Subjective Global AssessmentPG-SGA Short Form은 영양불량 고위험 환자를 파악하는데 민감도와 특이도가 높은 검색도구이다. 영양검색 결과 영양불량 고위험군으로 분류되

면 임상영양사 또는 영양집중지원팀에 의뢰해 영양소 섭취량 증가를 위한 목표를 설정하고 적절한 영양중재를 시행한다.

표 7-4 영양검색 도구

MST(Malnutrition Screening Tool)	
최근의 체중 감소 없음 = 1 확실하지 않음 = 2 있음 1~5 kg 손실 = 1 6~10 kg 손실 = 2 11~15 kg 손실 = 3 >15 kg 손실 = 4	식욕부진으로 최근에 식사를 잘 못하는가? 아니오 = 0 예 = 1
평가: 총점 ≥ 2: 영양불량 위험 <2: 영양상태 양호	

MUST(Malnutrition Universal Screening Tool)		
BMI BMI >20 = 0 BMI 18.5~20 = 1 BMI<18.5 = 2	체중 감소 체중 감소<5% = 0 체중 감소 5~10% = 1 체중 감소>10% = 2	급성질환 없음 = 0 있음 = 2
평가: 총점 0점 = 영양불량 저위험, 1점 = 영양불량 중등도위험, 2점=영양불량 고위험		

NRS(Nutrition Risk Screening) 2002			
	체중 감소	**질병**	**연령**
1점	3개월 내 체중 감소가 5% 이상 또는 지난 1주일간 섭취량이 필요량의 50~75%	골반 골절, 급성증상이 있는 만성 질환 환자, 간경변, 만성폐쇄성폐질환, 투석, 당뇨, 암환자	≥70세
2점	2개월 내 체중 감소가 5% 이상 또는 BMI 18.5~20.5이면서 전반적인 신체상태 저하 또는 지난 1주일간 섭취량이 필요량의 25~60%	주요 복부 수술, 중증의 폐렴, 뇌졸중, 혈액암	
3점	1개월 내 체중 감소가 5% 이상 또는 BMI<18.5이면서 전반적인 신체상태 저하 또는 지난 1주일간 섭취량이 필요량의 0~25%	두부손상, 골수이식, APACHE >10의 중환자실 환자	
평가: 총점 0점 = 위험 없음, 1~2점 = 영양불량 저위험, 3~4점 = 영양불량 중등도 위험, 5점 이상 = 영양불량 고위험			

Mini Nutritional Assessment
MNA®

Nestlé NutritionInstitute

이름: 성별: 나이: 키: cm 체중: kg 일자:

해당사항에 체크표시하여 선별검사를 완료하십시오

선별

A 지난 3개월 동안 밥맛이 없거나, 소화가 잘 안되거나, 씹고 삼키는 것이 어려워서 식사량이 줄었습니까?
0 =많이 줄었다
1 =어느 정도 줄었다
2 =변화없다 ☐

B 지난 3 개월 동안 몸무게가 줄었습니까?
0 = 3kg(6.6lbs) 2 = 1kg~3kg(2.2~6.6ibs)
1 = 모르겠다 ☐

C 거동 능력
0 = 외출 불가, 침대나 의자에서만 생활 가능
1 = 외출 불가, 집에서만 활동 가능
2 =외출 가능, 활동 제약 없음 ☐

D 지난 3 개월 동안 정신적 스트레스를 경험했거나 급성 질환을 앓았던 적이 있습니까?
0 = 예 2 =아니오 ☐

E 신경 정신과적 문제
0 = 중증 치매나 우울증
1 =경증 치매
2 =없음 ☐

F 체질량지수 (Body Mass Index) = kg 체중 / (m 높이)²
0 = BMI <19
1 = 19≤BMI<21
2 = 21≤BMI<23
3 = BMI≥23 ☐

선별점수 (최대 총 14 점) ☐☐
12-14 점 ☐ **정상**
8-11 점 ☐ **영양불량 위험 있음**
0-7 점 ☐ **영양불량**

보다 심도 있는 평가를 위해, 질문 G-R 로 계속 진행하십시오.

평가

G 다른 사람의 도움 없이 일상생활이 가능합니까? (병원이나 요양원 등 시설에 있지 않음) ☐

H 하루 3 가지 이상의 처방약을 복용하십니까?
0 = 예 1 = 아니오 ☐

I. 압박궤양(욕창) 또는 피부궤양
0 = 예 1 = 아니오 ☐

J 하루에 몇 회 식사를 하십니까?
0 = 1 회
1 = 2 회
2 = 3 회 ☐

K 단백질식품섭취량
- 매일 1 회 이상 유제품 (우유, 치즈, 요거트) 섭 예☐ 아니오☐
- 주 2 회 이상 콩류 또는 계란 섭취 예☐ 아니오☐
- 매일 육류, 생선 또는 가금류 섭취 예☐ 아니오☐

0.0="예"가 0 또는 1 개
0.5="예"가 2 개
1.0="예"가 3개 ☐.☐

L 하루에 2 회 이상 과일류 또는 채소류를 섭취하십니까?
0=아니오 1=예 ☐

M 하루에 물과 음료(주스, 커피, 차, 우유 등)을 얼마나 섭취하십니까?
0.0=3 컵 미만
0.5=3 컵~5 컵
1.0=5 컵 이상 ☐.☐

N 혼자서 식사할 수 있습니까?
0=다른 사람 도움 필요
1=혼자 식사 가능하나 도움 필요
2=혼자 식사 가능 ☐

O 본인의 영양상태에 대해 어떻게 생각하십니까?
0=좋지 않다.
1=잘 모르겠다
2=문제 없다. ☐

P 본인의 건강상태는 비슷한 연령의 다른 사람들과 비교하여 어떻습니까?
0.0=좋지 않다
0.5=잘 모르겠다
1.0=좋다
2.0=본인 건강이 더 낫다 ☐.☐

Q 상완위둘레(mid-arm circumference, cm)
0.0= MAC < 21
0.5= 21 ≤ MAC < 22
1.0= MAC > 22 ☐.☐

R 종아리둘레(Calf circumference, cm)
0 = CC < 31
1 = CC ≥ 31 ☐

평가(최대 총 16 점) ☐☐.☐
선별점수 ☐☐.☐
총 평가점수 (최대 총 30 점) ☐☐.☐

영양불량지표 점수 (Malnutrition Indicator Score)
24~30 점 ☐ **정상**
17~23.5 점 ☐ **영양불량 위험 있음**
< 17 점 ☐ **영양불량**

References:
1. Vellas B, Villars H, Abellan G, *et al.*Overview of the MNA® - Its History and Challenges.*J Nutr Health Aging.*2006; **10:456**-465.
2. Rubenstein LZ, Harker JO, Salva A, Guigoz Y, Vellas B. Screening for Undernutrition in Geriatric Practice: Developing the Short-Form Mini Nutritional Assessment (MNA-SF).*J. Geront.* 2001; **56A**: M366-377
3. Guigoz Y. The Mini-Nutritional Assessment (MNA®) Review of the Literature - What does it tell us?*J Nutr Health Aging.* 2006; **10**:466-487.

For more information: www.mna-elderly.com

그림 7-3 Mini Nutrition Assessement(MNA) 한국어 버전

자료: https://www.mna-elderly.com/sites/default/files/2021-10/MNA-korean.pdf

(2) 영양판정

영양판정은 영양관리의 첫 번째 과정으로 성공적인 영양중재 계획을 세우기 위해서는 환자로부터 다양한 정보를 수집해야 한다. 환자에게서 수집하는 정보로는 환자의 과거 병력 및 현재 의학적 상태, 식품 및 영양소 섭취, 신체계측, 임상증상, 생화학적 검사결과 및 기능 영역 등이 있다. 영양판정을 위한 자료는 환자와의 면담, 관찰, 측정 등을 통해서 얻거나 병원의 의무기록 등을 통해서 얻을 수 있다.

영양상태 판정을 위한 과거력 조사에는 개인정보, 과거 병력, 약물 복용력, 사회력 등을 조사한다표 7-5.

표 7-5 환자 면담 시 수집해야 하는 과거력 정보

구분	면담내용
과거 병력	• 평소체중과 표준체중 비교 • 대사 요구량이 증가되는 질환 유무 확인(발열, 감염, 외상, 화상, 갑상선기능항진증, 유아기, 임신 여부) • 영양소 손실이 증가되는 질환 유무 확인(장기간 투석 등의 신대체요법, 누공, 상처, 농양, 삼출성 장질환에 의한 단백질 손실) • 만성질환의 유무 확인(당뇨병, 고혈압, 이상지질혈증, 만성 폐질환, 만성 신질환, 만성 간질환, 순환기장애 또는 심부전, 암, 간질, 류마티스성 관절염, 정신질환, 소화성 궤양 등) • 최근 수술 및 질환 여부 확인 • 장기간의 혼수상태 유무 확인 • 소화기질환 유무 확인 • 소화기 수술 여부(위 또는 장 절제술, 장 우회술 등)
사회력	• 수입 정도 • 식품 구매 능력 • 가족 구성원 • 신체 장애 여부 • 약물 또는 알코올 중독 • 조리기구 구비 여부 • 흡연 • 노인의 경우: 환경에 따른 적응 여부, 주거 상황, 정신적 문제, 빈곤 여부
약물 복용력	• 처방된 약물의 과다 사용 여부 • 약물의 중복 복용 • 약물 중독 • 장기간 약물 복용 • 영양 보충제 및 종합 영양제의 사용 여부 • 변비약 남용 여부 • 제산제 남용 여부

환자의 섭취량에 대한 정보는 식품, 음료, 보충제 섭취를 조사한다. 개인의 섭취량은 경제적 능력, 식품 유용성, 식행동, 문화적 배경, 질병, 소화·흡수 능력의 영향을 받기 때문에 영양소섭취상태 및 식품 섭취에 영향을 미치는 요인을 같이 파악한다. 또한 치아상태, 미각과 후각 변화, 영양관련 지식, 건강기능식품 및 보충제 섭취에 대한 정보도 파악해야 한다. 환자의 섭취량 평가 시 면담을 통해 확인해야 하는 자료는 표 7-6과 같다. 식사섭취량은 24시간 회상법, 식사일기, 식품섭취빈도조사법, 입원환자 식사 직접 조사 등의 방법을 통해 조사할 수 있다. 식사섭취량 조사 및 평가는 이 책 '3장'에 자세하게 설명되어 있다.

표 7-6 면담을 통한 식사력 조사 내용

구분	면담내용
식사력	• 식욕 저하 여부 • 의치 사용 여부 • 다양하지 못한 식사나 유행식품의 사용 여부 • 질병에 따른 식사제한 여부 • 신경성 식욕부진 여부 • 입맛의 변화 여부(미각상실증 포함) • 두경부의 외상 및 수술 여부 • 저작 및 연하능력 문제 유무 • 문화 및 종교에 따른 식품 선택의 제한 여부 • 장기간(10일 이상)의 금식 여부(정맥영양액 투여 및 항생제 과다 사용 여부) • 약과 영양소와의 상호작용 • 노인의 경우: 장기간의 부적절한 식습관, 불충분한 영양지식, 유행식품의 남용 여부

신체계측은 신체의 크기, 체중 및 신체 구성을 측정하는 것이다. 신체계측은 비용이 적게 들고 비교적 쉽게 측정할 수 있으며, 단백질과 에너지 영양상태 및 체조직 구성을 평가하는 데 활용할 수 있다. 신장, 체중, 허리둘레가 가장 용이하게 사용되고, 영양판정의 목적에 따라서 피하지방 두께와 팔 둘레 등의 측정치를 함께 평가한다. 신체계측의 종류 및 측정, 판정 등에 대한 내용은 이 책 '2장'에 자세하게 기술되어 있다.

생화학적 검사는 영양상태의 진단과 해석에 이용된다. 그러나 생화학적 검사 결과만으로는 영양불량은 진단할 수 없기 때문에 임상 및 신체 증상처럼 다른 평가자료와 같이 사용하는 것이 바람직하다. 영양판정에서 활용할 수 있는 생화학적 검사 결과는이 책 '5장'에에 자세하게 다루고 있다.

(3) 영양불량의 진단

영양불량 진단을 위한 지표로 에너지 섭취부족 기간과 정도, 체중 감소 기간과 정도, 근육량 손실 정도, 피하지방 손실 정도, 체내 수분 축적 정도, 악력 등으로 평가한 기능상태 악화 정도의 6가지 항목을 평가하고, 이 중 2개 이상 해당하면 영양불량으로 진단한다표 7-7.

표 7-7 영양불량의 진단

임상 특징	급성 질환 또는 외상 관련 영양불량				만성 질환 관련 영양불량				사회 또는 환경 관련 영양불량			
	중등도 영양불량		심각한 영양불량		중등도 영양불량		심각한 영양불량		중등도 영양불량		심각한 영양불량	
에너지 섭취	<75%, >7일		≤50%, ≥5일		<75%, ≥1개월		≤75%, ≥1개월		<75%, ≥3개월		≤50%, ≥1개월	
체중 감소	%	기간	%	기간	%	기간	%	기간	%	기간	%	기간
	1~2 5 7.2	1주 1개월 3개월	>2 >5 >7.5	1주 1개월 3개월	5 7.5 10 20	1개월 3개월 6개월 1년	>5 >7.5 >10 >20	1개월 3개월 6개월 1년	5 7.5 10 20	1개월 3개월 6개월 1년	>5 >7.5 >10 >20	1개월 3개월 6개월 1년
피하지방 손실	경한(mild)		중등도(moderate)		경한(mild)		심한(severe)		경한(mild)		심한(severe)	
근육 손실	경한(mild)		중등도(moderate)		경한(mild)		심한(severe)		경한(mild)		심한(severe)	
수분 축적	경한(mild)		중등도(moderate) ~심한(severe)		경한(mild)		심한(severe)		경한(mild)		심한(severe)	
악력 감소	적용안됨		측정치 감소		적용안됨		측정치 감소		적용안됨		측정치 감소	

자료: White JV. Consensus statement: Academy of Nutrition and Dietetics and American Society for Parenteral and Enteral Nutrition: characteristics recommended for the identification and documentation of adult malnutrition (undernutrition). 2012

최근 영양 관련 세계 주요 4개 학회에서 성인을 대상으로 한 영양불량 진단기준으로 GLIMglobal leadership initiative on malnutrition을 제시하였다. GLIM에서는 영양불량 진단지표를 병인론적 기준etiologic criteria과 표현형 기준phenotype criteria으로 나누고 각 기준에 해당하는 상황이 각 1개 이상 동시에 존재할 때 영양불량으로 판정한다표 7-8.

표 7-8 영양불량 진단 기준(GLIM)

<table>
<tr><td rowspan="3">A. 병인론적 기준</td><td>식사량 감소</td><td colspan="2">□ 에너지 요구량의 50% 미만/1주
□ 2주 이상 섭취량 감소</td></tr>
<tr><td>소화·흡수 장애</td><td colspan="2">□ 만성 소화/흡수 상태 장애</td></tr>
<tr><td>염증</td><td colspan="2">□ 급성질환/상해
□ 만성질환 관련</td></tr>
<tr><td rowspan="4">B. 표현형 기준</td><td></td><td>중등도 영양상태 불량</td><td>중증의 영양상태 불량</td></tr>
<tr><td>체중 감소</td><td>□ 5~10%/6개월 미만
□ 10~20%/6개월 이상</td><td>□ >10%/6개월 미만
□ >20%/6개월 이상</td></tr>
<tr><td>체질량지수(kg/m^2)</td><td>□ 17~18.5 (70세 미만)
□ 17.8~20 (70세 이상)</td><td>□ <17 (70세 미만)
□ <17.8 (70세 이상)</td></tr>
<tr><td>근육량 감소</td><td>□ 약간~중등도 감소</td><td>□ 심한 감소</td></tr>
<tr><td colspan="4">영양불량 진단: 적어도 병인론적 기준 1개 이상 + 표현형 기준 1개 이상일 때
영양불량 증등도: 표현형 기준으로 판정</td></tr>
</table>

자료: 한성림 외. 사례로 이해를 돕는 임상영양학. 2021

4) 재택환자의 영양판정

영양상태 및 의료환경의 개선으로 인한 수명 연장으로 우리나라는 2017년 노인인구 비율이 14% 이상이 되는 고령화 사회로 진입하였고, 2025년에는 노인인구 비율이 20% 이상이 되는 초고령 사회에 진입하며, 2060년에는 노인인구 비율이 전체 인구의 절반에 가까워질 것으로 예측되고 있다. 이에 따라 만성질환을 앓고 있는 노인인구가 증가하고 있고, 국가 차원에서 총 의료비가 급증하고 있는 현실이다. 이미 선진국에서는 이러한 인구 구조와 질병 구조에 대응하여 병원을 통한 치료 중심의 의료 체계에서 지역과 예방 중심의 의료체계로 변하고 있고, 이를 위해 가정간호, 일차의료, 재택의료시스템을 도입하였으며, 우리나라도 점차 재택 의료에 대한 관심이 높아지고 있다.

국민건강영양조사 활동제한 자료에 의하면, 연령이 증가할수록 현재 건강상의 문제나 신체 혹은 정신적 장애로 일상생활 및 사회활동에 제한을 받는 분율이 점차적으로 증가하는 것으로 보고되어, 특히 만성질환을 가지고 있으면서 활동 제한이 있는 노인의 경우, 재택 의료를 통한 관리가 더욱 필요한 실정이다.

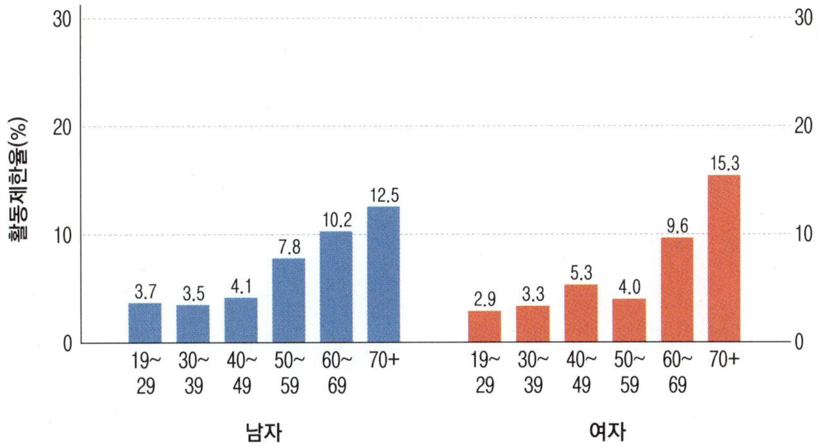

그림 7-4 2021 국민건강통계 연령별 활동제한율

(1) 방문건강관리사업

방문건강관리사업은 국민의 의료 이용 편의 향상, 국민 의료비 절감 유도, 주민 스스로 건강 유지 및 건강 증진과 삶에 대한 자립 의지를 향상시킬 목적 등으로 실시되고 있다. 방문건강관리사업은 보건기관의 전문 인력이 지역 주민의 가정 또는 지역사회 제반 시설 등을 방문하여 가족 및 가구원 건강문제를 가진 가구를 발견하고 질병예방 및 관리, 건강 증진 등을 위하여 적합한 보건의료서비스 등을 직접 제공하거나 의뢰·연계함으로써 가족의 자가관리능력을 개선하여 삶의 질을 향상시켜 주는 포괄적인 건강관리사업이다. 방문건강관리사업의 수행 인력에 (임상)영양사가 포함되어 있고, 보건기관의 영양사는 방문건강관리인력이 협조를 요청한 대상에게 전문적인 영양학적 중재가 필요하다고 판단될 경우 요구에 맞는 영양중재를 실시한다고 역할이 명시되어 있다.

방문건강관리사업의 사업 유형은 표 7-9와 같다.

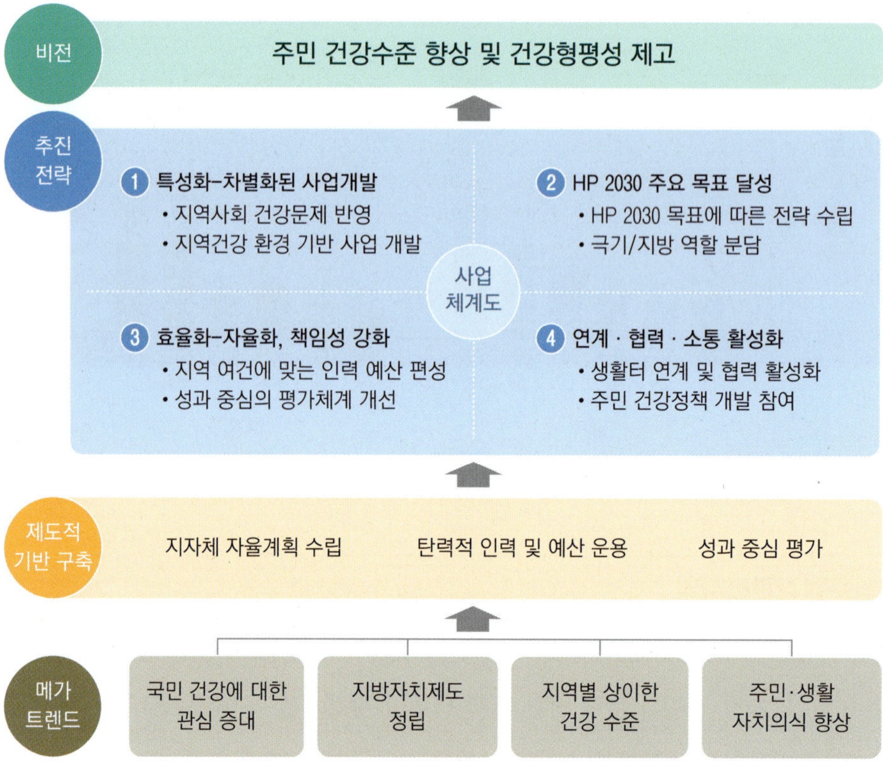

그림 7-5 지역사회 통합건강증진사업의 사업 비전 및 전략

표 7-9 방문건강관리사업 유형

구분	목적
기본 건강관리	계절 및 자연재난, 일상 속 안전에 대한 사전 교육과 상담을 통한 일상 속 자가건강관리 역량 강화
만성질환관리 및 예방	고혈압, 당뇨, 비만 등 주요 만성질환으로 이환예방 및 증상관리, 합병증 예방을 위하여 건강행태 개선 및 만성질환 관리 역량 제고
노인 대상 허약예방 관리	노인의 신체적·인지적·정서적·사회적 기능향상 및 유지율 증가를 통해, 건강한 노후 생활을 도모하고 장기요양상태를 사전 예방
임산부·신생아 및 영유아 관리	임산부와 신생아의 잠재적인 건강문제를 조기 발견하여 체계적으로 관리
다문화 가족 및 북한이탈 주민관리	건강위험요인 및 건강문제를 가진 취약계층인 다문화가족 및 북한이탈주민 관리
장애인 재활관리	장애 조기발견, 2차 장애예방 및 재활치료 등 지속적 관리로 장애의 최소화 및 일상생활 자립능력 증진

(2) 노인장기요양보험제도

노인장기요양보험제도는 고령이나 노인성 질병 등의 사유로 일상생활을 혼자서 수행하기 어려운 노인 등에게 신체활동 또는 가사활동 지원 등의 장기요양급여를 제공하여 노후의 건강증진 및 생활안정을 도모하고 가족의 부담을 덜어줌으로써 국민의 삶의 질을 향상시키도록 하는 사회보험제도이다.

장기요양인정의 자격은 장기요양보험가입자 및 그 피부양자, 의료수급권자로 만 65세 이상 또는 만 65세 미만으로 노인성 질병(치매, 뇌혈관성질환, 파킨슨병)을 가진 자로서 거동이 현저히 불편하여 장기요양이 필요한 자, 또는 각 시·군·구에 설치된 등급판정위원회로부터 6개월 이상 일상생활을 혼자서 수행하기 어렵다고 인정되어 장기요양을 받을 자로 결정된 자이다. 장기요양급여의 종류는 크게 재가급여, 시설급여, 특별현금급여로 나뉜다표 7-10.

표 7-10 노인장기요양급여의 종류와 내용

급여 종류	서비스 종류
재가급여	방문요양 방문목욕 방문간호 주·야간보호 단기보호 기타재가급여(복지용구)
시설급여	노인요양시설
노인요양공동생활가정	특별현금급여(가족요양비)

65세 이상의 장기요양보험 대상이 되는 노인은 소화기능이나 치아 등의 문제로 일반 성인과는 달리 대상에게 적합한 식품의 선정 및 조리방법, 영양관리 등이 필요하다. 또한 고혈압, 당뇨 등의 만성질환 유병률이 높기 때문에 이를 위한 식사관리가 필요하며, 특히 중풍, 치매 등 노인성질환 환자의 경우 영양 섭취에 따라 질병상태가 개선되거나 악화될 수 있다. 따라서 전문적인 영양관리가 매우 중요하나, 현재 장기요양보험에서는 재가급

여 내 방문영양은 별도로 마련되지 않았으며, 방문요양 및 방문간호에 제한적으로 실시되고 있다. 따라서 앞으로 방문영양 영역이 장기요양보험에 포함될 수 있도록 제도적 개선이 요구된다.

(3) 재택환자의 영양판정

재택환자의 영양상태를 판정하기 전에 우선적으로 재택환자의 섭식능력을 평가할 필요가 있다. 재택환자를 대상으로 섭식능력에 대한 평가는 표 7-11에서 제시한 항목에 해당하는지 조사하여 확인할 수 있다.

표 7-11 재택환자를 대상으로 한 섭식능력 평가

- 식사할 장소로 가지 못한다.
- 손으로 도구를 사용하지 못하므로 식품을 입으로 옮기지 못한다.
- 먹기를 거부하거나 과식한다.
- 음식물을 흘린다.
- 식사하기 쉬운 자세를 취하지 못한다.
- 식욕이 없다.
- 씹지 못하거나 삼키지 못한다.
- 뒤처리를 못한다.

재택의료 대상자는 대부분 만성질환자로 신체활동이 어렵거나, 식사만으로는 영양관리가 불가능한 경우가 많기 때문에 강도 높은 영양치료법이 요구된다. 재택의료 대상자의 영양평가는 가정방문 시에 실시하고, 식사내용, 조리법, 음식을 환자에게 먹이는 법 등에 관한 교육을 환자뿐만 아니라 보호자에게 같이 지도해야 한다. 재택환자에 대한 영양판정은 다음과 같은 내용으로 실시한다표 7-12.

표 7-12 재택환자의 영양판정 항목

항목	내용
설문조사	• 과거병력, 현재병력, 식사능력, 영양 보급, 체력, 식습관, 기호 • 조리능력, 섭취능력, 섭식행동, 미각 변화 조사
임상증상조사	• 피부, 모발, 구강상태 등 신체 증후 조사 • 영양상태 및 영양성 질환에 대한 조사
영양소 섭취량 조사	• 식품 및 영양소 섭취 조사 • 영양 소요량 또는 필요량 산출 • 영양 충족률 산출
신체계측	• 체중·신장 측정 • 삼두근 피부두겹집기, 상완근육둘레 산출

표 7-13은 방문건강관리사업에서 사용하는 노인 대상 허약 조사표이다. 만 65세 이상이 대상으로 조사주기는 1년으로 실시한다. 조사 내용은 사회적 환경 순응도, 일상생활 기본동작, 낙상, 영양상태, 사회적 건강, 인지기능, 우울증상, 만성질환, 감각기능, 보행평가로 총 28문항에 대한 조사를 실시하고 있다.

표 7-13 방문건강관리사업 대상별 특성에 따른 건강기초조사표(노인대상 허약조사표)

번호	구분	질문내용	예	아니오
1	사회적 환경 적응도 (수단적 일상생활동작)	버스나 지하철(전철) 등 교통수단을 이용해서 혼자 외출할 수 있습니까?	①	②
2		슈퍼마켓이나 동네가게에서 잘못이나 실수없이 제대로 생필품을 구입합니까? (주문배달의 경우는 '아니오')	①	②
3		은행이나 농협, 우체국 등에서 예·적금 등의 금전관리를 스스로 하고 있습니까? (타인이 해주면 '아니오')	①	②
4		이웃이나 친구의 집에 마실하러 다닙니까? (가족이나 친척 집 제외)	①	②
5		가족이나 친구에게 생활상의 문제에 대해 상담이나 조언을 해줍니까? (전화를 통한 상담·조언도 포함됨)	①	②
6	일상생활 기본 동작 (일상생활 동작)	계단 손잡이나 벽을 짚지 않고 계단을 올라갑니까? (처음부터 습관적으로 잡는 경우는 '아니오'이고, 올라가는 중간에 잡는 경우는 '예')	①	②
7		의자에 앉은 상태에서 부축이나 지팡이 없이 일어납니까?	①	②
8		15분 정도 쉬지 않고 걸어 다닙니까? (실내·외 불문)	①	②

표 7-13 (계속)

번호	구분	질문내용	예	아니오
9	낙상	지난 1년간에 넘어진 적이 있습니까? (미끄러지거나, 걸려서)	①	②
10		넘어지는 것에 대한 걱정이나 염려가 큽니까?	①	②
11	영양상태	지난 6개월간 몸무게가 2~3kg 이상 빠졌습니까? (※ 고의적인 체중감량은 제외함)	①	②
12		신장(m) 체중(kg) BMI(=체중/신장^2)가 18.5 미만입니까?	①	②
13		지난 6개월 전에 비해 딱딱한 음식을 먹기 어려워졌습니까?	①	②
14		음료수나 국물을 드실 때 목이 멘 적(삼키기 어려움)이 있습니까?	①	②
15		자주 입이 말라서 신경이 쓰입니까?	①	②
16	사회적 건강	1주일에 한 번 이상 외출(나들이)합니까? (1~2주에 한 번 정도도 '예')	①	②
17		작년에 비해서 외출 횟수가 줄어들었습니까?	①	②
18	인지기능	주위사람이 '항상 똑같은 말을 되풀이 한다'는 등의 건망증이 있다는 말을 듣습니까?(건망증이 있어도 그런 말을 듣지 않으면, '아니오')	①	②
19		혼자서 전화를 걸 수 있습니까? (누군가가 걸어주면 '아니오')	①	②
20		오늘이 몇 월, 몇 일 인지를 모를 때가 있습니까?	①	②
21	우울증상	(최근 2주간) 매사에 의욕이 없다	①	②
22		(최근 2주간) 지금까지 즐겨왔던 취미가 싫증났다 (그래서 그만둔 경우도 '예')	①	②
23		(최근 2주간) 예전에는 쉽게 했던 일들이 이제는 어려워서 겁이 난다	①	②
24		(최근 2주간) 자신이 쓸모 있는 사람이라고 생각하지 않는다	①	②
25		(최근 2주간) 아무 이유도 없이 피곤함을 느낀다	①	②
26	만성질환	현재 앓고 있는 질병에 모두 O표를 해주십시오. 고혈압 | 당뇨 | 뇌졸중 | 관절염 | 요실금 | 암	심장 질환	만성 호흡기 질환
27	감각기능	낮은 시력으로 인해 일상생활에서 어려움을 경험하고 있습니까?	□ 그렇다	□ 아니다
		낮은 청력으로 인해 일상생활에서 어려움을 경험하고 있습니까?	□ 그렇다	□ 아니다
28	보행평가	TUG(일어나 걸어 돌아오기 검사, Timed up-and-go test) * 측정이 어려운 경우(좁은 장소, 대상자 건강상태 불량 등) 제외 의자에서 일어나 빠른 걸음으로 돌아오기 ___분 ___초		

※대상: 만 65세 이상 등록 가구원, 조사주기: 1년

2. 지역사회에서의 영양판정 적용

1) 지역사회 영양문제의 특성 및 의의

지역사회를 대상으로 한 영양판정의 체계는 영양조사nutrition survey나 영양감시체계 nutrition surveillance 형태로 그 대상이 작은 소규모 집단일 수도 있고, 크게 보면 한 국가 수준일 수도 있다. 지역 보건소에서 지역 주민의 보건과 건강증진을 위해 수행하는 여러 가지 영양서비스 프로그램과 관련된 영양평가부터 국가 단위로 실시되는 국민건강영양조사의 영양평가까지 이러한 범주에 포함된다.

지역사회의 영양문제는 지역을 둘러싸고 있는 환경적 요인, 즉 생태학적 환경 요인과 밀접하게 연관되어 지역사회 생태 내에서 다양한 요인들의 상호작용 결과로 나타난다. 이러한 요인들은 정치적·경제적 요인들과 신체적·생물학적·사회적·문화적 환경들을 포함한다.

지역사회 개인들이 섭취하게 되는 식품과 영양소들은 지역사회의 기후, 토양, 농업환경, 식품 저장 방법, 수송 및 유통, 마케팅 등에 의해 영향을 받게 된다. 또한 이러한 요인은 일반적인 경제 수준, 자원 배분 정책, 교육 수준, 도시화나 인구 유동을 포함하는 정치적·문화적 요인들과 밀접히 연관되어 있다. 문화적 요인은 조리 수단, 식사패턴, 식품의 분류 특히 취약한 연령층(예: 어린이, 여성, 노인)에 대한 영양가 있는 식품의 분배와 제한 등이다.

따라서 지역사회 영양문제에 대한 접근 시 영양불량의 원인 요소를 확인하고, 영양중재 활동을 위한 재정 지원에서 우선순위를 정하는 것이 가장 중요하다. 즉, 지역사회의 특성에 맞게 우선순위에 따라 효율적인 영양중재활동 프로그램을 계획하는 것이 중요하다.

최근 지역사회의 건강과 영양 문제가 만성퇴행성질환의 높은 이환율과 밀접하게 관련되어 있으므로, 지역사회 주민에게 영양판정을 적용하여 실질적인 영양감시체계를 확립한다면 질병예방의 차원에서 매우 중요한 의미를 갖게 된다.

지역사회의 영양판정의 적용은 대개 1, 2차적인 예방을 목표로 수행되며, 환자를 대상으로 하는 영양판정은 3차적인 예방이 주목표가 된다. 영양판정 적용에서 1, 2 및 3차적 예방은 다음과 같이 정의할 수 있다.

- 1차적 예방: 현재의 영양상태를 판정하여 앞으로 발생 가능한 건강장애 문제를 파악하고 이를 예방할 수 있는 영양관리 및 식사지침이나 급식관리방안을 제시해 줌으로써 질병발생을 억제하는 것
- 2차적 예방: 질병의 증상이 발현되기 전 단계에 건강장애를 유발하는 질병을 규명하여 영양중재를 함으로써 증상의 발현과 진행을 억제하는 것
- 3차적 예방: 이미 질병이 발생된 사람에게 있어서 더 이상 건강에 손상이 가지 않게 혹은 최소화하도록 영양치료를 실시함으로써 증상과 합병증을 억제하는 것

2) 지역사회 영양판정 적용의 사례

(1) 국민건강증진종합계획

국민건강증진종합계획은「국민건강증진법」에 따라 질병 사전 예방 및 건강증진을 위한 중장기 정책 방향을 제시하고자 2002년부터 10년 단위로 계획을 수립하고 5년마다 보완계획을 마련하여, 현재까지 총 5차례 종합계획을 수립·시행하며 효율적인 운영 및 목표 달성을 위해 모니터링, 평가, 환류하는 사업이다. 현재는 제5차 국민건강증진종합계획(2021-2030년)이 실시되고 있으며 모든 사람이 평생건강을 누리는 사회라는 비전하에 건강수명 연장과 건강형평성 제고를 목표로 하고 있다.

국민건강증진종합계획의 사업분야는 총 6개 사업분야로 세부 내용은 표 7-14와 같다.

표 7-14 제5차 국민건강증진종합계획 사업 분야 및 내용

사업분야	사업내용	
건강생활실천	• 금연 • 절주 • 영양	• 신체활동 • 구강건강
정신건강관리	• 자살예방 • 치매	• 중독 • 지역사회 정신건강
비감염성질환 예방관리	• 암 • 심뇌혈관질환 및 선행질환	• 비만 • 손상

표 7-14 (계속)

사업분야	사업내용	
감염 및 기후변화성질환 예방관리	• 감염병예방 및 관리 (결핵, 에이즈, 의료감염·항생제 내성, 예방행태 개선)	• 감염병위기대비 대응(검역/감시, 예방접종) • 기후변화성 질환
인구집단별 건강관리	• 영유아 • 아동·청소년 • 여성 • 노인	• 장애인 • 근로자 • 군인
건강 친화적 환경 구축	• 건강친화적 법제도 개선 • 건강정도 이해력 제고 • 혁신적 정보기술의 적용	• 재원마련 및 운용 • 지역사회 자원 확충 및 거버넌스 구축

영양분야의 세부 목표는 국민의 영양상태를 최적으로 유지하여 국민의 건강을 확보하고, 국가 발전에 기여하기 위해 식품의 생산과 공급, 보건, 교육 등 다양한 분야를 연계·조정하고, 각 개인이 적극적으로 건강한 식생활을 실천하고 영양을 관리하여 건강수명을 연장할 수 있도록 환경과 기반을 강화하고 건강 형평성을 확보하는 것이다. 이에 식생활 행태, 건강식생활 실천, 생애주기별 영양관리의 3개 분야에서 10개의 세부 과제를 수립하여 2030년까지 세부 지표 목표 달성을 위한 사업들을 수행하고 있다**표 7-15**.

표 7-15 국민건강증진종합계획 영양분야 세부 과제 및 달성 목표

분야	내용	2020년 평가 (%)	2030년 목표 (%)
식생활 행태	식품안정성확보 가구 분율	96.3	97.0
	가공식품 영양표시 이용률	30.1	31.7
건강식생활 실천	포화지방산을 적정 수준으로 섭취하는 인구비율	47.7	74.0
	나트륨을 적정 수준으로 섭취하는 인구비율	33.6	42.0
	과일/채소를 1일 500g 이상 섭취하는 인구비율	26.2	41.0
	건강 식생활 실천율	43.1	50.6
	칼슘을 적정 수준으로 섭취하는 인구비율	15.0	21.0
	비타민A를 적정 수준으로 섭취하는 인구비율	11.9	24.0
생애주기별 영양관리	영양섭취 부족 노인(만75세이상) 인구비율	22.4	12.0
	가임기 여성의 빈혈 유병률	14.4	11.0

(2) 지역사회 통합건강증진사업

지역사회 통합건강증진사업은 지자체가 지역사회 주민을 대상으로 실시하는 건강생활 실천 및 만성질환 예방, 취약계층 건강관리를 목적으로 지역사회 특성과 주민의 요구가 반영된 프로그램 및 서비스 등을 기획·추진하는 사업이다. 주요 사업 영역은 구강보건, 모바일 헬스케어, 비만예방관리, 신체활동, 영양, 음주폐해 예방(절주), 한의약건강증진, 심뇌혈관질환예방관리, 아토피·천식 예방관리, 여성·어린이 특화, 지역사회중심 재활, 금연, 방문건강관리, 치매관리의 총 14개 영역으로 구성된다.

이 중 영양분야는 지자체에서 계획된 국민건강영양관리시행계획에 포함하여 실시하며, 다음의 사업영역별 세부사업 예시를 참고로 지역의 건강 행태 및 여건·특성을 반영하여 기획·추진한다표 7-16.

표 7-16 지역사회 통합건강증진사업-영양분야 세부 사업

사업영역		세부사업
국민의 식생활 변화 인식 제고		• 나트륨 또는 당류 섭취 줄이기 캠페인 • 한국인을 위한 식생활 지침 홍보 및 실천 캠페인
생활밀착형 영양관리 맞춤 서비스	임산부 및 영유아	• 영양플러스사업* • 어린이집·유치원 기반 영양관리사업 • 다문화가족 대상 영양관리사업
	어린이 및 청소년	• 지역아동센터, 다함께돌봄센터, 초등돌봄교실 기반 어린이 영양관리사업 • 학교 기반 영양관리사업 • 어린이급식관리지원센터 설치·운영 협력
	성인	• 건강위험요인 개선을 위한 맞춤 영양관리사업
	노인	• 어르신 영양관리사업 • 실버건강식생활사업(취약계층 어르신 대상)
	기타	• 다문화가족 영양관리사업
건강한 식생활 선택을 위한 환경 조성		• 영양표시제도 시행·모니터링 • 학교 주변 그린푸드 존 시행·모니터링 • 건강음식점 시행·모니터링

*우선 권장사업 : 국민건강증진종합계획 및 국민영양관리기본계획 내 영양플러스사업 확대 필요성에 의해 우선 수행 및 지속적 확대 권장

(3) 영양플러스사업

영양플러스사업은 임신·출산·수유로 인해 영양 측면의 위험성이 높은 임산부(임신부, 출산부, 수유부)의 건강과 태아 및 영유아의 미래 건강을 위해 영양위험요인을 가진 것으로 판단된 대상에 대해 일정 기간 특정 보충식품을 공급하고 영양교육을 제공하여 적절한 영양 섭취를 할 수 있도록 돕고자 하는 국가 영양지원사업이다.

영양플러스사업의 대상자는 사업을 수행하는 보건소의 관할 지역 내에 거주하면서 대상 분류, 소득 및 영양위험 기준을 모두 충족하는 경우, 참여를 원하는 대상자의 참여 신청 접수 후 자격 여부를 판정하여 선정한다표 7-17.

표 7-17 영양플러스 대상자 선정 기준

분류	기준
대상 구분	• 영유아 : 만 6세(생후 72개월)까지 • 임신부 • 출산·수유부 *사업 참여 중에 유산 혹은 사산한 여성도 출산부의 범주에 포함
거주 기준	• 사업운영 보건소 관할지역 내 거주자 * 국제결혼자의 경우, 부부 중 최소 1인 이상은 한국 국적이어야 함 * 본 사업은 가정단위에 대한 지원이 주 내용이므로 사회복지시설 입소자는 제외
소득 수준	• 가구 규모별 기준 중위소득의 80% 이하 * 지역의 여건에 따라, 소득판정 기준치 하향 조정 가능
영양위험요인	• 빈혈, 저체중, 성장부진, 영양섭취상태 중 한 가지 이상의 영양 위험요인 보유자 * 임신부의 경우, 소득수준이 해당될 경우 영양위험요인 판정 절차 없이 대상자로 선정 가능

임산부 및 영유아 영양플러스 지원은 영양상태 평가 및 관리, 영양교육 및 상담, 보충식품(보충식품패키지) 공급으로 이루어진다. 대상자의 영양·건강상태 평가 및 관리는 대상자 선정 시와 동일한 방법으로 신체계측(신장 및 체중 측정), 헤모글로빈 측정을 통한 빈혈 판정, 24시간 회상법 조사를 통한 영양섭취상태조사가 이루어진다표 7-18. 영양교육 및 상담은 최소 1개월에 1회 이상 대면으로 보건소별 지역 특성 및 대상자 특성에 따라 집단교육, 개인상담, 가정방문교육의 방법을 이용한 적절한 영양교육 및 상담을 실시한다. 대상범주별로 바람직한 식생활 방법과 모유수유를 촉진하고 지원하기 위한 내용이 포함된다. 그림 7-6은 프로그램 운영 시 영양판정 수행과정을 보여준다.

표 7-18 영양플러스사업의 영양 및 건강상태 평가

구분	평가시기	평가항목
사업 초기 평가 (사업 참여 전)	대상자 선정 시	빈혈검사, 신체계측, 영양섭취상태 조사, 영양지식·태도 조사
사업 중간 평가	대상자 등록 후 6개월 시행	빈혈검사, 신체계측, 영양섭취상태 조사 *영양문제 개선 여부를 확인하기 위한 중간평가를 실시하며, 영양위험요인이 해소되어도 자격인정기간까지 자격 유지
	자격 구분 변화 시	영양지식·태도 조사
사업 종료 평가 (사업 참여 후)	사업 종료 시	빈혈검사, 신체계측, 영양섭취상태 조사, 영양지식·태도 조사, 사업만족도 조사

1. 지원자 접수 : 서류작성, 연령, 거주지 및 가구소득 확인	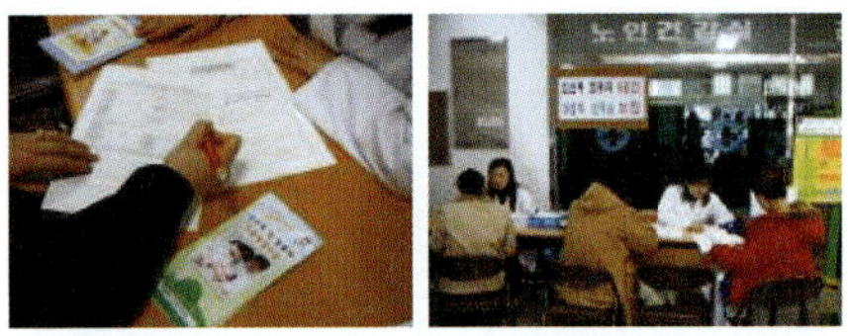
2. 신체계측	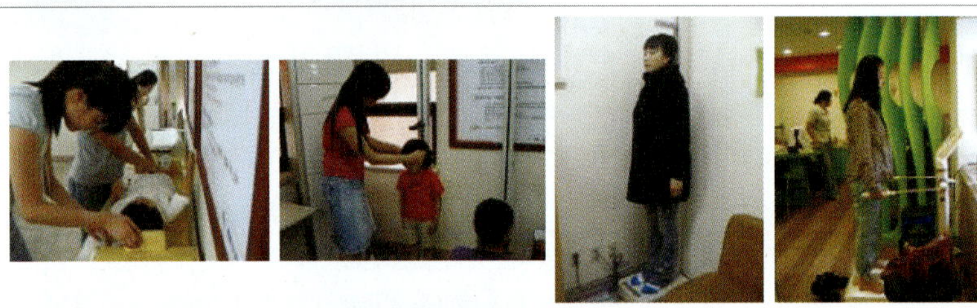
3. 혈액검사	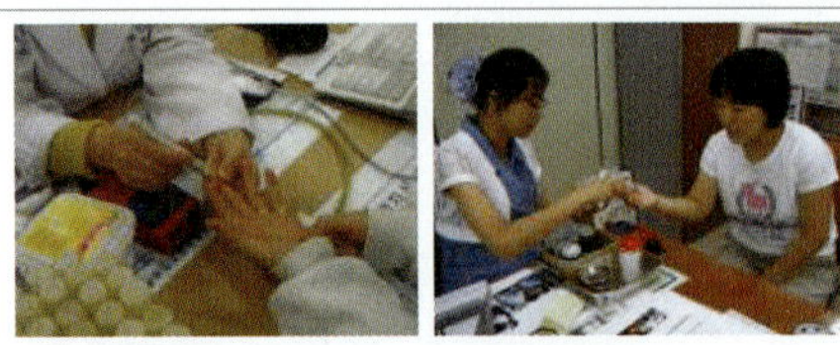
4. 영양섭취조사	

그림 7-6 프로그램 운영에서의 영양판정 수행

보충식품(보충식품패키지)은 ① 관리영양소별로 영양밀도가 높은 식품 공급원을 우선적으로 고려하고, ② 식품의 보관 및 운반 과정에서 품질과 선도의 유지가 용이하며, ③ 쉽게 구할 수 있고 가격이 너무 높지 않아야 하고, ④ 사업수혜자들의 선호도가 높은 식품을 고려하여 선정된다. 보충식품패키지에 따라 감자, 달걀, 당근, 쌀, 우유, 검정콩, 김, 미역, 닭가슴살 통조림, 귤/오렌지주스 등의 식품 등의 구성으로 6개의 식품패키지로 구분되고, 각 식품패키지의 구성 및 제공량은 표 7-19와 같다. 제시된 기본식품 및 대체식품 외의 식품으로 대체하는 것은 원칙적으로 허용되지 않지만, 지역별 특성 및 대상자의 요구도를 고려하여, 대체식품을 이용하여 식품패키지를 구성할 수 있다. 또한 식품별로 정

표 7-19 영양플러스 사업 보충식품패키지별 구성 및 제공량(1인 1일 환산치)

	기본 식품 패키지					
식품명	식품패키지 1 (영아, 0~5개월)	식품패키지 2 (영아, 6~12개월)	식품패키지 3 (유아, 만 1~6세)	식품패키지4 (임신-수유부)[1]	식품패키지5 (출산부)	식품패키지6 (완전모유수유)
조제분유[2]	필요량의 1/2까지	필요량의 1/2까지				
감자		25g	25 g	50 g	50 g	50 g
달걀[3]		60 g(노른자)[4]	60 g	60 g	60 g	60 g
당근		18 g	18 g	35 g	35 g	35 g
쌀		45 g	45 g	90 g	90 g	90 g
우유			360-400 mL	360-400 mL	180-200 mL	360-400 mL
검정콩			10 g	15 g	15 g	15 g
김			3 g	3 g	3 g	3 g
미역				2.5 g	2.5 g	2.5 g
닭가슴살통조림[5]						27~30 g
귤 · 오렌지주스[6]						귤 중 1개 주스 200 mL

1) 혼합수유부의 경우 출산 후 7개월째부터 보충식품은 우유만 제공
2) 모유수유를 우선적으로 권장하며, 필요량에 따라 제품에 표기된 권장섭취량의 1/2까지 제공
3) 달걀 60 g(영양소 섭취기준 1인 1회 분량)은 달걀 1개로 계산하여 공급
4) 전란을 지급하되, 영아는 노른자만 먹도록 교육
5) 닭가슴살통조림의 경우, 닭가슴살을 진공(팩)으로 포장하여 제공 가능
*닭가슴살, 두부, 호상 요구르트 등 냉장이 필요한 제품을 제공하기 위해서는 반드시 냉장배송체계가 확보되어야 하며, 식품에 대한 안전관리는 해당 지역에서 담당하여야 함
*또한, 식품 배송 즉시 유통기한과 식품의 상태를 확인하여야 함
6) 비만위험요인을 가진 완전모유수유부의 경우 오렌지 주스를 제외하거나, 귤 또는 채소·과일류를 대체식품으로 제공

해진 대체식품을 이용할 수 있으나, 한 식품패키지 내에서 두 가지 이상의 식품에 대해 동일한 대체식품을 중복 적용하지 않도록 한다표 7-20.

표 7-20 영양플러스 사업 대체식품 구성 및 제공량

대체식품							
기본 식품명	대체 식품명	식품패키지 1 (영아, 0~5개월)	식품패키지 2 (영아, 6~12개월)	식품패키지 3 (유아, 만 1~6세)	식품패키지4 (임신-수유부)	식품패키지5 (출산부)	식품패키지6 (완전모유수유)
감자	국수류		–[1)]	100 g/주	200 g/주	200 g/주	200 g/주
	고구마		25 g	25 g	50 g	50 g	50 g
	시리얼		–[1)]	30 g	30 g	30 g	30 g
	채소류 및 과일류[3)]	전문가위원회 운영을 통해 식품 선정					
당근[2)]	애호박, 서양호박, 단호박, 시금치		18 g	18 g	35 g	35 g	35 g
	채소류 및 과일류[3)]	전문가위원회 운영을 통해 식품 선정					
쌀	현미, 보리쌀, 찹쌀, 혼합잡곡			30 g	45 g	45 g	45 g
우유	호상 요구르트[4)]			80~100 g	80~100 g	80~100 g	80~100 g
	치즈[4)]			18~20 g	18~20 g	18~20 g	18~20 g
	저지방 우유[5)]			360-400 mL	360~400 mL	180~200 mL	360~400 mL
검정콩	시리얼			30 g	30 g	30 g	30 g
	붉은 팥			10 g	10 g	10 g	10 g
	두부			60 g	60 g	60 g	60 g
	멸치			10 g	10 g	10 g	10 g
	북어채, 황태채			10 g	10 g	10 g	10 g
	닭가슴살통조림			9~10 g	13~15 g	13~15 g	13~15 g
김[2)]	애호박, 서양호박, 단호박, 시금치, 브로콜리, 토마토, 방울토마토			18 g	35 g	35 g	35 g
	채소류 및 버섯류[3)]	전문가위원회 운영을 통해 식품 선정					

표 7-20 (계속)

대체식품							
기본 식품명	대체 식품명	식품패키지 1 (영아, 0~5개월)	식품패키지 2 (영아, 6~12개월)	식품패키지 3 (유아, 만 1~6세)	식품패키지4 (임신-수유부)	식품패키지5 (출산부)	식품패키지6 (완전모유수유)
미역	콩나물, 양배추, 오이, 양파, 브로콜리				35 g	35 g	35 g
	버섯류(팽이, 느타리, 표고, 양송이, 새송이)				15 g	15 g	15 g
	채소류 및 버섯류[3]	전문가위원회 운영을 통해 식품 선정					
닭가슴살 통조림	참치통조림						27~30 g
귤·오렌지주스[2]	사과, 딸기, 키위, 바나나						50 g
	파프리카						35 g
	채소류 및 과일류[3]	전문가위원회 운영을 통해 식품 선정					
영아용 생식품	이유식(분말)		하루표준량의 1/2 이하				

1) 식품패키지2(영아, 6~12개월 미만)의 경우, 국수류·시리얼·귤(또는 오렌지주스)은 대체식품으로 적용 불가
2) 당근, 김 등의 대체식품으로 채소류·과일류·버섯류 등을 제공하는 경우 품질 및 단가, 배송·보관 등에 유의
- 채소·과일 등의 생식품 제공 시 철저한 식품 검수가 필요하며, 배송 후에는 대상자로 하여금 식품문제가 있는 경우 다음날까지만 교환 요청이 가능하도록 하는 등의 안내 필요. 또한 보관·관리 방법에 대한 안내도 반드시 실시

3) 그 밖의 채소류 및 과일류 등을 대체식품으로 추가할 경우
- 보건소 전문가위원회(영양전문가 1인 이상 필수 포함)를 구성·운영하여 대체식품 종류와 제공량, 배송주기 등의 규정을 결정하는 것을 원칙으로 함

※전문가위원회는 시·도건강증진사업지원단의 영양분과 위원 활용 권장
※대체식품 선정 시 식품의 영양성분, 배송·보관 방법 및 단가 등에 유의하여 선정
※식품에 대한 안전관리는 해당 지역에서 담당

4) 호상요구르트는 무가당 또는 당류 함량이 적은 플레인 제품으로 하며, 치즈는 나트륨 함량 적은 제품으로 제공
- 치즈 제공 시 유아의 경우는 월령에 맞게 단계를 조정하여 제공 권장
- 특별한 사유가 없는 한, 우유 제공량의 반 이상을 요구르트 또는 치즈로 대체할 수 없음[즉, 호상 요구르트는 '우유 180~200 mL+호상 요구르트 1개(80~100 g)', 치즈는 '우유 180~200 mL+치즈 1장(18~20 g)'으로 제공]

※단, 식품패키지5(출산부)의 경우, 우유 제공량의 전체를 요구르트 또는 치즈로 대체 가능

5) 저지방 우유는 과체중·비만인 유아(만 2세 이상) 및 비만위험요인을 가진 임산부에 한해 제공 가능

(4) 국민건강영양조사

우리나라에서 국민건강영양조사는 1998년 11월 「국민건강증진법」에 의거하여 처음 실시되어 3년 주기로 시행되다가, 2007년부터는 매년 조사로 체계가 바뀌어 현재 제9기(2022-2024) 조사가 실시되고 있다. 매년 192개 지역의 25가구 확률표본으로 추출하여 만 1세 이상 가구원 약 1만 명 정도를 조사한다. 조사는 검진조사, 건강설문조사, 영양조사의 3가지 영역으로 구성되어 있다. 국민건강조사에 대한 자세한 내용은 이 책의 '3장'에 자세하게 설명되어 있다.

국민건강영양조사의 식품섭취조사는 훈련받은 조사자가 면접을 통해 조사 2일 전 24시간 동안 섭취한 음식의 종류와 섭취량을 회상하게 하여 조사를 실시한다. 조사 항목으로는 끼니정보(식사구분, 시간, 식사장소, 매식 여부, 타인 동반 여부), 음식정보(음식명, 섭취량, 음식구성식품정보 등), 식품정보(식품명, 식품재료량, 제품명, 제조회사명 등)에 대한 내용을 조사한다.

조사된 자료를 영양성분 데이터베이스와 연계하여 개인별 식품 및 영양소 섭취량 값으

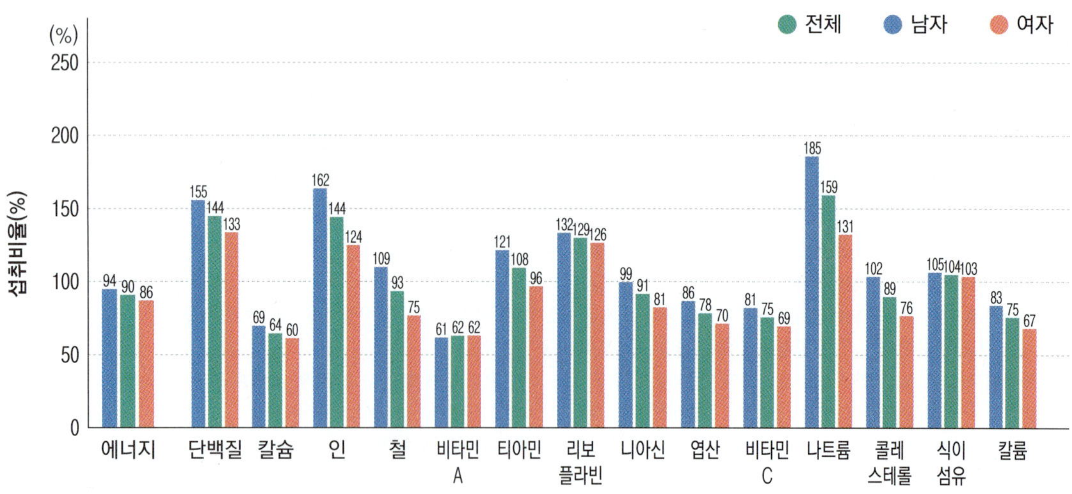

※ 영양소 섭취기준에 대한 섭취비율 : 영양소 섭취기준에 대한 개인별 영양소 섭취량 백분율의 평균값, 만 1세 이상(나트륨 8세 이상, 콜레스테롤 19세 이상)
※ 영양소 섭취기준 : 2015 한국인 영양소 섭취기준(보건복지부 2015);
에너지, 필요추정량; 식이섬유, 칼륨, 비타민 D, 비타민 E / 충분섭취량; 콜레스테롤, 나트륨 / 목표섭취량; 그 외 영양소 권장섭취량
※ 2005년 추계인구로 연령표준화

그림 7-7 영양소 섭취기준 대비 섭취비율(2021)

로 환산된다. 이 자료를 바탕으로 식품 및 영양소별 섭취량 및 추이, 영양소별 영양소 섭취기준에 대한 섭취비율, 영양섭취부족자비율, 아침식사 결식률, 외식률, 식이보충제 복용경험률, 식품안정성 확보가구분율 등의 우리나라 국민의 영양상태에 대한 통계 결과를 산출하고, 이 결과 자료는 우리나라 영양정책의 기초자료로 활용되고 있다.

3. 영양역학 연구

1) 영양역학의 개요

영양역학nutritional epidemiology 분야는 인구집단의 건강과 질병의 빈도 및 분포의 결정요인으로 식생활요인을 연구하는 분야로 식사요인과 질병발생과의 연관성을 확인하는 학문이다. 영양역학이라는 학문은 새로운 학문분야로 인식되지만, 이미 200여 년 전부터 필수영양소를 발견하는 데 영양역학적 연구방법이 사용되었다. 18세기 중엽 영국 해군 군의관인 제임스 린드는 임상실험을 통해 신선한 오렌지와 레몬이 괴혈병을 치료할 수 있다는 결론을 내렸고, 이후 괴혈병이 비타민 C 결핍증이라고 밝혀졌다.

현대 영양역학에서 관심을 가지고 있는 질병은 장기간의 식사패턴이 영향을 미치는 심혈관계질환, 암 등을 비롯한 만성질환을 비롯해 백내장, 골다공증, 중풍, 당뇨, 치매, 파킨슨병, 선천성기형, 우울증 등의 질환이 연구 대상이 되고 있다. 이러한 질환들을 단일 식사요인만에 의해 영향을 받는 것이 아니라 유전, 사회·경제적 요인, 생활습관요인, 환경요인 등의 영향을 받기 때문에 이러한 다요인의 영향을 함께 고려해야 한다.

영양역학 연구에서 가장 어려운 점은 대상자들의 정확한 식사평가를 하는 것이다. 식사요인은 서로 강한 상관성을 가지고 있고, 종합적으로 작용하는 매우 복잡한 특성을 가지고 있다. 예를 들어, 모든 사람들은 지방, 식이섬유, 비타민 등에 노출되기 때문에 흡연처럼 노출이 있다/없다로 구분할 수 없고, 대부분 매우 제한된 범위에 대상자들이 분포하고 있다. 또한 어느 한 시점에서 분명한 변화가 일어나는 것이 아니라 오랜 시간에 걸쳐 변화가 일어나고, 일반적으로 사람들은 자신이 먹는 식품이 무엇인지 잘 인지하지 못하는 특성을 가지고 있다. 영양역학 분야는 수천 명 또는 수만 명을 대상으로 식사조사 및 평가를 실시하기 때문에 연구 목적에 맞는 식사평가방법을 고려해야 한다. 식사평가방법에 대한 내용은 이 책 '4장'에 자세하게 설명되어 있다.

2) 영양역학연구 설계

영양역학의 개념, 가설, 기술 등 생화학, 생체 내*in vivo*, 생체 외*in vitro* 연구와 동물실험 등에서 왔다. 그렇지만 이러한 연구 결과들은 인체에 직접 적용하기 어렵고, 인체 질병 발생에는 여러 단계의 생리적 변화와 대사 변화가 일어난다. 따라서 식사와 질병과의 관련성을 직접적으로 설명하기 위해서는 역학적 접근방법이 필요하다. 기초과학분야는 역학자에게 방향을 제시하며, 역학연구 결과를 해석하는 데 필요한 유용한 정보를 제공하고, 역학연구에 적용 가능한 새로운 유전적·환경적 노출 측정방법들을 제공한다. 영양역학자들은 기초과학분야에서 제시된 여러 정보들을 바탕으로 식사요인-질병과의 유용한 가설을 수립하고, 이를 확인하기 위한 적절한 연구방법을 적용하여 이를 확인해야 한다. 영양역학연구 분야에서 사용할 수 있는 역학적 연구방법에는 코호트연구, 환자-대조군 연구, 단면연구, 생태학적연구, 임상연구 등이 있다.

(1) 코호트연구cohort study

코호트cohort란 비슷한 특성이나 속성, 경험을 가진 집단으로 정의된다. 코호트연구의 기본 접근은 관심이 되는 질병이 없는 집단에서 질병 발생의 원인으로 가정되는 위험요인에 노출된 집단과 노출되지 않은 집단을 전향적prospective 또는 후향적retrospective으로 추적 관찰하여 집단 간 질병 발생의 크기를 비교함으로써 질병과 위험요인의 연관성association을 확인하는 것이다.

전향적 코호트연구는 연구시작 시점에서 코호트를 구축한 후 추적 관찰을 통해 질병 발생을 확인하므로 연구에 소요되는 시간과 비용이 막대하다. 반면 후향적 코호트연구는 연구시작 시점에서 질병 발생을 확인하고, 위험 요인 노출 여부는 과거 기록을 이용하기 때문에 전향적 코호트연구에 비해 비교적 짧은 시간 내에 연구를 수행할 수 있다.

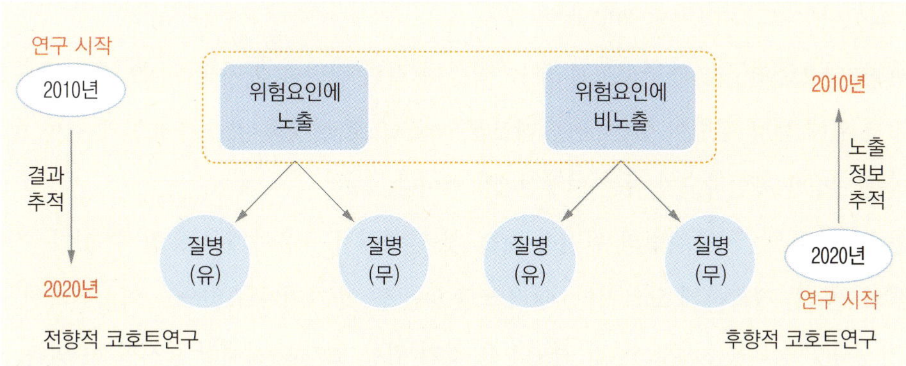

그림 7-8 전향적 코호트연구와 후향적 코호트연구의 비교

전향적 코호트연구의 예시로, 질병관리청에서 수행하고 있는 한국인유전체역학조사사업의 도시기반코호트에 참여하고 있는 44,460명을 추적 관찰한 결과, prudent 식사패턴 점수가 높은 사람들이 비알코올성지방간이 발생할 확률이 남자의 경우 22%, 여자의 경우 36%가 통계적으로 유의하게 감소하였다. 반면 flour-based 식사패턴 점수가 높을 때, 비알코올성지방간 발생 확률이 남자의 경우 29%, 여자의 경우 55%가 유의하게 증가하였다표 7-21.

표 7-21 식사패턴 점수에 따른 비알코올성지방간 발생 위험도

남자(n=11,868)						여자(n=32,592)				
식사패턴 점수의 사분위수						식사패턴 점수의 사분위수				
1사분위	2사분위	3사분위	4사분위	P값		1사분위	2사분위	3사분위	4사분위	P값
1.00 (ref)	0.97 (0.80-1.18)	0.88 (0.72-1.70)	0.78 (0.63-0.97)	0.0159	신중한(Prudent) 패턴	1.00 (ref)	0.97 (0.80-1,19)	0.92 (0.75-1.12)	0.64 (0.52-0.80)	<0.0001
1.00 (ref)	1.02 (0.83-1.27)	1.27 (1.02-1.58)	1.29 (1.00-1.67)	0.0282	밀가루 및 육류(Flour-based food and meat) 패턴	1.00 (ref)	1.25 (1,02-1.53)	1.46 (1.18-1.80)	1.55 (1.22-1.97)	0.0003
1.00 (ref)	0.92 (0.74-1.14)	1.04 (0.83-1.30)	0.92 (0.74-1.15)	0.4862	흰쌀밥(White rice) 패턴	1.00 (ref)	0.78 (0.63-0.96)	0.85 (0.69-1.06)	0.95 (0.77-1.17)	0.3194

자료: Fu J, Shin S, Dietary patterns and risk of non-alcoholic fatty liver disease in Korean adults: a prospective cohort study. 2023

(2) 환자-대조군연구case-control study

환자-대조군연구는 연구하고자 하는 질병에 걸린 집단을 환자군case으로 선정하고, 비교를 위해 해당 질병이 없는 군을 대조군control으로 선정하여, 노출요인과 질병 발생과의 관련성을 확인하고자 하는 연구설계방법이다.

환자-대조군연구는 질병의 원인을 찾는 첫 단계에서 유용하게 이용될 수 있다. 질병 발생의 원인을 정확하게 모르지만, 여러 노출요인 중 몇 가지가 원인으로 의심된다면, 질병 발생과 의심되는 노출요인 간 관련성을 찾기 위한 초기 단계에서 실시할 수 있다. 이 단계를 통해 노출요인과 질병 발생과의 관련성이 확인되면, 다음 단계로 코호트연구나 무작위배정 비교시험 연구를 실시한다. 환자-대조군연구는 코호트연구나 무작위배정 비교시험 연구에 비해 비용이 적게 들고, 단기간에 수행할 수 있다는 장점이 있다.

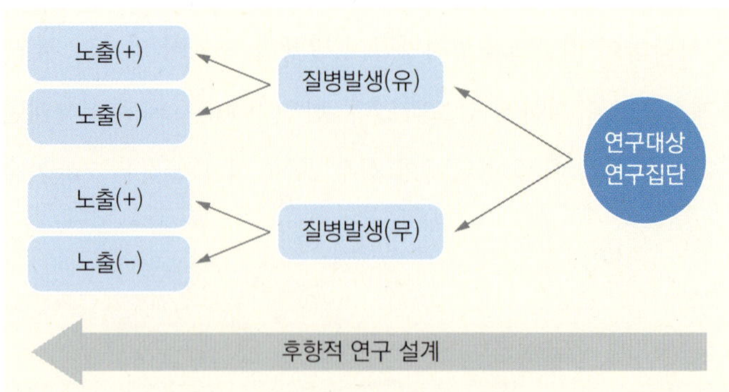

그림 7-9 환자-대조군 연구설계

(3) 단면연구cross-sectional study

단면연구는 한 시점에서 질병 혹은 건강 수준을 추정하거나 질병과 위험요인의 관계를 확인하는 연구이다. 단면연구에서는 동일한 시점에서 조사대상자 각 개인의 건강상태와 위험요인을 동시에 측정한다. 단면연구는 지역사회 또는 국가 단위에서 질병 또는 건강상태의 유병률을 추정하거나 위험요인의 분포를 추정하기 위해 시행하며, 유병률조사prevalence라고 한다. 따라서 단면연구는 주요한 질병의 유병률과 위험요인의 분포를 파악하는 데 매우 중요하다. 우리나라에서는 대표적으로 국민건강영양조사, 지역사회건강조사 등이 이러한 목적으로 정기적으로 실시되고 있다.

단면연구는 조사수행이 상대적으로 쉽고 비용이 적게 들어 널리 시행되는 조사방법이지만, 연구 결과 해석 시 시간적 선후관계와 질병으로 인한 위험요인의 변화 가능성을 반드시 고려해야 한다. 예를 들어, 비만인 환자인 경우, 체중 감량을 위해 에너지와 지방 섭취량을 줄이고 식이섬유가 풍부한 채소 섭취를 많이 하는 경우가 있으므로 정상체중인 사람과 비교하면, 오히려 채소 섭취가 높아 이를 토대로 채소 섭취가 비만의 원인으로 판단되는 경우가 있을 수 있다.

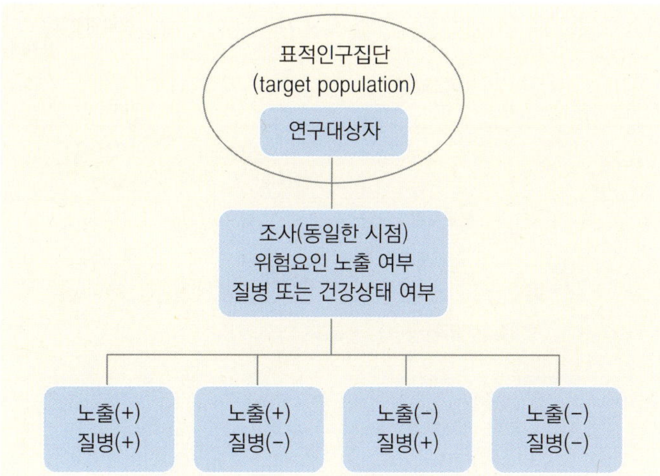

그림 7-10 단면연구의 설계

(4) 생태학적 연구ecological study

생태학적 연구는 개인 수준이 아닌 집단을 분석 단위로 하여 집단 간 또는 동일 집단의 시간 경과에 따른 질병 빈도의 변화를 비교한다. 즉, 각 집단에서 특정 요인에 대한 노출 수준을 파악하고 동시에 건강 결과에 대한 통계지표(발생률, 유병률, 사망률 등)를 분석하여 특정 요인과 건강결과 간 인과적 관련성에 대한 가설을 제기하는 데 유용하게 사용되는 연구이다.

생태학적 연구는 연구단위가 개인이 아닌 집단이기 때문에 그 결과를 개인에게 직접 적용할 수 없고, 교란변수의 영향을 보정할 수 없어서 특정 요인과 건강과의 인과관계를 입증하기는 어려운 단점이 있지만, 이미 수집된 자료를 이용하기 때문에 짧은 시간에 적은 비용으로 연구 결과를 신속하게 얻을 수 있다.

그림 7-11은 생태학적 연구를 통해 약 30개 나라의 국민 1인당 동물성지방 섭취량과 유방암 사망률을 분석했을 때, 동물성지방 섭취량이 증가할수록 유방암으로 인한 사망률이 증가하는 경향을 보여주고 있다.

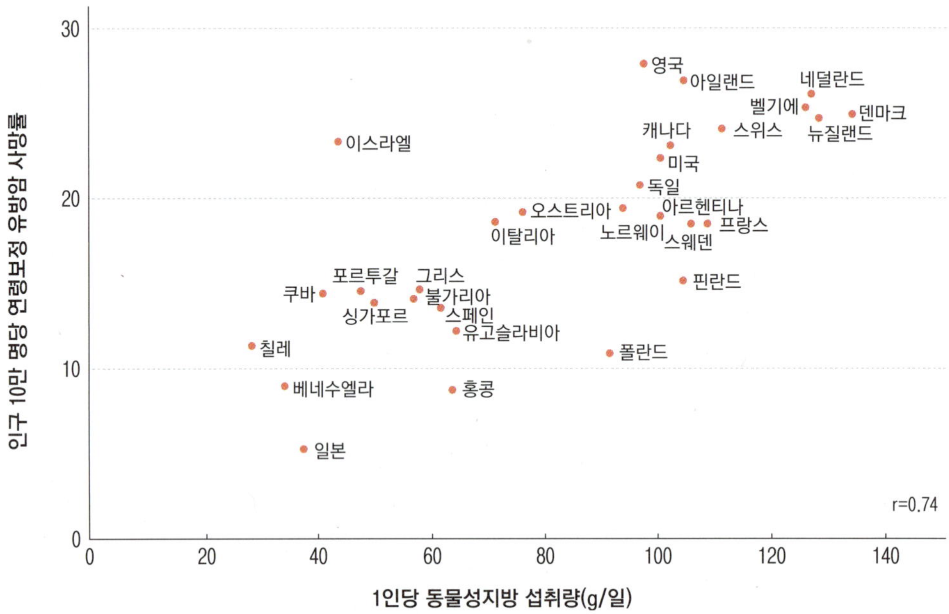

그림 7-11 국민 1인당 동물성지방의 하루 섭취량과 유방암 사망률과의 관계

자료: S Sasaki et al., An ecological study of the relationship between dietary fat intake and breast cancer mortality. 1993

(5) 임상연구

임상연구는 사람은 대상으로 하는 실험적 연구로 코호트연구, 환자-대조군연구와 같은 관찰적 연구와 달리 인위적인 중재 또는 개입intervention을 하는 연구 형태이다. 일반적으로 이중눈가림법double blind으로 처치를 받는 시험군과 비교하고자 하는 처치를 받

는 비교군을 두고 무작위배정randomized trial을 하고 중재 후 결과를 비교하는 무작위임상시험randomized controlled clinical trial 형태가 식사요인과 질병과의 관련성에 대한 가설을 가장 강력하게 평가할 수 있다. 무작위임상시험의 주요 장점은 잠재적 교란변수들confounding variables이 치료군과 대조군 사이에 무작위로 분포되어 있어 외적 요인들에 의한 연관성 왜곡 가능성이 다른 관찰 연구에 비해 적다는 것이다.

임상연구는 직접적으로 사람을 대상으로 하므로 무엇보다 중요한 전제조건은 윤리성의 확보이다. 임상시험은 사람을 대상으로 실시할 충분한 근거와 필요성이 인정되는 경우에 한하여 수행되어야 하며, 연구가 과학적으로 타당하고 엄밀하게 계획되어야 한다. 임상시험이 윤리적으로 수행되기 위해 가장 기본적인 전제조건 두 가지는 피험자 동의를 받는 것과 연구윤리심의위원회Institutional Review Board, IRB의 심의와 감독을 받는 것이다.

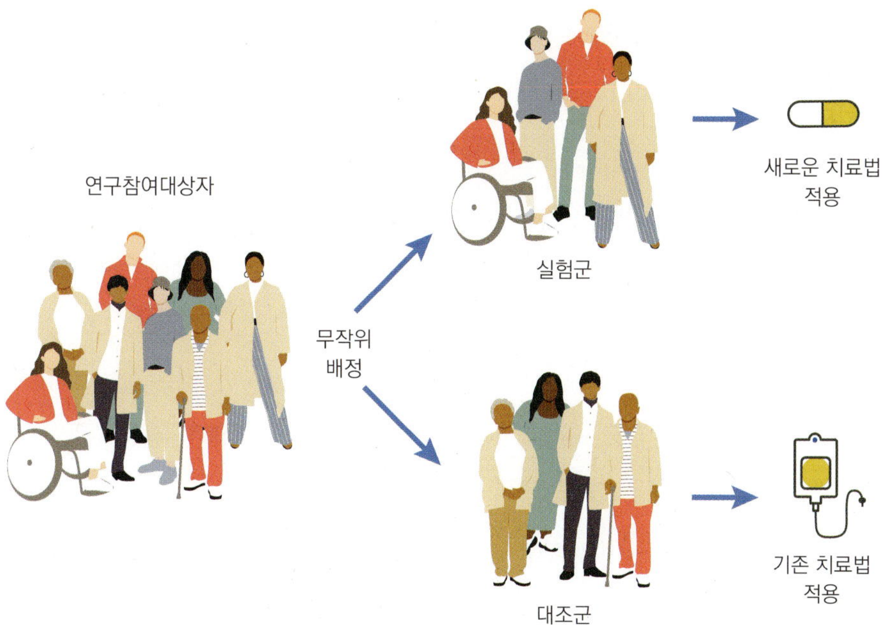

그림 7-12 무작위임상연구 설계

부록

1. 2017 소아청소년 성장도표

자료: 질병관리본부, 대한소아청소년과학회. 2017 소아청소년 성장도표, 2017

2. 국민건강영양조사표

자료: 보건복지부. 제7기 3차년도 국민건강영양조사표, 2016;
보건복지부. 제8기 국민건강영양조사표, 2018

3. 2020 한국인 영양소 섭취기준 요약표

자료: 보건복지부, 한국영양학회. 2020 한국인 영양소 섭취기준, 2020

1. 2017 소아청소년 성장도표

1-1. 신장, 체중, 머리둘레의 성장도표 백분위수

① 남자(0~12개월)

[단위: 신장(cm), 체중(kg), 머리둘레(cm)]

만 나이 (세)	만 나이 (개월)	구분	백분위수(남자)										
			3rd	5th	10th	15th	25th	50th	75th	85th	90th	95th	97th
0	0	신장	46.3	46.8	47.5	47.9	48.6	49.9	51.2	51.8	52.3	53.0	53.4
		체중	2.5	2.6	2.8	2.9	3.0	3.3	3.7	3.9	4.0	4.2	4.3
		머리둘레	32.1	32.4	32.8	33.1	33.6	34.5	35.3	35.8	36.1	36.6	36.9
	1	신장	51.1	51.5	52.2	52.7	53.4	54.7	56.0	56.7	57.2	57.9	58.4
		체중	3.4	3.6	3.8	3.9	4.1	4.5	4.9	5.1	5.3	5.5	5.7
		머리둘레	35.1	35.4	35.8	36.1	36.5	37.3	38.1	38.5	38.8	39.2	39.5
	2	신장	54.7	55.1	55.9	56.4	57.1	58.4	59.8	60.5	61.0	61.7	62.2
		체중	4.4	4.5	4.7	4.9	5.1	5.6	6.0	6.3	6.5	6.8	7.0
		머리둘레	36.9	37.2	37.6	37.9	38.3	39.1	39.9	40.3	40.6	41.1	41.3
	3	신장	57.6	58.1	58.8	59.3	60.1	61.4	62.8	63.5	64.0	64.8	65.3
		체중	5.1	5.2	5.5	5.6	5.9	6.4	6.9	7.2	7.4	7.7	7.9
		머리둘레	38.3	38.6	39.0	39.3	39.7	40.5	41.3	41.7	42.0	42.5	42.7
	4	신장	60.0	60.5	61.2	61.7	62.5	63.9	65.3	66.0	66.6	67.3	67.8
		체중	5.6	5.8	6.0	6.2	6.5	7.0	7.6	7.8	8.1	8.4	8.6
		머리둘레	39.4	39.7	40.1	40.4	40.8	41.6	42.4	42.9	43.2	43.6	43.9
	5	신장	61.9	62.4	63.2	63.7	64.5	65.9	67.3	68.1	68.6	69.4	69.9
		체중	6.1	6.2	6.5	6.7	7.0	7.5	8.1	8.4	8.6	9.0	9.2
		머리둘레	40.3	40.6	41.0	41.3	41.7	42.6	43.4	43.8	44.1	44.5	44.8
	6	신장	63.6	64.1	64.9	65.4	66.2	67.6	69.1	69.8	70.4	71.1	71.6
		체중	6.4	6.6	6.9	7.1	7.4	7.9	8.5	8.9	9.1	9.5	9.7
		머리둘레	41.0	41.3	41.8	42.1	42.5	43.3	44.2	44.6	44.9	45.3	45.6
	7	신장	65.1	65.6	66.4	66.9	67.7	69.2	70.6	71.4	71.9	72.7	73.2
		체중	6.7	6.9	7.2	7.4	7.7	8.3	8.9	9.3	9.5	9.9	10.2
		머리둘레	41.7	42.0	42.4	42.7	43.1	44.0	44.8	45.3	45.6	46.0	46.3
	8	신장	66.5	67.0	67.8	68.3	69.1	70.6	72.1	72.9	73.4	74.2	74.7
		체중	7.0	7.2	7.5	7.7	8.0	8.6	9.3	9.6	9.9	10.3	10.5
		머리둘레	42.2	42.5	42.9	43.2	43.7	44.5	45.4	45.8	46.1	46.6	46.9
	9	신장	67.7	68.3	69.1	69.6	70.5	72.0	73.5	74.3	74.8	75.7	76.2
		체중	7.2	7.4	7.7	7.9	8.3	8.9	9.6	10.0	10.2	10.6	10.9
		머리둘레	42.6	42.9	43.4	43.7	44.2	45.0	45.8	46.3	46.6	47.1	47.4
	10	신장	69.0	69.5	70.4	70.9	71.7	73.3	74.8	75.6	76.2	77.0	77.6
		체중	7.5	7.7	8.0	8.2	8.5	9.2	9.9	10.3	10.5	10.9	11.2
		머리둘레	43.0	43.3	43.8	44.1	44.6	45.4	46.3	46.7	47.0	47.5	47.8
	11	신장	70.2	70.7	71.6	72.1	73.0	74.5	76.1	77.0	77.5	78.4	78.9
		체중	7.7	7.9	8.2	8.4	8.7	9.4	10.1	10.5	10.8	11.2	11.5
		머리둘레	43.4	43.7	44.1	44.4	44.9	45.8	46.6	47.1	47.4	47.9	48.2
1	12	신장	71.3	71.8	72.7	73.3	74.1	75.7	77.4	78.2	78.8	79.7	80.2
		체중	7.8	8.1	8.4	8.6	9.0	9.6	10.4	10.8	11.1	11.5	11.8
		머리둘레	43.6	44.0	44.4	44.7	45.2	46.1	46.9	47.4	47.7	48.2	48.5

② 여자(0~12개월)

[단위: 신장(cm), 체중(kg), 머리둘레(cm)]

만 나이 (세)	만 나이 (개월)	구분	백분위수(남자)										
			3rd	5th	10th	15th	25th	50th	75th	85th	90th	95th	97th
0	0	신장	45.6	46.1	46.8	47.2	47.9	49.1	50.4	51.1	51.5	52.2	52.7
		체중	2.4	2.5	2.7	2.8	2.9	3.2	3.6	3.7	3.9	4.0	4.2
		머리둘레	31.7	31.9	32.4	32.7	33.1	33.9	34.7	35.1	35.4	35.8	36.1
	1	신장	50.0	50.5	51.2	51.7	52.4	53.7	55.0	55.7	56.2	56.9	57.4
		체중	3.2	3.3	3.5	3.6	3.8	4.2	4.6	4.8	5.0	5.2	5.4
		머리둘레	34.3	34.6	35.0	35.3	35.8	36.5	37.3	37.8	38.0	38.5	38.8
	2	신장	53.2	53.7	54.5	55.0	55.7	57.1	58.4	59.2	59.7	60.4	60.9
		체중	4.0	4.1	4.3	4.5	4.7	5.1	5.6	5.9	6.0	6.3	6.5
		머리둘레	36.0	36.3	36.7	37.0	37.4	38.3	39.1	39.5	39.8	40.2	40.5
	3	신장	55.8	56.3	57.1	57.6	58.4	59.8	61.2	62.0	62.5	63.3	63.8
		체중	4.6	4.7	5.0	5.1	5.4	5.8	6.4	6.7	6.9	7.2	7.4
		머리둘레	37.2	37.5	37.9	38.2	38.7	39.5	40.4	40.8	41.1	41.6	41.9
	4	신장	58.0	58.5	59.3	59.8	60.6	62.1	63.5	64.3	64.9	65.7	66.2
		체중	5.1	5.2	5.5	5.6	5.9	6.4	7.0	7.3	7.5	7.9	8.1
		머리둘레	38.2	38.5	39.0	39.3	39.7	40.6	41.4	41.9	42.2	42.7	43.0
	5	신장	59.9	60.4	61.2	61.7	62.5	64.0	65.5	66.3	66.9	67.7	68.2
		체중	5.5	5.6	5.9	6.1	6.4	6.9	7.5	7.8	8.1	8.4	8.7
		머리둘레	39.0	39.3	39.8	40.1	40.6	41.5	42.3	42.8	43.1	43.6	43.9
	6	신장	61.5	62.0	62.8	63.4	64.2	65.7	67.3	68.1	68.6	69.5	70.0
		체중	5.8	6.0	6.2	6.4	6.7	7.3	7.9	8.3	8.5	8.9	9.2
		머리둘레	39.7	40.1	40.5	40.8	41.3	42.2	43.1	43.5	43.9	44.3	44.6
	7	신장	62.9	63.5	64.3	64.9	65.7	67.3	68.8	69.7	70.3	71.1	71.6
		체중	6.1	6.3	6.5	6.7	7.0	7.6	8.3	8.7	8.9	9.4	9.6
		머리둘레	40.4	40.7	41.1	41.5	41.9	42.8	43.7	44.2	44.5	45.0	45.3
	8	신장	64.3	64.9	65.7	66.3	67.2	68.7	70.3	71.2	71.8	72.6	73.2
		체중	6.3	6.5	6.8	7.0	7.3	7.9	8.6	9.0	9.3	9.7	10.0
		머리둘레	40.9	41.2	41.7	42.0	42.5	43.4	44.3	44.7	45.1	45.6	45.9
	9	신장	65.6	66.2	67.0	67.6	68.5	70.1	71.8	72.6	73.2	74.1	74.7
		체중	6.6	6.8	7.0	7.3	7.6	8.2	8.9	9.3	9.6	10.1	10.4
		머리둘레	41.3	41.6	42.1	42.4	42.9	43.8	44.7	45.2	45.5	46.0	46.3
	10	신장	66.8	67.4	68.3	68.9	69.8	71.5	73.1	74.0	74.6	75.5	76.1
		체중	6.8	7.0	7.3	7.5	7.8	8.5	9.2	9.6	9.9	10.4	10.7
		머리둘레	41.7	42.0	42.5	42.8	43.3	44.2	45.1	45.6	46.0	46.4	46.8
	11	신장	68.0	68.6	69.5	70.2	71.1	72.8	74.5	75.4	76.0	76.9	77.5
		체중	7.0	7.2	7.5	7.7	8.0	8.7	9.5	9.9	10.2	10.7	11.0
		머리둘레	42.0	42.4	42.9	43.2	43.7	44.6	45.5	46.0	46.3	46.8	47.1
1	12	신장	69.2	69.8	70.7	71.3	72.3	74.0	75.8	76.7	77.3	78.3	78.9
		체중	7.1	7.3	7.7	7.9	8.2	8.9	9.7	10.2	10.5	11.0	11.3
		머리둘레	42.3	42.7	43.2	43.5	44.0	44.9	45.8	46.3	46.6	47.1	47.5

③ 남자(13~36개월)

[단위: 신장(cm), 체중(kg), 머리둘레(cm)]

만 나이 (세)	만 나이 (개월)	구분	백분위수(남자)										
			3rd	5th	10th	15th	25th	50th	75th	85th	90th	95th	97th
1	13	신장	72.4	72.9	73.8	74.4	75.3	76.9	78.6	79.4	80.0	80.9	81.5
		체중	8.0	8.2	8.6	8.8	9.2	9.9	10.6	11.1	11.4	11.8	12.1
		머리둘레	43.9	44.2	44.7	45.0	45.5	46.3	47.2	47.7	48.0	48.5	48.8
	14	신장	73.4	74.0	74.9	75.5	76.4	78.0	79.7	80.6	81.2	82.1	82.7
		체중	8.2	8.4	8.8	9.0	9.4	10.1	10.9	11.3	11.6	12.1	12.4
		머리둘레	44.1	44.4	44.9	45.2	45.7	46.6	47.5	47.9	48.3	48.7	49.0
	15	신장	74.4	75.0	75.9	76.5	77.4	79.1	80.9	81.8	82.4	83.3	83.9
		체중	8.4	8.6	9.0	9.2	9.6	10.3	11.1	11.6	11.9	12.3	12.7
		머리둘레	44.3	44.7	45.1	45.5	45.9	46.8	47.7	48.2	48.5	49.0	49.3
	16	신장	75.4	76.0	76.9	77.5	78.5	80.2	82.0	82.9	83.5	84.5	85.1
		체중	8.5	8.8	9.1	9.4	9.8	10.5	11.3	11.8	12.1	12.6	12.9
		머리둘레	44.5	44.8	45.3	45.6	46.1	47.0	47.9	48.4	48.7	49.2	49.5
	17	신장	76.3	76.9	77.9	78.5	79.5	81.2	83.0	84.0	84.6	85.6	86.2
		체중	8.7	8.9	9.3	9.6	10.0	10.7	11.6	12.0	12.4	12.9	13.2
		머리둘레	44.7	45.0	45.5	45.8	46.3	47.2	48.1	48.6	48.9	49.4	49.7
	18	신장	77.2	77.8	78.8	79.5	80.4	82.3	84.1	85.1	85.7	86.7	87.3
		체중	8.9	9.1	9.5	9.7	10.1	10.9	11.8	12.3	12.6	13.1	13.5
		머리둘레	44.9	45.2	45.7	46.0	46.5	47.4	48.3	48.7	49.1	49.6	49.9
	19	신장	78.1	78.7	79.7	80.4	81.4	83.2	85.1	86.1	86.8	87.8	88.4
		체중	9.0	9.3	9.7	9.9	10.3	11.1	12.0	12.5	12.9	13.4	13.7
		머리둘레	45.0	45.3	45.8	46.2	46.6	47.5	48.4	48.9	49.2	49.7	50.0
	20	신장	78.9	79.6	80.6	81.3	82.3	84.2	86.1	87.1	87.8	88.8	89.5
		체중	9.2	9.4	9.8	10.1	10.5	11.3	12.2	12.7	13.1	13.6	14.0
		머리둘레	45.2	45.5	46.0	46.3	46.8	47.7	48.6	49.1	49.4	49.9	50.2
	21	신장	79.7	80.4	81.5	82.2	83.2	85.1	87.1	88.1	88.8	89.9	90.5
		체중	9.3	9.6	10.0	10.3	10.7	11.5	12.5	13.0	13.3	13.9	14.3
		머리둘레	45.3	45.6	46.1	46.4	46.9	47.8	48.7	49.2	49.6	50.1	50.4
	22	신장	80.5	81.2	82.3	83.0	84.1	86.0	88.0	89.1	89.8	90.9	91.6
		체중	9.5	9.8	10.2	10.5	10.9	11.8	12.7	13.2	13.6	14.2	14.5
		머리둘레	45.4	45.8	46.3	46.6	47.1	48.0	48.9	49.4	49.7	50.2	50.5
	23	신장	81.3	82.0	83.1	83.8	84.9	86.9	89.0	90.0	90.8	91.9	92.6
		체중	9.7	9.9	10.3	10.6	11.1	12.0	12.9	13.4	13.8	14.4	14.8
		머리둘레	45.6	45.9	46.4	46.7	47.2	48.1	49.0	49.5	49.9	50.3	50.7
2	24*	신장	81.4	82.1	83.2	83.9	85.1	87.1	89.2	90.3	91.0	92.1	92.9
		체중	9.8	10.1	10.5	10.8	11.3	12.2	13.1	13.7	14.1	14.7	15.1
		머리둘레	45.7	46.0	46.5	46.8	47.3	48.3	49.2	49.7	50.0	50.5	50.8
	30	신장	85.5	86.3	87.6	88.4	89.6	91.9	94.2	95.5	96.3	97.5	98.3
		체중	10.7	11.0	11.4	11.8	12.3	13.3	14.4	15.0	15.5	16.2	16.6
		머리둘레	46.3	46.6	47.1	47.5	48.0	48.9	49.9	50.4	50.7	51.2	51.6
3	36*	신장	89.7	90.5	91.8	92.6	93.9	96.5	99.2	100.7	101.8	103.4	104.4
		체중	12.3	12.6	13.0	13.3	13.8	14.7	15.7	16.3	16.7	17.3	17.7
		머리둘레	46.7	47.1	47.7	48.1	48.7	49.8	50.9	51.4	51.8	52.3	52.7

* 2세(24개월)부터 누운 키에서 선 키로 신장측정방법 변경

* 3세(36개월)부터 「WHO Growth Standards」에서 「2017 소아청소년 성장도표」로 변경

④ 여자(13~36개월)

[단위: 신장(cm), 체중(kg), 머리둘레(cm)]

만 나이 (세)	만 나이 (개월)	구분	백분위수(남자)										
			3rd	5th	10th	15th	25th	50th	75th	85th	90th	95th	97th
1	13	신장	70.3	70.9	71.8	72.5	73.4	75.2	77.0	77.9	78.6	79.5	80.2
		체중	7.3	7.5	7.9	8.1	8.4	9.2	10.0	10.4	10.8	11.3	11.6
		머리둘레	42.6	42.9	43.4	43.8	44.3	45.2	46.1	46.6	46.9	47.4	47.7
	14	신장	71.3	72.0	72.9	73.6	74.6	76.4	78.2	79.2	79.8	80.8	81.4
		체중	7.5	7.7	8.0	8.3	8.6	9.4	10.2	10.7	11.0	11.5	11.9
		머리둘레	42.9	43.2	43.7	44.0	44.5	45.4	46.3	46.8	47.2	47.7	48.0
	15	신장	72.4	73.0	74.0	74.7	75.7	77.5	79.4	80.3	81.0	82.0	82.7
		체중	7.7	7.9	8.2	8.5	8.8	9.6	10.4	10.9	11.3	11.8	12.2
		머리둘레	43.1	43.4	43.9	44.2	44.7	45.7	46.6	47.1	47.4	47.9	48.2
	16	신장	73.3	74.0	75.0	75.7	76.7	78.6	80.5	81.5	82.2	83.2	83.9
		체중	7.8	8.1	8.4	8.7	9.0	9.8	10.7	11.2	11.5	12.1	12.5
		머리둘레	43.3	43.6	44.1	44.4	44.9	45.9	46.8	47.3	47.6	48.1	48.5
	17	신장	74.3	75.0	76.0	76.7	77.7	79.7	81.6	82.6	83.3	84.4	85.0
		체중	8.0	8.2	8.6	8.8	9.2	10.0	10.9	11.4	11.8	12.3	12.7
		머리둘레	43.5	43.8	44.3	44.6	45.1	46.1	47.0	47.5	47.8	48.3	48.7
	18	신장	75.2	75.9	77.0	77.7	78.7	80.7	82.7	83.7	84.4	85.5	86.2
		체중	8.2	8.4	8.8	9.0	9.4	10.2	11.1	11.6	12.0	12.6	13.0
		머리둘레	43.6	44.0	44.5	44.8	45.3	46.2	47.2	47.7	48.0	48.5	48.8
	19	신장	76.2	76.9	77.9	78.7	79.7	81.7	83.7	84.8	85.5	86.6	87.3
		체중	8.3	8.6	8.9	9.2	9.6	10.4	11.4	11.9	12.3	12.9	13.3
		머리둘레	43.8	44.1	44.6	45.0	45.5	46.4	47.3	47.8	48.2	48.7	49.0
	20	신장	77.0	77.7	78.8	79.6	80.7	82.7	84.7	85.8	86.6	87.7	88.4
		체중	8.5	8.7	9.1	9.4	9.8	10.6	11.6	12.1	12.5	13.1	13.5
		머리둘레	44.0	44.3	44.8	45.1	45.6	46.6	47.5	48.0	48.4	48.9	49.2
	21	신장	77.9	78.6	79.7	80.5	81.6	83.7	85.7	86.8	87.6	88.7	89.4
		체중	8.7	8.9	9.3	9.6	10.0	10.9	11.8	12.4	12.8	13.4	13.8
		머리둘레	44.1	44.5	45.0	45.3	45.8	46.7	47.7	48.2	48.5	49.0	49.4
	22	신장	78.7	79.5	80.6	81.4	82.5	84.6	86.7	87.8	88.6	89.7	90.5
		체중	8.8	9.1	9.5	9.8	10.2	11.1	12.0	12.6	13.0	13.6	14.1
		머리둘레	44.3	44.6	45.1	45.4	46.0	46.9	47.8	48.3	48.7	49.2	49.5
	23	신장	79.6	80.3	81.5	82.2	83.4	85.5	87.7	88.8	89.6	90.7	91.5
		체중	9.0	9.2	9.7	9.9	10.4	11.3	12.3	12.8	13.3	13.9	14.3
		머리둘레	44.4	44.7	45.3	45.6	46.1	47.0	48.0	48.5	48.8	49.3	49.7
2	24*	신장	79.6	80.4	81.6	82.4	83.5	85.7	87.9	89.1	89.9	91.0	91.8
		체중	9.2	9.4	9.8	10.1	10.6	11.5	12.5	13.1	13.5	14.2	14.6
		머리둘레	44.6	44.9	45.4	45.7	46.2	47.2	48.1	48.6	49.0	49.5	49.8
	30	신장	84.0	84.9	86.2	87.0	88.3	90.7	93.1	94.3	95.2	96.5	97.3
		체중	10.1	10.4	10.9	11.2	11.7	12.7	13.8	14.5	15.0	15.7	16.2
		머리둘레	45.3	45.6	46.1	46.5	47.0	47.9	48.9	49.4	49.7	50.2	50.6
3	36*	신장	88.1	89.0	90.4	91.4	92.8	95.4	98.1	99.5	100.5	102.0	103.0
		체중	11.7	12.0	12.4	12.8	13.3	14.2	15.2	15.7	16.1	16.6	17.0
		머리둘레	46.0	46.3	46.9	47.3	47.8	48.8	49.9	50.5	50.8	51.4	51.8

* 2세(24개월)부터 누운 키에서 선 키로 신장측정방법 변경
* 3세(36개월)부터 「WHO Growth Standards」에서 「2017 소아청소년 성장도표」로 변경

⑤ 남자(3세 6개월~18세)

[단위: 신장(cm), 체중(kg), 머리둘레(cm)]

만 나이 (세)	만 나이 (개월)	구분	백분위수(남자)										
			3rd	5th	10th	15th	25th	50th	75th	85th	90th	95th	97th
3	42	신장	92.7	93.5	94.9	95.8	97.1	99.8	102.6	104.1	105.1	106.7	107.8
		체중	13.0	13.4	13.8	14.2	14.7	15.8	16.9	17.6	18.1	18.8	19.3
		머리둘레	47.3	47.7	48.2	48.6	49.2	50.2	51.2	51.7	52.1	52.6	53.0
4	48	신장	95.6	96.5	97.9	98.9	100.3	103.1	105.9	107.5	108.5	110.1	111.2
		체중	13.8	14.2	14.7	15.1	15.6	16.8	18.1	18.9	19.5	20.4	20.9
		머리둘레	47.8	48.2	48.7	49.0	49.6	50.5	51.5	52.0	52.4	52.9	53.3
	54	신장	98.6	99.6	101.0	102.0	103.5	106.3	109.2	110.8	111.9	113.5	114.6
		체중	14.6	15.0	15.5	15.9	16.6	17.9	19.4	20.3	20.9	21.9	22.6
		머리둘레	48.2	48.6	49.0	49.4	49.9	50.8	51.8	52.3	52.7	53.2	53.6
5	60	신장	101.6	102.5	104.1	105.1	106.7	109.6	112.6	114.2	115.3	116.9	118.0
		체중	15.4	15.8	16.4	16.8	17.5	19.0	20.6	21.6	22.4	23.5	24.3
		머리둘레	48.6	48.9	49.3	49.7	50.2	51.1	52.1	52.6	53.0	53.5	53.9
	66	신장	104.5	105.5	107.1	108.2	109.8	112.8	115.8	117.5	118.7	120.4	121.5
		체중	16.2	16.6	17.3	17.8	18.5	20.1	21.9	23.1	23.9	25.2	26.2
		머리둘레	48.8	49.1	49.6	49.9	50.4	51.4	52.4	52.9	53.3	53.8	54.2
6	72	신장	107.4	108.4	110.1	111.2	112.8	115.9	119.1	120.8	122.0	123.8	125.0
		체중	17.1	17.5	18.3	18.8	19.6	21.3	23.4	24.7	25.7	27.2	28.3
		머리둘레	49.0	49.3	49.8	50.2	50.7	51.7	52.6	53.2	53.5	54.0	54.4
	78	신장	110.3	111.3	113.0	114.1	115.8	119.0	122.3	124.1	125.4	127.2	128.4
		체중	18.0	18.5	19.3	19.9	20.8	22.7	25.1	26.5	27.6	29.4	30.7
7	84	신장	113.1	114.2	115.9	117.0	118.8	122.1	125.4	127.3	128.6	130.5	131.7
		체중	18.9	19.5	20.4	21.0	22.0	24.2	26.9	28.5	29.7	31.7	33.2
8	96	신장	118.5	119.6	121.4	122.6	124.4	127.9	131.4	133.3	134.7	136.6	137.9
		체중	20.9	21.6	22.7	23.5	24.8	27.5	30.8	32.9	34.4	36.9	38.7
9	108	신장	123.6	124.8	126.6	127.9	129.8	133.4	137.1	139.1	140.5	142.5	143.9
		체중	23.0	23.8	25.3	26.3	27.9	31.3	35.4	37.9	39.7	42.6	44.7
10	120	신장	128.4	129.7	131.6	133.0	135.0	138.8	142.8	145.0	146.5	148.7	150.2
		체중	25.2	26.3	28.1	29.3	31.3	35.5	40.4	43.3	45.5	48.8	51.2
11	132	신장	133.2	134.6	136.8	138.3	140.5	144.7	149.0	151.4	153.0	155.5	157.1
		체중	27.7	29.1	31.2	32.8	35.2	40.2	45.9	49.3	51.7	55.5	58.1
12	144	신장	138.2	139.9	142.4	144.1	146.7	151.4	156.2	158.7	160.5	163.0	164.7
		체중	30.8	32.4	35.0	36.8	39.6	45.4	51.9	55.7	58.4	62.6	65.4
13	156	신장	144.2	146.1	148.9	150.8	153.6	158.6	163.5	166.1	167.8	170.3	171.9
		체중	34.7	36.5	39.4	41.4	44.6	50.9	57.9	61.9	64.8	69.2	72.2
14	168	신장	150.6	152.6	155.5	157.4	160.2	165.0	169.5	171.8	173.3	175.5	176.9
		체중	39.2	41.0	44.1	46.2	49.5	56.0	63.1	67.1	70.0	74.4	77.3
15	180	신장	156.5	158.2	160.8	162.5	164.9	169.2	173.2	175.3	176.6	178.6	179.9
		체중	43.7	45.6	48.5	50.6	53.8	60.1	66.9	70.8	73.6	77.7	80.5
16	192	신장	160.3	161.7	163.9	165.4	167.5	171.4	175.2	177.2	178.5	180.5	181.7
		체중	47.5	49.3	52.1	54.0	57.1	63.1	69.6	73.3	75.9	79.9	82.5
17	204	신장	162.2	163.5	165.5	166.9	168.9	172.6	176.4	178.4	179.7	181.8	183.1
		체중	50.1	51.7	54.4	56.3	59.2	65.0	71.4	75.1	77.7	81.7	84.3
18	216	신장	163.3	164.6	166.6	167.9	169.9	173.6	177.4	179.4	180.8	182.9	184.3
		체중	52.0	53.6	56.3	58.1	61.0	66.7	73.0	76.6	79.2	83.2	85.9

⑥ 여자(3세 6개월~18세)

[단위: 신장(cm), 체중(kg), 머리둘레(cm)]

만 나이 (세)	만 나이 (개월)	구분	백분위수(남자)										
			3rd	5th	10th	15th	25th	50th	75th	85th	90th	95th	97th
3	42	신장	91.3	92.2	93.6	94.5	96.0	98.6	101.4	102.9	103.9	105.4	106.4
		체중	12.5	12.8	13.3	13.6	14.2	15.2	16.4	17.0	17.5	18.1	18.6
		머리둘레	46.5	46.8	47.4	47.7	48.3	49.3	50.3	50.8	51.2	51.8	52.1
4	48	신장	94.5	95.4	96.8	97.7	99.2	101.9	104.7	106.2	107.3	108.8	109.8
		체중	13.3	13.6	14.1	14.5	15.1	16.3	17.6	18.3	18.9	19.7	20.3
		머리둘레	46.9	47.2	47.8	48.1	48.6	49.6	50.6	51.1	51.5	52.1	52.4
	54	신장	97.6	98.5	99.9	100.9	102.4	105.1	108.0	109.5	110.6	112.2	113.3
		체중	14.1	14.4	15.0	15.4	16.0	17.3	18.8	19.7	20.3	21.3	22.0
		머리둘레	47.3	47.6	48.1	48.5	49.0	49.9	50.9	51.4	51.8	52.3	52.7
5	60	신장	100.7	101.7	103.1	104.1	105.6	108.4	111.3	112.9	114.0	115.6	116.7
		체중	14.9	15.3	15.9	16.3	17.0	18.4	20.0	21.0	21.7	22.9	23.7
		머리둘레	47.7	48.0	48.5	48.8	49.3	50.2	51.2	51.7	52.1	52.6	53.0
	66	신장	103.7	104.7	106.2	107.2	108.7	111.6	114.5	116.1	117.3	118.9	120.0
		체중	15.7	16.1	16.7	17.2	17.9	19.5	21.3	22.4	23.2	24.6	25.5
		머리둘레	48.1	48.4	48.8	49.1	49.6	50.6	51.5	52.0	52.4	52.9	53.3
6	72	신장	106.6	107.6	109.1	110.2	111.8	114.7	117.8	119.4	120.5	122.2	123.3
		체중	16.5	16.9	17.6	18.1	18.9	20.7	22.7	24.0	24.9	26.5	27.6
		머리둘레	48.4	48.7	49.2	49.5	49.9	50.9	51.8	52.4	52.7	53.3	53.7
	78	신장	109.4	110.4	112.0	113.1	114.8	117.8	121.0	122.7	123.8	125.6	126.7
		체중	17.3	17.8	18.6	19.1	20.0	22.0	24.3	25.7	26.8	28.6	29.9
7	84	신장	112.2	113.2	114.8	116.0	117.6	120.8	124.1	125.9	127.1	128.9	130.2
		체중	18.2	18.7	19.6	20.2	21.2	23.4	26.0	27.6	28.8	30.9	32.3
8	96	신장	117.5	118.6	120.3	121.5	123.2	126.7	130.2	132.2	133.6	135.7	137.1
		체중	20.1	20.7	21.8	22.6	23.9	26.6	29.8	31.8	33.4	35.8	37.6
9	108	신장	122.8	124.0	125.8	127.1	129.0	132.6	136.5	138.2	140.2	142.5	144.1
		체중	22.3	23.1	24.4	25.4	26.9	30.2	34.1	36.6	38.4	41.4	43.5
10	120	신장	128.2	129.5	131.6	133.0	135.1	139.1	143.3	145.6	147.2	149.6	151.2
		체중	24.8	25.8	27.4	28.6	30.4	34.4	39.1	42.0	44.1	47.5	49.9
11	132	신장	133.8	135.3	137.6	139.2	141.5	145.8	150.0	152.3	153.9	156.1	157.6
		체중	27.7	28.9	30.8	32.2	34.5	39.1	44.4	47.7	50.0	53.7	56.2
12	144	신장	139.5	141.1	143.5	145.1	147.5	151.7	155.7	157.8	159.2	161.3	162.6
		체중	31.1	32.5	34.7	36.2	38.7	43.7	49.5	52.8	55.3	59.1	61.7
13	156	신장	144.7	146.2	148.4	149.9	152.0	155.9	159.7	161.6	162.9	164.8	166.0
		체중	34.9	36.3	38.5	40.1	42.6	47.7	53.4	56.8	59.2	63.0	65.6
14	168	신장	147.9	149.2	151.3	152.6	154.6	158.3	161.9	163.8	165.0	166.9	168.1
		체중	38.1	39.5	41.6	43.2	45.8	50.5	56.1	59.4	61.7	65.4	67.9
15	180	신장	149.3	150.6	152.6	154.0	155.9	159.5	163.0	164.9	166.1	168.0	169.2
		체중	40.5	41.8	43.9	45.4	47.8	52.6	57.9	61.0	63.3	66.8	69.2
16	192	신장	150.3	151.5	153.4	154.7	156.5	160.0	163.5	165.4	166.7	168.6	169.8
		체중	41.9	43.2	45.3	46.8	49.1	53.7	58.9	61.9	64.1	67.5	69.8
17	204	신장	151.0	152.2	153.9	155.1	156.9	160.2	163.7	165.6	166.9	168.8	170.1
		체중	42.7	44.0	46.0	47.4	49.6	54.1	59.1	62.1	64.3	67.6	69.9
18	216	신장	151.6	152.7	154.4	155.6	157.3	160.6	164.1	165.9	167.2	169.2	170.4
		체중	43.2	44.3	46.2	47.6	49.7	54.0	59.0	62.0	64.1	67.5	69.9

1-2. 신장 및 체중의 성장도표

① 남자(0～35개월)

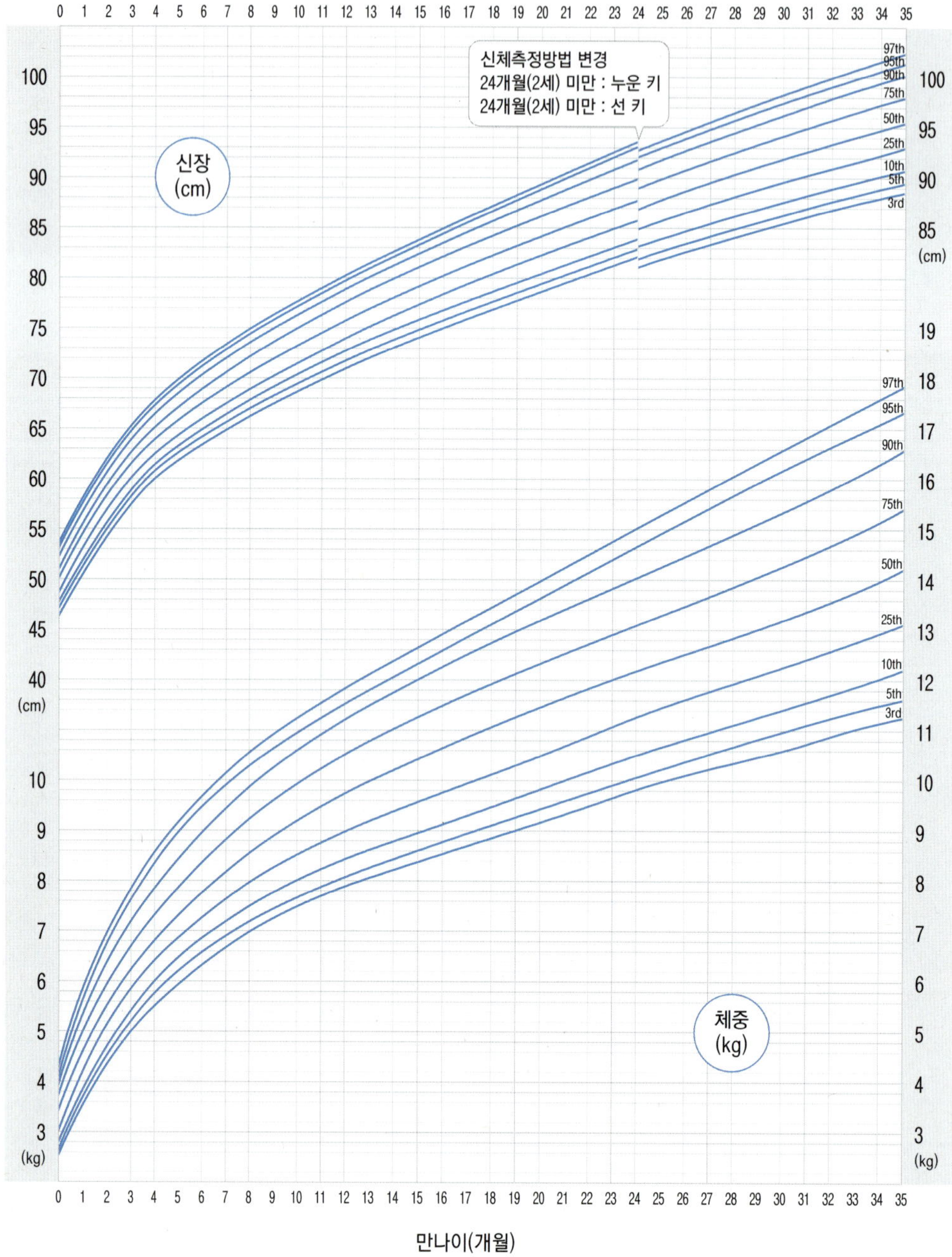

② 여자(0~35개월)

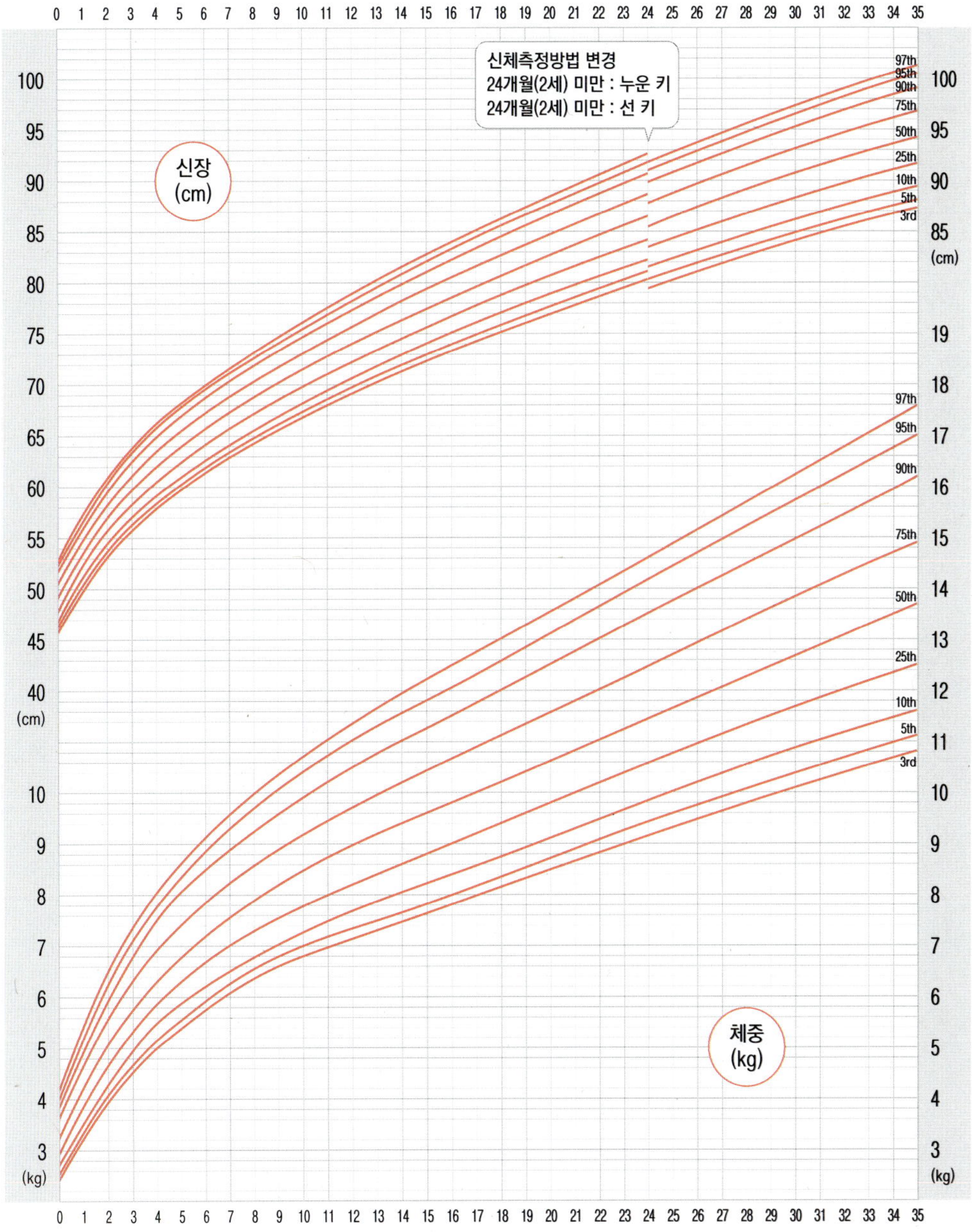

만나이(개월)

③ 남자(3~18세)

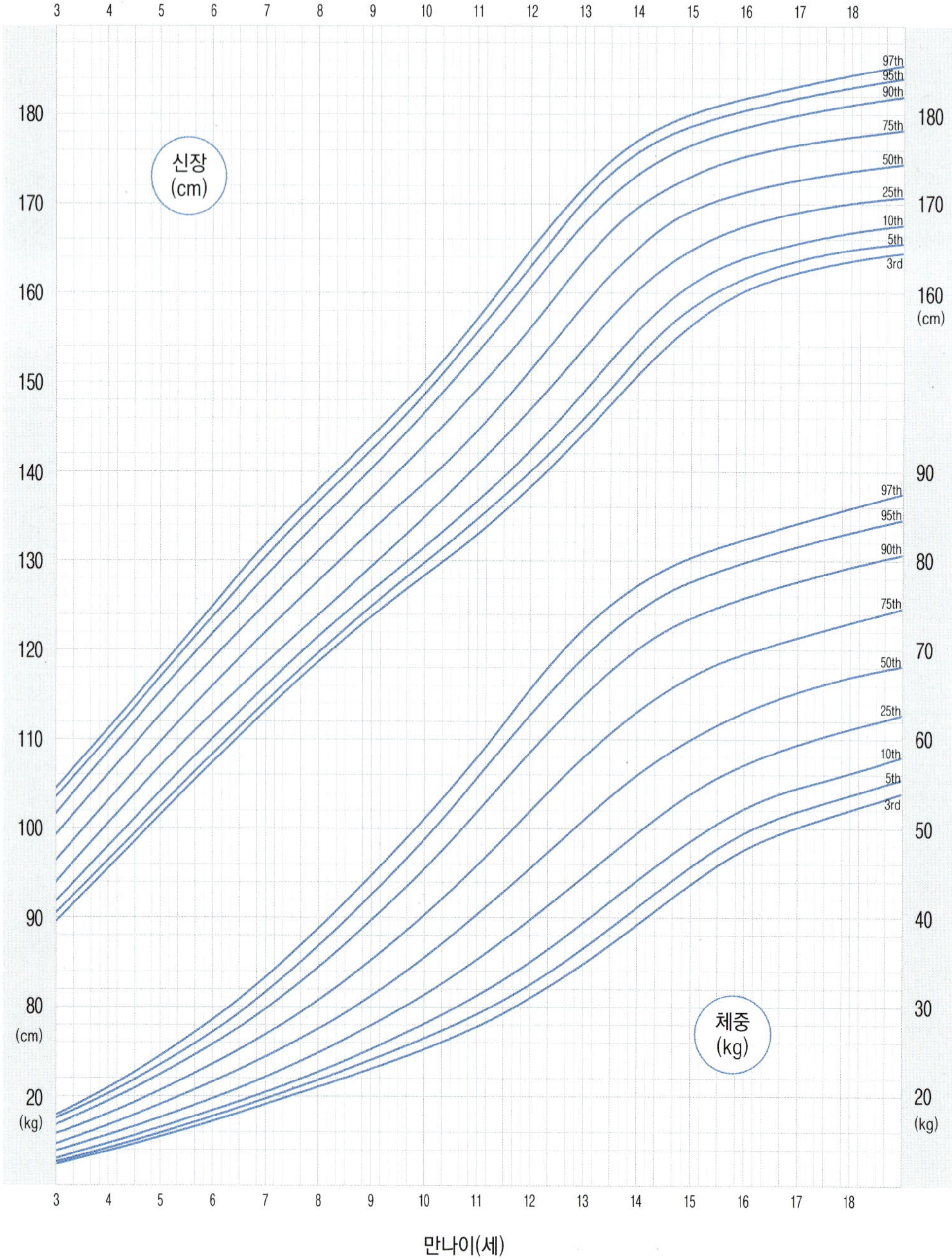
신장
(cm)
체중
(kg)
97th
95th
90th
75th
50th
25th
10th
5th
3rd
3
4
5
6
7
8
9
10
11
12
13
14
15
16
17
18
180
170
160
150
140
130
120
110
100
90
80
(cm)
20
(kg)
90
80
70
60
50
40
30
20
(kg)
만나이(세)

④ 여자(3~18세)

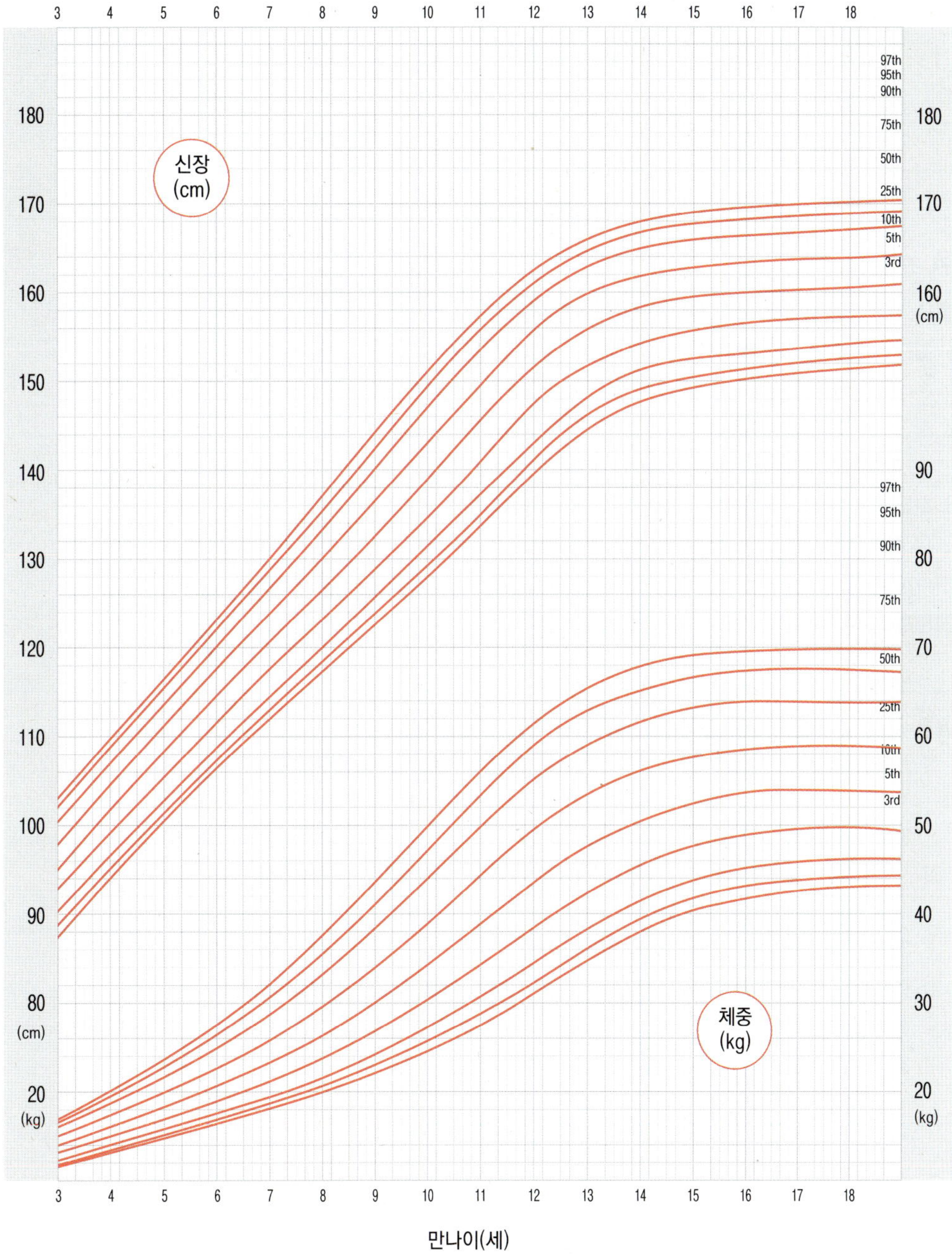
3 4 5 6 7 8 9 10 11 12 13 14 15 16 17 18
신장
(cm)
180 170 160 150 140 130 120 110 100 90 80
(cm)
20
(kg)
97th 95th 90th 75th 50th 25th 10th 5th 3rd
180 170 160
(cm)
90 80 70 60 50 40 30 20
(kg)
체중
(kg)
만나이(세)

2. 국민건강영양조사표

승인(협의)번호 제11702호

국민건강영양조사 제7기 3차년도(2018) 식생활, 식품안정성 조사표

※ 이 조사표에 기재된 내용은 통계법 제33조에 의하여 비밀이 보장됩니다.

	조사구	거처	가구	가구원	조사일 ____ 년 월 일	조사원 성명 ____		
대상자					성명		성별	남 / 여	만나이	만 세
응답자					성명		대상자와의 관계			

식생활조사

■ 식습관 조사

1. 다음은 최근 1년 동안의 식사 빈도에 관한 질문입니다.

1-1. 최근 1년 동안 아침식사를 1주일에 몇 회 하셨습니까?

① 주 5~7회 ② 주 3~4회 ③ 주 1~2회 ④ 거의 안한다(주0회)

1-2. 최근 1년 동안 점심식사를 1주일에 몇 회 하셨습니까?

① 주 5~7회 ② 주 3~4회 ③ 주 1~2회 ④ 거의 안한다(주0회)

1-3. 최근 1년 동안 저녁식사를 1주일에 몇 회 하셨습니까?

① 주 5~7회 ② 주 3~4회 ③ 주 1~2회 ④ 거의 안한다(주0회)

2. 최근 1년 동안 평균적으로, 가정에서 조리한 음식 이외의 외식(매식(배달음식, 포장음식 포함), 급식, 종교단체 제공음식 등)을 얼마나 자주 하셨습니까?

① 하루 2회 이상 ② 하루 1회 ③ 주 5~6회 ④ 주 3~4회
⑤ 주 1~2회 ⑥ 월 1~3회 ⑦ 거의 안한다(월 1회 미만)

3. 다음은 식사 시 다른 사람과 함께 식사하는지를 묻는 내용입니다.

3-1. 최근 1년 동안 아침식사를 할 때, 대체로 다른 사람과 함께 식사를 하셨습니까?

① 예 (⇒ 3-1-1번으로 이동) ② 아니오 (⇒ 3-2번으로 이동) ③ 비해당

3-1-1. 대체로 누구와 함께 식사하셨습니까? ① 가족 ② 가족 외

3-2. 최근 1년 동안 점심식사를 할 때, 대체로 다른 사람과 함께 식사를 하셨습니까?

① 예 (⇒ 3-2-1번으로 이동) ② 아니오 (⇒ 3-3번으로 이동) ③ 비해당

3-2-1. 대체로 누구와 함께 식사하셨습니까? ① 가족 ② 가족 외

3-3. 최근 1년 동안 저녁식사를 할 때, 대체로 다른 사람과 함께 식사를 하셨습니까?

① 예 (⇒ 3-3-1번으로 이동) ② 아니오 (⇒ 4번으로 이동) ③ 비해당

3-3-1. 대체로 누구와 함께 식사하셨습니까? ① 가족 ② 가족 외

■ 식이보충제

4. 최근 1년 동안 2주 이상 지속적으로 식이보충제를 복용한 적이 있습니까?	① 예	② 아니오

5. 현재 복용 중인 식이보충제에 대한 질문입니다. ①해당없음 □(⇒ 6번으로 이동)

5-1. 제품의 종류

① 종합비타민·무기질	①	①	①
② 비타민C	②	②	②
③ 오메가3 지방산	③	③	③
④ 프로바이오틱스	④	④	④
⑤ 홍삼	⑤	⑤	⑤
⑥ 칼슘	⑥	⑥	⑥
⑦ 비타민A & 루테인	⑦	⑦	⑦
⑧ 프로폴리스	⑧	⑧	⑧
⑨ 비타민D	⑨	⑨	⑨
⑩ 철분	⑩	⑩	⑩
⑪ 기타 비타민·무기질	⑪	⑪	⑪
⑫ 기타	⑫	⑫	⑫

5-2. 제품명

5-3. 제조회사(유통회사)

5-4. 복용기간

① 1개월 미만	①	①	①
② 1~3개월	②	②	②
③ 4~6개월	③	③	③
④ 7~11개월	④	④	④
⑤ 1년 이상	⑤	⑤	⑤

5-5. 복용빈도

□ 회	□ 회	□ 회	□ 회
① 일	①	①	①
② 주	②	②	②
③ 개월	③	③	③

5-6. 조사 1일전 복용여부

① 예	①	①	①
② 아니오	②	②	②

5-7. 1회 복용 분량

□	□	□	□
① 정제(Tab)	①	①	①
② 캡슐(Cap)	②	②	②
③ 환(Pil)	③	③	③
④ 포(Bag)	④	④	④
⑤ 병(Bot)	⑤	⑤	⑤
⑥ 기타	⑥	⑥	⑥

■ 영양지식(초등학생 이상만 응답하십시오.)

6. 최근 1년간 보건소, 구청, 주민센터, 복지시설, 학교, 병원 등에서 실시된 영양교육 및 상담을 받은 적이 있습니까?

① 예 ② 아니오 ③ 비해당

7. 다음은 '영양표시' 에 관한 내용입니다. '영양표시' 를 알고 계십니까?

① 예 (⇒ 6-1번으로 이동) ② 아니오 (⇒ 7번으로 이동) ③ 비해당

7-1. 가공식품을 사거나 고를 때 '영양표시' 를 읽으십니까?

① 예 (⇒ 6-1-1번으로 이동) ② 아니오 (⇒ 7번으로 이동)

7-1-1. 영양표시 항목에서 가장 관심 있게 보는 영양소는 무엇입니까?

① 열량 ② 탄수화물 ③ 당류 ④ 단백질 ⑤ 지방

⑥ 포화지방 ⑦ 트랜스지방 ⑧ 콜레스테롤 ⑨ 나트륨 ⑩ 기타

7-1-2. 영양표시내용이 식품을 고르는 데 영향을 미칩니까? ① 예 ② 아니오

■ 영유아기 식생활조사(만 12개월 이상 48개월 미만만 응답하십시오.)

8. 출생 시 아기의 체중은 몇 kg이었습니까? □.□□ kg

9. 아기의 수유방법 및 수유기간에 관한 내용입니다.

9-1-1. 모유 수유 여부	9-1-2. 모유 수유 시작 시기	9-1-3. 모유 수유 기간
① 예	□□ 주	□□ 개월
② 아니오	□□ 주	□□ 개월
9-2-1. 조제분유 수유 여부	**9-2-2. 조제분유 수유 시작 시기**	**9-2-3. 조제분유 수유 기간**
① 예	□□ 주	□□ 개월
② 아니오	□□ 주	□□ 개월

10. 일반우유(생우유)를 먹이기 시작한 시기는 생후 몇 개월경입니까? □□ 개월

11. 모유나 조제분유 외의 이유보충식을 먹이기 시작한 시기는 생후 몇 개월경입니까? □□ 개월

12. 출생 이후 만 12개월 이전까지 영양제를 복용한 경험이 있습니까? ① 예 ② 아니오

12-1. 아기가 복용한 영양제의 종류는 무엇이었습니까? (복수응답가능)

① 비타민/무기질제(종합비타민 포함) ③ 초유영양제

② 유산균영양제/정장제 ④ 기타______________

(프로바이오틱스, 비피더스 등)

식품안정성조사

식품구매자 여부	① 예 / ② 아니오

▪ 다음은 식생활 형편에 대한 문항입니다. 귀하의 가구 전체 상황을 고려하여 응답해 주십시오.

1. 다음 중 최근 1년 동안 귀댁의 식생활 형편을 가장 잘 나타낸 것은 어느 것입니까?

① 우리 가족 모두가 원하는 만큼의 충분한 양과 다양한 종류의 음식을 먹을 수 있었다.

② 우리 가족 모두가 충분한 양의 음식을 먹을 수 있었으나, 다양한 종류의 음식은 먹지 못했다.

③ 경제적으로 어려워서 가끔 먹을 것이 부족했다.

④ 경제적으로 어려워서 자주 먹을 것이 부족했다.

국가통계 승인번호 제 117002 호	국민건강영양조사 KNHANES	이 조사표에 기재된 내용은 통계법 제33조에 의하여 비밀이 보장됩니다.

국민건강영양조사 제8기

- 식품섭취조사표 Ⅰ (가구별 조리기록지) -

조사표 종류	조사연도		
식품섭취조사표 Ⅰ	19	20	21
조사일			조사원
월	일	요일	

대상자	조사구	거처	가구	가구원	성명	성별	만나이	응답자	거처	가구	가구원	성명	비고

▪ 어제 하루 동안 조리하신 음식의 내용과 분량을 말씀해 주십시오.

식사구분	음식명	조리총량			식품재료명 (상품명)	가공여부	식품상태	식품재료량			음식코드	식품코드	비고		
		눈대중분량	부피	중량				눈대중분량	부피	중량			참고사항	제품명	제조회사명

국가통계 승인번호 제 117002 호	국민건강영양조사 KNHANES	국민건강영양조사 제8기 - 식품섭취조사표 II (개인별 24시간 회상법) - (만 1세 이상)	이 조사표에 기재된 내용은 통계법 제33조에 의하여 비밀이 보장됩니다.	조사표 종류	조사연도		
				식품섭취조사표 II	19	20	21
				조사일	조사원		
				월 일 요일			

대상자	조사구	거처	가구	가구원	성명	성별	만나이	응답자	거처	가구	가구원	성명	비고

1. 어제 하루 동안 섭취하신 식사 내용과 분량을 말씀해 주십시오.

식사구분	식사시간	식사장소	매식여부	타인동반여부	음식명	조리총량			음식섭취량			식품재료명 (상품명)	가공여부	식품재료량			음식코드	식품코드	비고		
						눈대중분량	부피	중량	눈대중분량	부피	중량			눈대중분량	부피	중량			참고사항	제품명	제조회사명

2. 특별한 이유로 인해 식사조절을 하고 계십니까? □① 예 □② 아니오

2-1. (2번 문항에 '①예'로 답한 경우) 그 이유는 무엇입니까?

□① 질환이 있어서 (질환명 :) □② 체중을 조절하기 위해서 □③ 기타 ( )

3. 어제 섭취하신 식사 분량은 평소의 식사에 비해서 어떻습니까?

□① 평소에 비해서 많이 섭취하였다. □② 평소와 비슷하였다. □③ 평소에 비해 적게 섭취하였다.

4. 하루에 물(생수, 보리차, 결명자차, 옥수수차 등)을 얼마나 섭취하십니까? ( )컵(200㎖)

5. (가임기 여성의 경우) 임신 또는 수유 중이십니까? □① 임신 중 □② 수유 중 □③ 비해당

6. (영유아의 경우) 모유를 수유하고 있습니까? □① 예 □② 아니오

승인(협의)번호 제11702호

국민건강영양조사 제7기 식품섭취빈도조사표[만 19-64세]

※ 이 조사표에 기재된 내용은 통계법 제33조에 의하여 비밀이 보장됩니다.

	조사구				거처		가구		가구원		조사일	년 월 일	조사원 성명		
대상자											성명		성별	남 / 여	만나이 만 세
응답자											성명		대상자와의 관계		

■ 기초조사

1. 최근 1년 동안 식사의 종류와 양에 변화가 있었습니까? (식사 속도나 시간의 변화는 해당되지 않음)

① 예 (　　　)달 전부터 식습관이 바뀌었다. ② 아니오

2. 최근 1년 동안 평균적으로 하루에 몇 끼 식사를 하셨습니까?

① 1끼 ② 2끼 ③ 3끼 ④ 4끼 ⑤ 기타(　　　　　　)

■ 식품섭취빈도조사

다음 각 항목의 음식을 최근 1년 동안 얼마나 자주 섭취했는지 응답해주시고, 1회 평균 섭취량도 답해주십시오.

섭취빈도(회) / 음식명	거의 안 먹음	1개월		1주			1일			기준분량	1회 평균 섭취량			
		1	2~3	1	2~4	5~6	1	2	3					
1. 쌀밥	①	②	③	④	⑤	⑥	⑦	⑧	⑨	1공기 (300ml, B1T)	① ½	② 1	③ 1½	④ 2
2. 잡곡밥(콩밥 포함)	①	②	③	④	⑤	⑥	⑦	⑧	⑨	1공기 (300ml, B1T)	① ½	② 1	③ 1½	④ 2
3. 비빔밥, 볶음밥	①	②	③	④	⑤	⑥	⑦	⑧	⑨	1인분 (외식제공량=500ml)	① ½	② 1	③ 1½	
4. 김밥	①	②	③	④	⑤	⑥	⑦	⑧	⑨	1줄 (=삼각김밥 2개)	① ½	② 1	③ 1½	④ 2
5. 카레라이스	①	②	③	④	⑤	⑥	⑦	⑧	⑨	1인분 (외식제공량=500ml)	① ½	② 1	③ 1½	
6. 라면, 컵라면	①	②	③	④	⑤	⑥	⑦	⑧	⑨	1개	① ½	② 1	③ 1½	
7. 국수, 칼국수, 우동	①	②	③	④	⑤	⑥	⑦	⑧	⑨	1인분 (외식제공량=1000ml)	① ½	② 1	③ 1½	
8. 짜장면, 짬뽕	①	②	③	④	⑤	⑥	⑦	⑧	⑨	1인분 (외식제공량=1000ml)	① ½	② 1	③ 1½	
9. 냉면	①	②	③	④	⑤	⑥	⑦	⑧	⑨	1인분 (외식제공량=1000ml)	① ½	② 1	③ 1½	
10. 떡국	①	②	③	④	⑤	⑥	⑦	⑧	⑨	1인분 (외식제공량=1000ml)	① ½	② 1	③ 1½	
11. 만두(찐만두, 군만두)	①	②	③	④	⑤	⑥	⑦	⑧	⑨	1인분 (외식제공량=만두6개)	① ½	② 1	③ 1½	
12. 식빵	①	②	③	④	⑤	⑥	⑦	⑧	⑨	2장	① 1	② 2	③ 3	
12-1. 버터, 마아가린	①	②	③	④	⑤	⑥	⑦	⑧	⑨	2ts (10ml)	① 1	② 2	③ 3	
12-2. 잼	①	②	③	④	⑤	⑥	⑦	⑧	⑨	2ts (10ml)	① 1	② 2	③ 3	
13. 단팥빵, 호빵, 크림빵	①	②	③	④	⑤	⑥	⑦	⑧	⑨	1개	① ½	② 1	③ 2	
14. 카스테라, 케이크, 초코파이	①	②	③	④	⑤	⑥	⑦	⑧	⑨	1개 (조각)	① ½	② 1	③ 2	
15. 피자	①	②	③	④	⑤	⑥	⑦	⑧	⑨	2조각 (½F3 × 2)	① 1	② 2	③ 3	
16. 햄버거, 샌드위치	①	②	③	④	⑤	⑥	⑦	⑧	⑨	1인분 (외식제공량)	① ½	② 1	③ 1½	
17. 백설기, 시루떡, 인절미, 절편	①	②	③	④	⑤	⑥	⑦	⑧	⑨	백설기½개 (=시루떡 ¾개 =인절미, 절편 3조각)	① ¼	② ½	③ 1	
18. 떡볶이	①	②	③	④	⑤	⑥	⑦	⑧	⑨	1컵 (200ml)	① ½	② 1	③ 1½	
19. 시리얼	①	②	③	④	⑤	⑥	⑦	⑧	⑨	1대접 (250ml, D1B, 우유포함)	① ½	② 1	③ 1½	

섭취빈도(회) / 음식명	거의 안 먹음	1개월		1주			1일			기준분량	1회 평균 섭취량		
		1	2~3	1	2~4	5~6	1	2	3				
20. 설렁탕, 곰탕, 사골국	①	②	③	④	⑤	⑥	⑦	⑧	⑨	1대접 (250ml, D1B)	① ½	② 1	③ 1½
21. 감자탕	①	②	③	④	⑤	⑥	⑦	⑧	⑨	1대접 (250ml, D1B)	① ½	② 1	③ 1½
22. 추어탕	①	②	③	④	⑤	⑥	⑦	⑧	⑨	1대접 (250ml, D1B)	① ½	② 1	③ 1½
23. 동태찌개, 해물매운탕	①	②	③	④	⑤	⑥	⑦	⑧	⑨	1대접 (250ml, D1B)	① ½	② 1	③ 1½
24. 미역국	①	②	③	④	⑤	⑥	⑦	⑧	⑨	1대접 (250ml, D1B)	① ½	② 1	③ 1½
25. 쇠고기국, 육개장, 무국	①	②	③	④	⑤	⑥	⑦	⑧	⑨	1대접 (250ml, D1B)	① ½	② 1	③ 1½
26. 북어국	①	②	③	④	⑤	⑥	⑦	⑧	⑨	1대접 (250ml, D1B)	① ½	② 1	③ 1½
27. 된장국	①	②	③	④	⑤	⑥	⑦	⑧	⑨	1대접 (250ml, D1B)	① ½	② 1	③ 1½
28. 된장찌개, 청국장찌개	①	②	③	④	⑤	⑥	⑦	⑧	⑨	1컵 (200ml)	① ½	② 1	③ 1½
29. 김치찌개, 김치볶음	①	②	③	④	⑤	⑥	⑦	⑧	⑨	1컵 (200ml)	① ½	② 1	③ 1½
30. 부대찌개	①	②	③	④	⑤	⑥	⑦	⑧	⑨	1컵 (200ml)	① ½	② 1	③ 1½
31. 두부찌개, 순두부찌개	①	②	③	④	⑤	⑥	⑦	⑧	⑨	1컵 (200ml)	① ½	② 1	③ 1½
32. 두부, 두부조림, 두부부침	①	②	③	④	⑤	⑥	⑦	⑧	⑨	½컵 (100ml)	① ¼	② ½	③ 1
33. 콩조림	①	②	③	④	⑤	⑥	⑦	⑧	⑨	1TS (15ml)	① ½	② 1	③ 1½
34. 달걀후라이, 달걀말이	①	②	③	④	⑤	⑥	⑦	⑧	⑨	1개 (=달걀말이 4조각)	① ½	② 1	③ 2
35. 삶은 달걀, 달걀찜	①	②	③	④	⑤	⑥	⑦	⑧	⑨	1개 (=달걀찜 ½컵)	① ½	② 1	③ 2
36. 돼지고기 삼겹살구이	①	②	③	④	⑤	⑥	⑦	⑧	⑨	1인분 (150g=1컵)	① ½	② 1	③ 2
37. 돼지고기 삶은고기 (수육, 보쌈)	①	②	③	④	⑤	⑥	⑦	⑧	⑨	1컵 (200ml)	① ½	② 1	③ 1½
38. 제육볶음, 돼지 불고기, 돼지 갈비구이, 돼지 갈비찜	①	②	③	④	⑤	⑥	⑦	⑧	⑨	1컵 (200ml)	① ½	② 1	③ 1½
39. 돼지고기 탕수육, 돈까스	①	②	③	④	⑤	⑥	⑦	⑧	⑨	1컵 (200ml)	① ½	② 1	③ 1½
40. 쇠고기 생고기구이	①	②	③	④	⑤	⑥	⑦	⑧	⑨	1인분 (150g=1컵)	① ½	② 1	③ 2
41. 쇠고기 불고기	①	②	③	④	⑤	⑥	⑦	⑧	⑨	1컵 (200ml)	① ½	② 1	③ 1½
42. 햄	①	②	③	④	⑤	⑥	⑦	⑧	⑨	¼컵 (50ml)	① ⅛	② ¼	③ ½
43. 순대	①	②	③	④	⑤	⑥	⑦	⑧	⑨	½컵 (100ml)	① ¼	② ½	③ 1
44. 삼계탕(닭백숙)	①	②	③	④	⑤	⑥	⑦	⑧	⑨	1인분 (외식제공량=800ml)	① ½	② 1	③ 1½
45. 닭볶음(닭갈비), 닭조림(닭도리탕)	①	②	③	④	⑤	⑥	⑦	⑧	⑨	2컵 (400ml)	① 1	② 2	③ 3
46. 치킨(닭튀김)	①	②	③	④	⑤	⑥	⑦	⑧	⑨	닭다리2개 (400ml=가식부200ml)	① 1	② 2	③ 3
47. 오리고기 로스구이	①	②	③	④	⑤	⑥	⑦	⑧	⑨	1인분 (150g=1컵)	① ½	② 1	③ 1½
48. 고등어, 꽁치(구이, 조림)	①	②	③	④	⑤	⑥	⑦	⑧	⑨	¼컵 (50ml, 가식부만)	① ⅛	② ¼	③ ½
49. 갈치, 조기(구이, 조림)	①	②	③	④	⑤	⑥	⑦	⑧	⑨	¼컵 (50ml, 가식부만)	① ⅛	② ¼	③ ½
50. 멸치, 멸치볶음	①	②	③	④	⑤	⑥	⑦	⑧	⑨	1TS (15ml)	① 1ts	② 1TS	③ ¼C
51. 오징어(생것, 삶은것, 볶음), 오징어채(볶음, 무침), 마른 오징어	①	②	③	④	⑤	⑥	⑦	⑧	⑨	¼마리 (=½컵, 100ml)	① ⅛	② ¼	③ ½
52. 게장	①	②	③	④	⑤	⑥	⑦	⑧	⑨	1TS (15ml, 가식부만)	① 1ts	② 1TS	③ ¼C
53. 새우젓, 오징어젓, 조개젓	①	②	③	④	⑤	⑥	⑦	⑧	⑨	1ts (5ml)	① ½	② 1	③ 3
54. 어묵(볶음, 국)	①	②	③	④	⑤	⑥	⑦	⑧	⑨	볶음½컵 (100ml=국250ml,D1B)	① ¼	② ½	③ 1

섭취빈도(회) / 음식명	거의 안 먹음	1개월		1주			1일			기준분량	1회 평균 섭취량		
		1	2~3	1	2~4	5~6	1	2	3				
55. 콩나물(무침, 국), 숙주나물	①	②	③	④	⑤	⑥	⑦	⑧	⑨	나물¼컵 (50ml=국250ml,D1B)	① ⅛	② ¼	③ ½
56. 시금치나물	①	②	③	④	⑤	⑥	⑦	⑧	⑨	¼컵 (50ml)	① ⅛	② ¼	③ ½
57. 도라지(생채, 나물)	①	②	③	④	⑤	⑥	⑦	⑧	⑨	¼컵 (50ml)	① ⅛	② ¼	③ ½
58. 호박(나물, 전)	①	②	③	④	⑤	⑥	⑦	⑧	⑨	¼컵 (50ml)	① ⅛	② ¼	③ ½
59. 고사리나물, 취나물, 가지나물 등 기타 나물 ※55-58항목을 제외한 나물	①	②	③	④	⑤	⑥	⑦	⑧	⑨	¼컵 (50ml)	① ⅛	② ¼	③ ½
60. 오이(생채, 생오이)	①	②	③	④	⑤	⑥	⑦	⑧	⑨	¼컵 (50ml)	① ⅛	② ¼	③ ½
61. 무(생채, 단무지, 무말랭이)	①	②	③	④	⑤	⑥	⑦	⑧	⑨	¼컵 (50ml)	① ⅛	② ¼	③ ½
62. 채소샐러드	①	②	③	④	⑤	⑥	⑦	⑧	⑨	½컵 (100ml)	① ¼	② ½	③ 1
63. 파무침, 부추무침 ※파무침: 고기 먹을 때 함께 먹는 파채무침	①	②	③	④	⑤	⑥	⑦	⑧	⑨	¼컵 (50ml)	① ⅛	② ¼	③ ½
64. 쌈채소(상추, 깻잎, 배추, 호박잎), 풋고추	①	②	③	④	⑤	⑥	⑦	⑧	⑨	상추10장 (=깻잎30장=배추3장 =호박잎(삶은 것)5장=풋고추3개)	① 5	② 10	③ 15
65. 삶은 브로콜리, 삶은 양배추	①	②	③	④	⑤	⑥	⑦	⑧	⑨	¼컵 (50ml)	① ⅛	② ¼	③ ½
66. 마늘 ※양념류 제외	①	②	③	④	⑤	⑥	⑦	⑧	⑨	2알 (=⅓뿌리)	① 1	② 2	③ 3
67. 쌈장(고추장, 된장, 혼합장), 초고추장	①	②	③	④	⑤	⑥	⑦	⑧	⑨	2ts (10ml)	① 1	② 2	③ 3
68. 배추김치	①	②	③	④	⑤	⑥	⑦	⑧	⑨	¼컵 (50ml)	① ⅛	② ¼	③ ½
69. 기타 김치, 겉절이 ※배추김치를 제외한 모든 종류의 김치	①	②	③	④	⑤	⑥	⑦	⑧	⑨	¼컵 (50ml)	① ⅛	② ¼	③ ½
70. 장아찌(고추, 마늘, 깻잎, 양파, 무), 오이피클	①	②	③	④	⑤	⑥	⑦	⑧	⑨	1TS (15ml)	① ½	② 1	③ 1½
71. 연근조림, 우엉조림	①	②	③	④	⑤	⑥	⑦	⑧	⑨	¼컵 (50ml)	① ⅛	② ¼	③ ½
72. 부침개류 (부추전, 김치전 등)	①	②	③	④	⑤	⑥	⑦	⑧	⑨	½장 (C11 × ½)	① ¼	② ½	③ 1
73. 잡채	①	②	③	④	⑤	⑥	⑦	⑧	⑨	½컵 (100ml)	① ¼	② ½	③ 1
74. 버섯볶음	①	②	③	④	⑤	⑥	⑦	⑧	⑨	¼컵 (50ml)	① ⅛	② ¼	③ ½
75. 김구이, 생김, 김무침	①	②	③	④	⑤	⑥	⑦	⑧	⑨	1장 (=자른김 8장)	① ½	② 1	③ 2
76. 파래무침, 미역초무침	①	②	③	④	⑤	⑥	⑦	⑧	⑨	¼컵 (50ml)	① ⅛	② ¼	③ ½
77. 미역줄기볶음	①	②	③	④	⑤	⑥	⑦	⑧	⑨	¼컵 (50ml)	① ⅛	② ¼	③ ½
78. 감자볶음, 감자조림	①	②	③	④	⑤	⑥	⑦	⑧	⑨	¼컵 (50ml)	① ⅛	② ¼	③ ½
79. 찐감자, 군감자	①	②	③	④	⑤	⑥	⑦	⑧	⑨	1개	① ½	② 1	③ 2
80. 찐고구마, 군고구마	①	②	③	④	⑤	⑥	⑦	⑧	⑨	1개	① ½	② 1	③ 2
81. 찐옥수수, 군옥수수	①	②	③	④	⑤	⑥	⑦	⑧	⑨	1개	① ½	② 1	③ 1½
82. 우유(일반, 저지방)	①	②	③	④	⑤	⑥	⑦	⑧	⑨	1컵 (200ml)	① ½	② 1	③ 1½
82-1. 일반우유와 저지방우유 중 주로 어느 것을 드셨습니까?				① 일반우유				② 저지방우유			③ 두 가지를 비슷하게 먹었다		
83. 액상요구르트	①	②	③	④	⑤	⑥	⑦	⑧	⑨	중1개 (80ml)	① 소1 (65ml)	② 중1 (80ml)	③ 대1 (150ml)
84. 호상요구르트 (떠먹는 요구르트)	①	②	③	④	⑤	⑥	⑦	⑧	⑨	1개 (100g)	① ½	② 1	③ 2
85. 두유	①	②	③	④	⑤	⑥	⑦	⑧	⑨	1컵 (200ml)	① ½	② 1	③ 1½

섭취빈도(회) / 음식명		거의 안 먹음	1개월		1주			1일			기준분량	1회 평균 섭취량		
			1	2~3	1	2~4	5~6	1	2	3				
※다음은 과일에 대한 문항으로, 해당 과일을 주로 제철에 드시는지, 계절과 무관하게 드시는지 응답하신 후 이 때의 평균적인 섭취빈도를 답해 주시기 바랍니다. 과일을 직접 갈아서 주스로 섭취한 경우 과일 섭취빈도에 포함됩니다.														
○ 과일 전체 ※종류 상관없이 평균 과일 섭취빈도		①	②	③	④	⑤	⑥	⑦	⑧	⑨				
86. 딸기	① 제철 ② 무관	①	②	③	④	⑤	⑥	⑦	⑧	⑨	10개 (=주스⅔컵)	① 5	② 10	③ 15
87. 토마토, 방울토마토	① 제철 ② 무관	①	②	③	④	⑤	⑥	⑦	⑧	⑨	1개 (C7=방울토마토30개 =주스1컵)	① ½	② 1	③ 2
88. 참외	① 제철 ② 무관	①	②	③	④	⑤	⑥	⑦	⑧	⑨	1개 (O2)	① ⅓	② 1	③ 2
89. 수박	① 제철 ② 무관	①	②	③	④	⑤	⑥	⑦	⑧	⑨	2조각 (F2 ×2)	① 1	② 2	③ 3
90. 복숭아	① 제철 ② 무관	①	②	③	④	⑤	⑥	⑦	⑧	⑨	1개 (C7)	① ½	② 1	③ 2
91. 포도	① 제철 ② 무관	①	②	③	④	⑤	⑥	⑦	⑧	⑨	1컵 (200ml, 포도알 컵에 담아서)	① ½	② 1	③ 2
92. 사과	① 제철 ② 무관	①	②	③	④	⑤	⑥	⑦	⑧	⑨	1개 (C7=주스1컵)	① ½	② 1	③ 2
93. 배	① 제철 ② 무관	①	②	③	④	⑤	⑥	⑦	⑧	⑨	½개 (C9 × ½)	① ¼	② ½	③ 1
94. 감, 곶감	① 제철 ② 무관	①	②	③	④	⑤	⑥	⑦	⑧	⑨	1개 (C7)	① ½	② 1	③ 2
95. 귤	① 제철 ② 무관	①	②	③	④	⑤	⑥	⑦	⑧	⑨	2개 (C4 × 2)	① 1	② 2	③ 3
96. 바나나	① 제철 ② 무관	①	②	③	④	⑤	⑥	⑦	⑧	⑨	1개 (=몽키바나나3개=주스1컵)	① ½	② 1	③ 2
97. 오렌지	① 제철 ② 무관	①	②	③	④	⑤	⑥	⑦	⑧	⑨	1개 (C7=주스1컵)	① ½	② 1	③ 2
98. 키위	① 제철 ② 무관	①	②	③	④	⑤	⑥	⑦	⑧	⑨	2개 (C4 × 2)	① 1	② 2	③ 3
99. 커피		①	②	③	④	⑤	⑥	⑦	⑧	⑨	2ts (10ml, 믹스 1/1/1ts)	① 1	② 2	③ 3
99-1. 커피를 하루 3회 보다 자주 드셨다면, 평균 몇 회 드셨습니까? 하루________회														
99-2. 프림		①	②	③	④	⑤	⑥	⑦	⑧	⑨	2ts (10ml)	① 1	② 2	③ 3
99-3. 설탕		①	②	③	④	⑤	⑥	⑦	⑧	⑨	2ts (10ml)	① 1	② 2	③ 3
100. 녹차		①	②	③	④	⑤	⑥	⑦	⑧	⑨	1컵 (200ml)	① ½	② 1	③ 1½
101. 탄산음료(콜라, 사이다, 과일탄산음료)		①	②	③	④	⑤	⑥	⑦	⑧	⑨	1컵 (200ml)	① ½	② 1	③ 1½
102. 과일주스		①	②	③	④	⑤	⑥	⑦	⑧	⑨	1컵 (200ml)	① ½	② 1	③ 1½
103. 미숫가루음료, 식혜		①	②	③	④	⑤	⑥	⑦	⑧	⑨	1컵 (200ml)	① ½	② 1	③ 1½
104. 스낵과자		①	②	③	④	⑤	⑥	⑦	⑧	⑨	1컵 (200ml)	① ½	② 1	③ 1½
105. 쿠키, 크래커		①	②	③	④	⑤	⑥	⑦	⑧	⑨	6조각	① 3	② 6	③ 9
106. 초콜릿		①	②	③	④	⑤	⑥	⑦	⑧	⑨	판초콜릿½개 (=초코바½개, =ABC초콜릿, 초코볼 4개)	① ¼	② ½	③ 1
107. 아이스크림, 빙과류		①	②	③	④	⑤	⑥	⑦	⑧	⑨	1개 (100ml)	① ½	② 1	③ 2
108. 땅콩		①	②	③	④	⑤	⑥	⑦	⑧	⑨	¼컵 (50ml)	① ⅛	② ¼	③ ½
109. 밤		①	②	③	④	⑤	⑥	⑦	⑧	⑨	3알	① 1	② 3	③ 5
110. 소주		①	②	③	④	⑤	⑥	⑦	⑧	⑨	½병 (180ml)	① ¼	② ½	③ 1
110-1. 소주 1회 섭취량이 1병 이상인 경우 섭취량 기입												④ ________		
111. 맥주		①	②	③	④	⑤	⑥	⑦	⑧	⑨	1컵 (200ml)	① ½	② 1	③ 2
111-1. 맥주 1회 섭취량이 2컵 이상인 경우 섭취량 기입												④ ________		
112. 막걸리		①	②	③	④	⑤	⑥	⑦	⑧	⑨	1사발 (210ml, B4B)	① ½	② 1	③ 2
112-1. 막걸리 1회 섭취량이 2사발 이상인 경우 섭취량 기입												④ ________		

3. 2020 한국인 영양소 섭취기준 요약표

2020 한국인 영양소 섭취기준 제정을 위한 연령·체위기준

연령	2020 체위기준					
	신장(cm)		체중(kg)		BMI(kg/m²)	
0~5(개월)	58.3		5.5		16.2	
6~11	70.3		8.4		17.0	
1~2(세)	85.8		11.7		15.9	
3~5	105.4		17.6		15.8	
	남자	여자	남자	여자	남자	여자
6~8(세)	124.6	123.5	25.6	25.0	16.7	16.4
9~11	141.7	142.1	37.4	36.6	18.7	18.1
12~14	161.2	156.6	52.7	48.7	20.5	20.0
15~18	172.4	160.3	64.5	53.8	21.9	21.0
19~29	174.6	161.4	68.9	55.9	22.6	21.4
30~49	173.2	159.8	67.8	54.7	22.6	21.4
50~64	168.9	156.6	64.5	52.5	22.6	21.4
65~74	166.2	152.9	62.4	50.0	22.6	21.4
75 이상	163.1	146.7	60.1	46.1	22.6	21.4

2020 한국인 영양소 섭취기준 - 에너지적정비율

영양소		에너지적정비율(%)						
		영아	유아		남녀		임신부	수유부
		0-11개월	1-2세	3-5세	6-18세	19세 이상		
탄수화물		-	55~65	55~65	55~65	55~65	55~65	55~65
단백질		-	7~20	7~20	7~20	7~20	7~20	7~20
지질[1]	지방	-	20~35	15~30	15~30	15~30	15~30	15~30
	포화지방산	-	-	8 미만	8 미만	7 미만		
	트랜스지방산	-	-	1 미만	1 미만	1 미만		

[1] 콜레스테롤: 19세 이상 300 mg/일 미만 권고

2020 한국인 영양소 섭취기준 - 당류

총당류 섭취량을 총 에너지섭취량의 10~20%로 제한하고, 특히 식품의 조리 및 가공 시 첨가되는 첨가당은 총 에너지섭취량의 10% 이내로 섭취하도록 한다. 첨가당의 주요 급원으로는 설탕, 액상과당, 물엿, 당밀, 꿀, 시럽, 농축과일주스 등이 있다.

에너지와 다량영양소

성별	연령	에너지(kcal/일)				탄수화물(g/일)				식이섬유(g/일)				지방(g/일)			
		필요추정량	권장섭취량	충분섭취량	상한섭취량	평균필요량	권장섭취량	충분섭취량	상한섭취량	평균필요량	권장섭취량	충분섭취량	상한섭취량	평균필요량	권장섭취량	충분섭취량	상한섭취량
영아	0~5(개월)	500						60								25	
	6~11	600						90								25	
유아	1~2(세)	900				100	130					15					
	3~5	1,400				100	130					20					
남자	6~8(세)	1,700				100	130					25					
	9~11	2,000				100	130					25					
	12~14	2,500				100	130					30					
	15~18	2,700				100	130					30					
	19~29	2,600				100	130					30					
	30~49	2,500				100	130					30					
	50~64	2,200				100	130					30					
	65~74	2,000				100	130					25					
	75 이상	1,900				100	130					25					
여자	6~8(세)	1,500				100	130					20					
	9~11	1,800				100	130					25					
	12~14	2,000				100	130					25					
	15~18	2,000				100	130					25					
	19~29	2,000				100	130					20					
	30~49	1,900				100	130					20					
	50~64	1,700				100	130					20					
	65~74	1,600				100	130					20					
	75 이상	1,500				100	130					20					
임신부[1]		+0 +340 +450				+35	+45					+5					
수유부		+340				+60	+80					+5					

성별	연령	리놀레산(g/일)				알파-리놀렌산(g/일)				EPA+DHA(mg/일)				단백질(g/일)			
		평균필요량	권장섭취량	충분섭취량	상한섭취량	평균필요량	권장섭취량	충분섭취량	상한섭취량	평균필요량	권장섭취량	충분섭취량	상한섭취량	평균필요량	권장섭취량	충분섭취량	상한섭취량
영아	0~5(개월)			5.0				0.6				200[2]				10	
	6~11			7.0				0.8				300[2]		12	15		
유아	1~2(세)			4.5				0.6						15	20		
	3~5			7.0				0.9						20	25		
남자	6~8(세)			9.0				1.1				200		30	35		
	9~11			9.5				1.3				220		40	50		
	12~14			12.0				1.5				230		50	60		
	15~18			14.0				1.7				230		55	65		
	19~29			13.0				1.6				210		50	65		
	30~49			11.5				1.4				400		50	65		
	50~64			9.0				1.4				500		50	60		
	65~74			7.0				1.2				310		50	60		
	75 이상			5.0				0.9				280		50	60		
여자	6~8(세)			7.0				0.8				200		30	35		
	9~11			9.0				1.1				150		40	45		
	12~14			9.0				1.2				210		45	55		
	15~18			10.0				1.1				100		45	55		
	19~29			10.0				1.2				150		45	55		
	30~49			8.5				1.2				260		40	50		
	50~64			7.0				1.2				240		40	50		
	65~74			4.5				1.0				150		40	50		
	75 이상			3.0				0.4				140		40	50		
임신부[3]				+0				+0				+0		+12 +25	+15 +30		
수유부				+0				+0				+0		+20	+25		

[1] 1, 2, 3분기별 부가량 [2] DHA [3] 단백질: 임신부 - 2, 3분기별 부가량

성별	연령	메티오닌+시스테인(g/일) 평균필요량	권장섭취량	충분섭취량	상한섭취량	류신(g/일) 평균필요량	권장섭취량	충분섭취량	상한섭취량	이소류신(g/일) 평균필요량	권장섭취량	충분섭취량	상한섭취량	발린(g/일) 평균필요량	권장섭취량	충분섭취량	상한섭취량	라이신(g/일) 평균필요량	권장섭취량	충분섭취량	상한섭취량
영아	0~5(개월)			0.4				1.0				0.6				0.6				0.7	
	6~11	0.3	0.4			0.6	0.8			0.3	0.4			0.3	0.5			0.6	0.8		
유아	1~2(세)	0.3	0.4			0.6	0.8			0.3	0.4			0.4	0.5			0.6	0.7		
	3~5	0.3	0.4			0.7	1.0			0.3	0.4			0.4	0.5			0.6	0.8		
남자	6~8(세)	0.5	0.6			1.1	1.3			0.5	0.6			0.6	0.7			1.0	1.2		
	9~11	0.7	0.8			1.5	1.9			0.7	0.8			0.9	1.1			1.4	1.8		
	12~14	1.0	1.2			2.2	2.7			1.0	1.2			1.2	1.6			2.1	2.5		
	15~18	1.2	1.4			2.6	3.2			1.2	1.4			1.5	1.8			2.3	2.9		
	19~29	1.0	1.4			2.4	3.1			1.0	1.4			1.4	1.7			2.5	3.1		
	30~49	1.1	1.4			2.4	3.1			1.1	1.4			1.4	1.7			2.4	3.1		
	50~64	1.1	1.3			2.3	2.8			1.1	1.3			1.3	1.6			2.3	2.9		
	65~74	1.0	1.3			2.2	2.8			1.0	1.3			1.3	1.6			2.2	2.9		
	75 이상	0.9	1.1			2.1	2.7			0.9	1.1			1.1	1.5			2.2	2.7		
여자	6~8(세)	0.5	0.6			1.0	1.3			0.5	0.6			0.6	0.7			0.9	1.3		
	9~11	0.6	0.7			1.5	1.8			0.6	0.7			0.9	1.1			1.3	1.6		
	12~14	0.8	1.0			1.9	2.4			0.8	1.0			1.2	1.4			1.8	2.2		
	15~18	0.8	1.1			2.0	2.4			0.8	1.1			1.2	1.4			1.8	2.2		
	19~29	0.8	1.0			2.0	2.5			0.8	1.1			1.1	1.3			2.1	2.6		
	30~49	0.8	1.0			1.9	2.4			0.8	1.0			1.0	1.4			2.0	2.5		
	50~64	0.8	1.1			1.9	2.3			0.8	1.1			1.1	1.3			1.9	2.4		
	65~74	0.7	0.9			1.8	2.2			0.7	0.9			0.9	1.3			1.8	2.3		
	75 이상	0.7	0.9			1.7	2.1			0.7	0.9			0.9	1.1			1.7	2.1		
임신부		1.1	1.4			2.5	3.1			1.1	1.4			1.4	1.7			2.3	2.9		
수유부		1.1	1.5			2.8	3.5			1.3	1.7			1.6	1.9			2.5	3.1		

성별	연령	페닐알라닌+티로신(g/일) 평균필요량	권장섭취량	충분섭취량	상한섭취량	트레오닌(g/일) 평균필요량	권장섭취량	충분섭취량	상한섭취량	트립토판(g/일) 평균필요량	권장섭취량	충분섭취량	상한섭취량	히스티딘(g/일) 평균필요량	권장섭취량	충분섭취량	상한섭취량	수분(mL/일) 음식	물	음료	충분섭취량 액체	충분섭취량 총수분	상한섭취량
영아	0~5(개월)			0.9				0.5				0.2				0.1					700	700	
	6~11	0.5	0.7			0.3	0.4			0.1	0.1			0.2	0.3			300			500	800	
유아	1~2(세)	0.5	0.7			0.3	0.4			0.1	0.1			0.2	0.3			300	362	0	700	1,000	
	3~5	0.6	0.7			0.3	0.4			0.1	0.1			0.2	0.3			400	491	0	1,100	1,500	
남자	6~8(세)	0.9	1.0			0.5	0.6			0.1	0.2			0.3	0.4			900	589	0	800	1,700	
	9~11	1.3	1.6			0.7	0.9			0.2	0.2			0.5	0.6			1,100	686	1.2	900	2,000	
	12~14	1.8	2.3			1.0	1.3			0.3	0.3			0.7	0.9			1,300	911	1.9	1,100	2,400	
	15~18	2.1	2.6			1.2	1.5			0.3	0.4			0.9	1.0			1,400	920	6.4	1,200	2,600	
	19~29	2.8	3.6			1.1	1.5			0.3	0.3			0.8	1.0			1,400	981	262	1,200	2,600	
	30~49	2.9	3.5			1.2	1.5			0.3	0.3			0.7	1.0			1,300	957	289	1,200	2,500	
	50~64	2.7	3.4			1.1	1.4			0.3	0.3			0.7	0.9			1,200	940	75	1,000	2,200	
	65~74	2.5	3.3			1.1	1.3			0.2	0.3			0.7	1.0			1,100	904	20	1,000	2,100	
	75 이상	2.5	3.1			1.0	1.3			0.2	0.3			0.7	0.8			1,000	662	12	1,100	2,100	
여자	6~8(세)	0.8	1.0			0.5	0.6			0.1	0.2			0.3	0.4			800	514	0	800	1,600	
	9~11	1.2	1.5			0.6	0.9			0.2	0.2			0.4	0.5			1,000	643	0	900	1,900	
	12~14	1.6	1.9			0.9	1.2			0.2	0.3			0.6	0.7			1,100	610	0	900	2,000	
	15~18	1.6	2.0			0.9	1.2			0.2	0.3			0.6	0.7			1,100	659	7.3	900	2,000	
	19~29	2.3	2.9			0.9	1.1			0.2	0.3			0.6	0.8			1,100	709	126	1,000	2,100	
	30~49	2.3	2.8			0.9	1.2			0.2	0.3			0.6	0.8			1,000	772	124	1,000	2,000	
	50~64	2.2	2.7			0.8	1.1			0.2	0.3			0.6	0.7			900	784	27	1,000	1,900	
	65~74	2.1	2.6			0.8	1.0			0.2	0.2			0.5	0.7			900	624	9	900	1,800	
	75 이상	2.0	2.4			0.7	0.9			0.2	0.2			0.5	0.7			800	552	5	1,000	1,800	
임신부		3.0	3.8			1.2	1.5			0.3	0.4			0.8	1.0							+200	
수유부		3.7	4.7			1.3	1.7			0.4	0.5			0.8	1.1						+500	+700	

아미노산: 임신부, 수유부 - 부가량 아닌 절대필요량임.

지용성 비타민

성별	연령	비타민 A(μg RAE/일)				비타민 D(μg/일)			
		평균 필요량	권장 섭취량	충분 섭취량	상한 섭취량	평균 필요량	권장 섭취량	충분 섭취량	상한 섭취량
영아	0~5(개월)			350	600			5	25
	6~11			450	600			5	25
유아	1~2(세)	190	250		600			5	30
	3~5	230	300		750			5	35
남자	6~8(세)	310	450		1,100			5	40
	9~11	410	600		1,600			5	60
	12~14	530	750		2,300			10	100
	15~18	620	850		2,800			10	100
	19~29	570	800		3,000			10	100
	30~49	560	800		3,000			10	100
	50~64	530	750		3,000			10	100
	65~74	510	700		3,000			15	100
	75 이상	500	700		3,000			15	100
여자	6~8(세)	290	400		1,100			5	40
	9~11	390	550		1,600			5	60
	12~14	480	650		2,300			10	100
	15~18	450	650		2,800			10	100
	19~29	460	650		3,000			10	100
	30~49	450	650		3,000			10	100
	50~64	430	600		3,000			10	100
	65~74	410	600		3,000			15	100
	75 이상	410	600		3,000			15	100
임신부		+50	+70		3,000			+0	100
수유부		+350	+490		3,000			+0	100

성별	연령	비타민 E(mg α-TE/일)				비타민 K(μg/일)			
		평균 필요량	권장 섭취량	충분 섭취량	상한 섭취량	평균 필요량	권장 섭취량	충분 섭취량	상한 섭취량
영아	0~5(개월)			3				4	
	6~11			4				6	
유아	1~2(세)			5	100			25	
	3~5			6	150			30	
남자	6~8(세)			7	200			40	
	9~11			9	300			55	
	12~14			11	400			70	
	15~18			12	500			80	
	19~29			12	540			75	
	30~49			12	540			75	
	50~64			12	540			75	
	65~74			12	540			75	
	75 이상			12	540			75	
여자	6~8(세)			7	200			40	
	9~11			9	300			55	
	12~14			11	400			65	
	15~18			12	500			65	
	19~29			12	540			65	
	30~49			12	540			65	
	50~64			12	540			65	
	65~74			12	540			65	
	75 이상			12	540			65	
임신부				+0	540			+0	
수유부				+3	540			+0	

수용성 비타민

성별	연령	비타민 C(mg/일)				티아민(mg/일)				리보플라빈(mg/일)				니아신(mg NE/일)[1]			
		평균필요량	권장섭취량	충분섭취량	상한섭취량	평균필요량	권장섭취량	충분섭취량	상한섭취량	평균필요량	권장섭취량	충분섭취량	상한섭취량	평균필요량	권장섭취량	충분섭취량	상한섭취량 니코틴산/니코틴아미드
영아	0~5(개월)			40				0.2				0.3				2	
	6~11			55				0.3				0.4				3	
유아	1~2(세)	30	40		340	0.4	0.4			0.4	0.5			4	6		10/180
	3~5	35	45		510	0.4	0.5			0.5	0.6			5	7		10/250
남자	6~8(세)	40	50		750	0.5	0.7			0.7	0.9			7	9		15/350
	9~11	55	70		1,100	0.7	0.9			0.9	1.1			9	11		20/500
	12~14	70	90		1,400	0.9	1.1			1.2	1.5			11	15		25/700
	15~18	80	100		1,600	1.1	1.3			1.4	1.7			13	17		30/800
	19~29	75	100		2,000	1.0	1.2			1.3	1.5			12	16		35/1000
	30~49	75	100		2,000	1.0	1.2			1.3	1.5			12	16		35/1000
	50~64	75	100		2,000	1.0	1.2			1.3	1.5			12	16		35/1000
	65~74	75	100		2,000	0.9	1.1			1.2	1.4			11	14		35/1000
	75 이상	75	100		2,000	0.9	1.1			1.1	1.3			10	13		35/1000
여자	6~8(세)	40	50		750	0.6	0.7			0.6	0.8			7	9		15/350
	9~11	55	70		1,100	0.8	0.9			0.8	1.0			9	12		20/500
	12~14	70	90		1,400	0.9	1.1			1.0	1.2			11	15		25/700
	15~18	80	100		1,600	0.9	1.1			1.0	1.2			11	14		30/800
	19~29	75	100		2,000	0.9	1.1			1.0	1.2			11	14		35/1000
	30~49	75	100		2,000	0.9	1.1			1.0	1.2			11	14		35/1000
	50~64	75	100		2,000	0.9	1.1			1.0	1.2			11	14		35/1000
	65~74	75	100		2,000	0.8	1.0			0.9	1.1			10	13		35/1000
	75 이상	75	100		2,000	0.7	0.8			0.8	1.0			9	12		35/1000
임신부		+10	+10		2,000	+0.4	+0.4			+0.3	+0.4			+3	+4		35/1000
수유부		+35	+40		2,000	+0.3	+0.4			+0.4	+0.5			+2	+3		35/1000

성별	연령	비타민 B_6(mg/일)				엽산(μg DFE/일)[2]				비타민 B_{12}(μg/일)				판토텐산(mg/일)				비오틴(μg/일)			
		평균필요량	권장섭취량	충분섭취량	상한섭취량	평균필요량	권장섭취량	충분섭취량	상한섭취량[3]	평균필요량	권장섭취량	충분섭취량	상한섭취량	평균필요량	권장섭취량	충분섭취량	상한섭취량	평균필요량	권장섭취량	충분섭취량	상한섭취량
영아	0~5(개월)			0.1				65				0.3				1.7				5	
	6~11			0.3				90				0.5				1.9				7	
유아	1~2(세)	0.5	0.6		20	120	150		300	0.8	0.9					2				9	
	3~5	0.6	0.7		30	150	180		400	0.9	1.1					2				12	
남자	6~8(세)	0.7	0.9		45	180	220		500	1.1	1.3					3				15	
	9~11	0.9	1.1		60	250	300		600	1.5	1.7					4				20	
	12~14	1.3	1.5		80	300	360		800	1.9	2.3					5				25	
	15~18	1.3	1.5		95	330	400		900	2.0	2.4					5				30	
	19~29	1.3	1.5		100	320	400		1,000	2.0	2.4					5				30	
	30~49	1.3	1.5		100	320	400		1,000	2.0	2.4					5				30	
	50~64	1.3	1.5		100	320	400		1,000	2.0	2.4					5				30	
	65~74	1.3	1.5		100	320	400		1,000	2.0	2.4					5				30	
	75 이상	1.3	1.5		100	320	400		1,000	2.0	2.4					5				30	
여자	6~8(세)	0.7	0.9		45	180	220		500	1.1	1.3					3				15	
	9~11	0.9	1.1		60	250	300		600	1.5	1.7					4				20	
	12~14	1.2	1.4		80	300	360		800	1.9	2.3					5				25	
	15~18	1.2	1.4		95	330	400		900	2.0	2.4					5				30	
	19~29	1.2	1.4		100	320	400		1,000	2.0	2.4					5				30	
	30~49	1.2	1.4		100	320	400		1,000	2.0	2.4					5				30	
	50~64	1.2	1.4		100	320	400		1,000	2.0	2.4					5				30	
	65~74	1.2	1.4		100	320	400		1,000	2.0	2.4					5				30	
	75 이상	1.2	1.4		100	320	400		1,000	2.0	2.4					5				30	
임신부		+0.7	+0.8		100	+200	+220		1,000	+0.2	+0.2					+1.0				+0	
수유부		+0.7	+0.8		100	+130	+150		1,000	+0.3	+0.4					+2.0				+5	

1) 1 mg NE(니아신 당량) = 1 mg 니아신 = 60 mg 트립토판

2) Dietary Folate Equivalents, 가임기 여성의 경우 400 μg/일의 엽산보충제 섭취를 권장함.

3) 엽산의 상한섭취량은 보충제 또는 강화식품의 형태로 섭취한 μg/일에 해당됨.

다량 무기질

성별	연령	칼슘(mg/일)				인(mg/일)				나트륨(mg/일)			
		평균 필요량	권장 섭취량	충분 섭취량	상한 섭취량	평균 필요량	권장 섭취량	충분 섭취량	상한 섭취량	평균 필요량	권장 섭취량	충분 섭취량	만성질환위험 감소섭취량
영아	0~5(개월)			250	1,000			100				110	
	6~11			300	1,500			300				370	
유아	1~2(세)	400	500		2,500	380	450		3,000			810	1,200
	3~5	500	600		2,500	480	550		3,000			1,000	1,600
남자	6~8(세)	600	700		2,500	500	600		3,000			1,200	1,900
	9~11	650	800		3,000	1,000	1,200		3,500			1,500	2,300
	12~14	800	1,000		3,000	1,000	1,200		3,500			1,500	2,300
	15~18	750	900		3,000	1,000	1,200		3,500			1,500	2,300
	19~29	650	800		2,500	580	700		3,500			1,500	2,300
	30~49	650	800		2,500	580	700		3,500			1,500	2,300
	50~64	600	750		2,000	580	700		3,500			1,500	2,300
	65~74	600	700		2,000	580	700		3,500			1,300	2,100
	75 이상	600	700		2,000	580	700		3,000			1,100	1,700
여자	6~8(세)	600	700		2,500	480	550		3,000			1,200	1,900
	9~11	650	800		3,000	1,000	1,200		3,500			1,500	2,300
	12~14	750	900		3,000	1,000	1,200		3,500			1,500	2,300
	15~18	700	800		3,000	1,000	1,200		3,500			1,500	2,300
	19~29	550	700		2,500	580	700		3,500			1,500	2,300
	30~49	550	700		2,500	580	700		3,500			1,500	2,300
	50~64	600	800		2,000	580	700		3,500			1,500	2,300
	65~74	600	800		2,000	580	700		3,500			1,300	2,100
	75 이상	600	800		2,000	580	700		3,000			1,100	1,700
임신부		+0	+0		2,500	+0	+0		3,000			1,500	2,300
수유부		+0	+0		2,500	+0	+0		3,500			1,500	2,300

성별	연령	염소(mg/일)				칼륨(mg/일)				마그네슘(mg/일)			
		평균 필요량	권장 섭취량	충분 섭취량	상한 섭취량	평균 필요량	권장 섭취량	충분 섭취량	상한 섭취량	평균 필요량	권장 섭취량	충분 섭취량	상한 섭취량[1]
영아	0~5(개월)			170				400				25	
	6~11			560				700				55	
유아	1~2(세)			1,200				1,900		60	70		60
	3~5			1,600				2,400		90	110		90
남자	6~8(세)			1,900				2,900		130	150		130
	9~11			2,300				3,400		190	220		190
	12~14			2,300				3,500		260	320		270
	15~18			2,300				3,500		340	410		350
	19~29			2,300				3,500		300	360		350
	30~49			2,300				3,500		310	370		350
	50~64			2,300				3,500		310	370		350
	65~74			2,100				3,500		310	370		350
	75 이상			1,700				3,500		310	370		350
여자	6~8(세)			1,900				2,900		130	150		130
	9~11			2,300				3,400		180	220		190
	12~14			2,300				3,500		240	290		270
	15~18			2,300				3,500		290	340		350
	19~29			2,300				3,500		230	280		350
	30~49			2,300				3,500		240	280		350
	50~64			2,300				3,500		240	280		350
	65~74			2,100				3,500		240	280		350
	75 이상			1,700				3,500		240	280		350
임신부				2,300				+0		+30	+40		350
수유부				2,300				+400		+0	+0		350

[1] 식품외 급원의 마그네슘에만 해당

미량 무기질

성별	연령	철(mg/일)				아연(mg/일)				구리(μg/일)				불소(mg/일)			
		평균 필요량	권장 섭취량	충분 섭취량	상한 섭취량	평균 필요량	권장 섭취량	충분 섭취량	상한 섭취량	평균 필요량	권장 섭취량	충분 섭취량	상한 섭취량	평균 필요량	권장 섭취량	충분 섭취량	상한 섭취량
영아	0~5(개월)			0.3	40			2				240				0.01	0.6
	6~11	4	6		40	2	3					330				0.4	0.8
유아	1~2(세)	4.5	6		40	2	3		6	220	290		1,700			0.6	1.2
	3~5	5	7		40	3	4		9	270	350		2,600			0.9	1.8
남자	6~8(세)	7	9		40	5	5		13	360	470		3,700			1.3	2.6
	9~11	8	11		40	7	8		19	470	600		5,500			1.9	10.0
	12~14	11	14		40	7	8		27	600	800		7,500			2.6	10.0
	15~18	11	14		45	8	10		33	700	900		9,500			3.2	10.0
	19~29	8	10		45	9	10		35	650	850		10,000			3.4	10.0
	30~49	8	10		45	8	10		35	650	850		10,000			3.4	10.0
	50~64	8	10		45	8	10		35	650	850		10,000			3.2	10.0
	65~74	7	9		45	8	9		35	600	800		10,000			3.1	10.0
	75 이상	7	9		45	7	9		35	600	800		10,000			3.0	10.0
여자	6~8(세)	7	9		40	4	5		13	310	400		3,700			1.3	2.5
	9~11	8	10		40	7	8		19	420	550		5,500			1.8	10.0
	12~14	12	16		40	6	8		27	500	650		7,500			2.4	10.0
	15~18	11	14		45	7	9		33	550	700		9,500			2.7	10.0
	19~29	11	14		45	7	8		35	500	650		10,000			2.8	10.0
	30~49	11	14		45	7	8		35	500	650		10,000			2.7	10.0
	50~64	6	8		45	6	8		35	500	650		10,000			2.6	10.0
	65~74	6	8		45	6	7		35	460	600		10,000			2.5	10.0
	75 이상	5	7		45	6	7		35	460	600		10,000			2.3	10.0
임신부		+8	+10		45	+2.0	+2.5		35	+100	+130		10,000			+0	10.0
수유부		+0	+0		45	+4.0	+5.0		35	+370	+480		10,000			+0	10.0

성별	연령	망간(mg/일)				요오드(μg/일)				셀레늄(μg/일)				몰리브덴(μg/일)				크롬(μg/일)			
		평균 필요량	권장 섭취량	충분 섭취량	상한 섭취량	평균 필요량	권장 섭취량	충분 섭취량	상한 섭취량	평균 필요량	권장 섭취량	충분 섭취량	상한 섭취량	평균 필요량	권장 섭취량	충분 섭취량	상한 섭취량	평균 필요량	권장 섭취량	충분 섭취량	상한 섭취량
영아	0~5(개월)			0.01				130	250			9	40							0.2	
	6~11			0.8				180	250			12	65							4.0	
유아	1~2(세)			1.5	2.0	55	80		300	19	23		70	8	10		100			10	
	3~5			2.0	3.0	65	90		300	22	25		100	10	12		150			10	
남자	6~8(세)			2.5	4.0	75	100		500	30	35		150	15	18		200			15	
	9~11			3.0	6.0	85	110		500	40	45		200	15	18		300			20	
	12~14			4.0	8.0	90	130		1,900	50	60		300	25	30		450			30	
	15~18			4.0	10.0	95	130		2,200	55	65		300	25	30		550			35	
	19~29			4.0	11.0	95	150		2,400	50	60		400	25	30		600			30	
	30~49			4.0	11.0	95	150		2,400	50	60		400	25	30		600			30	
	50~64			4.0	11.0	95	150		2,400	50	60		400	25	30		550			30	
	65~74			4.0	11.0	95	150		2,400	50	60		400	23	28		550			25	
	75 이상			4.0	11.0	95	150		2,400	50	60		400	23	28		550			25	
여자	6~8(세)			2.5	4.0	75	100		500	30	35		150	15	18		200			15	
	9~11			3.0	6.0	80	110		500	40	45		200	15	18		300			20	
	12~14			3.5	8.0	90	130		1,900	50	60		300	20	25		400			20	
	15~18			3.5	10.0	95	130		2,200	55	65		300	20	25		500			20	
	19~29			3.5	11.0	95	150		2,400	50	60		400	20	25		500			20	
	30~49			3.5	11.0	95	150		2,400	50	60		400	20	25		500			20	
	50~64			3.5	11.0	95	150		2,400	50	60		400	20	25		450			20	
	65~74			3.5	11.0	95	150		2,400	50	60		400	18	22		450			20	
	75 이상			3.5	11.0	95	150		2,400	50	60		400	18	22		450			20	
임신부				+0	11.0	+65	+90			+3	+4		400	+0	+0		500			+5	
수유부				+0	11.0	+130	+190			+9	+10		400	+3	+3		500			+20	

참고문헌

국가기술표준원. 제8차 한국인 인체치수조사 측정결과 자료, 2021

권종숙, 김경민, 김혜경. 음식사진을 이용한 식사섭취량 조사법에 관한 연구. 대한지역사회영양학회지 (6): 760-775, 2010

김유리, 김지명, 이정은, 임윤숙, 황지윤, 홍경희. 영양판정(개정판). 파워북, 2021

김화영, 강명희, 양은주, 이현숙. 영양판정(3판). 교문사, 2021

김화영, 조미숙, 이현숙. 한국 성인의 영양위험군 진단을 위한 식생활진단표의 개발과 타당성 검증에 관한 연구. 한국영양학회지 36(1): 83-92, 2003

농촌진흥청 국립농업과학원. 국가표준식품성분표 제10개정판, 2021

대한당뇨병학회. 2023 당뇨병 진료지침(8판), 2023

대한비만학회. 비만의 진단과 치료. 도서출판 한의학, 2003

대한예방의학회. 과학적 증거에 기반한 임상예방의료. 계축문화사, 2011

문화체육관광부. 국민체력측정통계, 2022

박수진, 윤정미, 백진경, 심유진, 김미현. 영양판정. 창지사, 2020

보건복지부. 국민건강영양조사 제3기 심층보고서, 2007

보건복지부, 한국건강증진개발원. 2024년 지역사회 통합건강증진사업안내(영양), 2024

보건복지부, 한국건강증진개발원. 2024년 지역사회 통합건강증진사업안내(총괄), 2024

보건복지부, 한국보건산업진흥원. 식품과 음식 및 그 용기의 평면적 모델, 2010

보건복지부, 한국보건산업진흥원. 식품별 영양성분 DB 구축사업·눈대중량의 부피 및 중량환산 DB 자료집, 2007

보건복지부, 한국영양학회. 2020 한국인 영양소 섭취기준, 2020

보건복지부, 한국영양학회. 2020 한국인 영양소 섭취기준 활용, 2022

보건사회부. 영양교육용 지침서, 1990.

사단법인 대한영양사협회. 임상영양관리지침서 제4판, 2022

서정숙, 이종현, 윤진숙, 조성희, 최영선. 이해하기 쉬운 영양판정 및 실습. 파워북, 2021

심재은, 백희영, 이심열, 문현경, 김영옥. 서울 및 근교에 거주하는 한국인의 연령별 식생활 비교 및 평가: (4) 식사의 질 평가. 한국영양학회지 35(5): 558-570, 2002

육성민, 박소희, 문현경, 김기랑, 심재은, 황지윤. 국민건강영양조사 자료를 이용한 한국 성인의 식생활평가지수 개발. J Nutr Health 48(5): 419-428, 2015

이미숙, 김정희, 손숙미, 이보숙, 이윤나, 김원경. 영양판정. 교문사, 2021

이복희, 김은정, 김지명, 김현주, 백진경, 송윤주, 신다연, 이승민, 최경숙, 최정화. 영양판정 7판. ㈜라이프사이언스, 2021

이삼열. 임상병리검사법. 연세대학교출판부, 2000

이심열, 김경민, 김경원, 윤지현, 송수진. 식생활관리. 교문사, 2022

이영미, 김정현, 박은주, 이승민. 영양판정. 효일, 2017

이현옥, 백희준, 김미옥, 서은영, 강주희, 임희숙. 영양판정 및 실습. 파워북, 2022

질병관리본부, 대한소아청소년과학회. 2017 소아청소년 성장도표, 2017

질병관리청. 제9기 1차년도(2022) 국민건강영양조사 결과발표회 자료집, 2023

질병관리청. 2022 국민건강통계, 2023

채수인, 최인태, 송주흥, 김혁제, 박석, 조원섭, 나용호. 한국 성인에서 인체계측치. 대한내과학회잡지 32(3): 401-408, 1987

최혜미, 김경원, 김창임, 김희선, 손정민, 최경숙, 현태선. 지역사회영양학. 파워북, 2022

한국농촌경제연구원. 식품수급표 2020, 2022

한국역학회 영양역학연구회. 영양역학 3판. ㈜교문사, 2013

한국지질·동맥경화학회 진료지침위원회. 이상지질혈증 치료지침 (5판). 2022

Ball S, Swan PD, Altena TS. Skinfold assessment: accuracy and application. Measurement in physical education and exercise science 10(4): 255-264, 2006

Blackburn GL, Bistrain BR, Maini BS, Schlamm HT, Smith MF. Nutritional and metabolic assessment of the hospitalized patient. J Parent and Ent Nutr 1: 11-22, 1977

Bray GA, Gray DS. Obesity, part I: pathogenesis. Western Medical Journal 149: 429-441, 1988

DeLoughery, Thomas G. Microcytic anemia. New England Journal of Medicine 371(14): 1324-1331, 2014

Gibson RS. Principles of Nutritional Assessment. 2nd ed., Oxford University Press, 2005

Grant JP, Custer PB, Thurlow J. Current techniques of nutritional assessment. Surgical Clinics of North

America 61: 437-463, 1981

Gurney JM, Jelliffe DB. Arm anthropometry in nutritional assessment: nomogram for rapid calculation of muscle circumference and cross-sectional muscle and fat areas. Am J Clin Nutr 26: 912-915, 1973

Haller-Schober, E. M., et al. Evaluating an impression cytology grading system (IC score) in patients with dry eye syndrome. Eye 20(8): 927-933, 2006

Institute of Medicine, Food and Nutrition Board. Dietary Reference Intakes: Thiamin, Riboflavin, Niacin, Vitamin B6, Folate, Vitamin B12, Pantothenic Acid, Biotin, and Choline. Washington, DC: National Academy Press, 1998

Institute of Medicine. Dietary Reference Intakes for Vitamin A, Vitamin K, Arsenic, Boron, Chromium, Copper, Iodine, Iron, Manganese, Molybdenum, Nickel, Silicon, Vanadium, and Zinc. Washington, DC: The National Academies Press, 2001

Jackson AS, Pollock ML, Ward A. Generalized equations for predicting body density of women. Medicine and Science in Sports 12: 175-182, 1980

Jackson AS, Pollock ML. Generalized equations for predicting body density of men. Br J Nutr 40: 497-504, 1978

Jelliffe DB, Jelliffe EFP. Community nutritional assessment: with special reference to less technically developed countries. NY: Oxford University press, 1990

Kant AK, Block G, Schatzkin A, Ziegler RG, Nestle M. Dietary diversity in the US population, NHANES II, 1976-1980. J Am Diet Assoc 91(12): 1526-1531, 1991

Lee RD. Nutritional Assessment, 5th ed., McGraw Hill, 2010

Lohman TG. The use of skinfolds to estimate body fatness on children and youth. J of Physical Education, Recreation, and Dance 58(9): 98-102, 1987

Machlin LJ. Handbook of Vitamins, 2nd ed., Marcel Dekker, 1991

McLaren DS. Nutritional disorders. 1981

Nieman DC. Fitness and Sports Medicine. 3rd ed., Bull Publishing Co., 1995

Nieman DC. Nutritional Assessment. 7th ed., McGraw Hill, 2019

Posner BM, Jette AM, Smith KW, Miller DR. Nutrition and health risks in the elderly: the nutrition screening initiative. Am J Public Health 83(7): 972-978, 1993

Simko MD, Catherine C, Judith AG. Nutrition assessment: A comprehensive guide for planning intervention. Jones & Bartlett Learning, 1995.

Soria, Javier, et al. The analysis of human conjunctival epithelium proteome in ocular surface diseases using impression cytology and 2D-DIGE. Experimental eye research 167: 31-43, 2018

The Metropolitan Life Insurance Company. Metropolitan height and weight tables. Statistical bulletin of the Metropolitan Life Insurance Company 64(January-June): 2, 1983

WHO. Measuring change in nutritional status: guidelines for assessing the nutritional impact of supplementary feeding programs for vulnerable groups. Geneva, WHO, 1983

Williams MH, Andefson DE, Rawson ES. Nutrition for health, fitness & sport. 10th ed., McGraw-Hill, 2013

강남구보건소. https://health.gangnam.go.kr/

농촌진흥청 국립농업과학원. 국가표준식품성분표 검색 웹사이트. https://koreanfood.rda.go.kr/kfi/fct/fctFoodSrch/list?menuId=PS03563

사단법인 대한영양사협회 홈페이지. 한국인을 위한 9가지 식생활지침. https://dietitian.or.kr/index.do

식품의약품안전처. 식품영양성분 데이터베이스 검색 웹사이트. https://various.foodsafetykorea.go.kr/nutrient

질병관리청. 국민건강영양조사. https://knhanes.kdca.go.kr/knhanes/

질병관리청. 국가건강정보포털. https://health.kdca.go.kr/healthinfo/biz/health/gnrlzHealthInfo/gnrlzHealthInfo/gnrlzHealthInfoView.do?cntnts_sn=5446

한국보건산업진흥원 홈페이지. 식생활 관련 건강위험도 평가도구(Diet related Health Risk Appraisal, D-HRA). https://www.khidi.or.kr/dhra

한국영양학회 홈페이지. 성인 영양지수. https://www.kns.or.kr

한국영양학회 홈페이지. 어린이 영양지수. https://www.kns.or.kr

한국영양학회 홈페이지. 영양평가용 프로그램(CAN). https://www.kns.or.kr

찾아보기

저자 소개

이종현

서울대학교 대학원 영양학 박사

현재 동남보건대학교 식품영양학과 교수

이해정

서울대학교 대학원 영양학 박사

현재 가천대학교 식품영양학과 교수

신상아

서울대학교 대학원 보건학 박사

현재 중앙대학교 식품영양학과 교수

송수진

서울대학교 대학원 영양학 박사

현재 한남대학교 식품영양학과 교수

전수경

미국 일리노이대학교 어바나 샴페인 영양학 박사

현재 한림대학교 식품영양학과 교수

이해하기 쉬운
영양판정 및 실습

2024년 9월 2일 초판 인쇄
2024년 9월 5일 초판 발행

지은이 | 이종현·이해정·신상아·송수진·전수경
발행인 | 유제구
발행처 | 파워북
주 소 | 경기도 고양시 일산동구 호수로 358-25
동문타워 2차 529호
전 화 | (02) 730-1412
팩 스 | (031) 908-1410
등 록 | 1997. 1. 31. 제2014-000067호

정 가 23,000원
ISBN 978-89-8160-522-3 (93590)